住房城乡建设部土建类学科专业"十三五"规划教材
住房和城乡建设部中等职业教育建筑与房地产
经济管理专业指导委员会规划推荐教材

招投标与合同管理

（工程造价专业）

李伟昆　主　编
刘景辉　副主编
何汉强　黄小冰　主　审

中国建筑工业出版社

图书在版编目（CIP）数据

招投标与合同管理/李伟昆主编. —北京：中国建筑工业出版
社，2015.11（2024.11重印）
住房城乡建设部土建类学科专业"十三五"规划教材　住房和
城乡建设部中等职业教育建筑与房地产经济管理专业指导委员会
规划推荐教材（工程造价专业）
ISBN 978-7-112-18622-8

Ⅰ.①招… Ⅱ.①李… Ⅲ.①建筑工程-招标-中等专业学校-
教材②建筑工程-投标-中等专业学校-教材③建筑工程-经济合同-
管理-中等专业学校-教材　Ⅳ.①TU723

中国版本图书馆 CIP 数据核字（2015）第 253855 号

本书根据国家最新颁布的建设工程法律法规，全面介绍了招标投标与合同管理的相关知识、基本理论和操作方法。全书适应职业教育教学改革需要，反映建设工程招标投标新技术、新工艺、新规范，以真实生产项目、典型工作任务等为载体组织教学单元的编写，共分 7 个项目，包括：招标投标与建设工程法规，建设工程施工招标，建设工程施工投标，建设工程开标、评标与定标，建设工程施工合同管理，建设工程施工索赔，信息技术在招投标中的应用等。

通过对本书的学习，读者可以掌握认知建设市场管理、建设工程招标投标、建设工程施工合同管理的基本理论和操作技能，能够完成某特定工程的招标投标文件的编制和合同的签订。

本书可作为中等职业教育工程造价及相关专业的教材及教学参考书，也可作为从事招投标与合同管理的相关人员学习参考书及培训用书。

为更好地支持相应课程的教学，我们向采用本书作为教材的教师提供教学课件，有需要者可与出版社联系，邮箱 jckj@cabp.com.cn，电话：01058337285，建工书院 http://edu.cabplink.com。

责任编辑：吴越恺　张　晶　陈　桦
责任校对：姜小莲　刘梦然

住房城乡建设部土建类学科专业"十三五"规划教材
住房和城乡建设部中等职业教育建筑与房地产经济管理专业指导委员会规划推荐教材

招投标与合同管理
（工程造价专业）

李伟昆　主　编
刘景辉　副主编
何汉强　黄小冰　主　审

*

中国建筑工业出版社出版、发行（北京海淀三里河路9号）
各地新华书店、建筑书店经销
北京科地亚盟排版公司制版
建工社（河北）印刷有限公司印刷

*

开本：787×1092毫米　1/16　印张：17¼　字数：409千字
2017年12月第一版　2024年11月第八次印刷
定价：**40.00**元（赠教师课件）
ISBN 978-7-112-18622-8
（27907）

序言 ◆◆

  工程造价专业教学标准、核心课程标准、配套规划教材由住房和城乡建设部中等职业教育建筑与房地产经济管理专业指导委员会进行系统研制和开发。

  工程造价专业是建设类职业学校开设最为普遍的专业之一，该专业学习内容地方特点明显，应用性较强。住房和城乡建设部中职教育建筑与房地产经济管理专业指导委员会充分发挥专家机构的职能作用，来自全国多个地区的专家委员对各地工程造价行业人才需求、中职生就业岗位、工作层次、发展方向等现状进行了广泛而扎实的调研，对各地建筑工程造价相关规范、定额等进行了深入分析，在此基础上，综合各地实际情况，对该专业的培养目标、目标岗位、人才规格、课程体系、课程目标、课程内容等进行了全面和深入的研究，整体性和系统性地研制专业教学标准、核心课程标准及开发配套规划教材，其中，由本指导委员研制的《中等职业学校工程造价专业教学标准（试行）》于2014年6月由教育部正式颁布。

  本套教材根据教育部颁布的《中等职业学校工程造价专业教学标准（试行）》和指导委员会研制的课程标准进行开发，每本教材均由来自不同地区的多位骨干教师共同编写，具有较为广泛的地域代表性。教材以"项目-任务"的模式进行开发，学习层次紧扣专业培养目标定位和目标岗位业务规格，学习内容紧贴目标岗位工作，大量选用实际工作案例，力求突出该专业应用性较强的特点，达到"与岗位工作对接，学以致用"的效果，对学生熟悉工作过程知识、掌握专业技能、提升应用能力和水平有较为直接的帮助。

住房和城乡建设部中等职业教育建筑与房地产经济管理专业指导委员会

前言
Preface

　　本教材依据最新颁布的建设工程法律法规、规范编写，包括《中华人民共和国招标投标法实施条例》、《建设工程工程量清单计价规范》GB 50500—2013、《建设工程施工合同（示范文本）》GF—2013—0201、《中华人民共和国简明标准施工招标文件》（2012）和《中华人民共和国标准设计施工总承包招标文件》（2012）、《电子招标投标办法》、《建筑工程施工发包与承包计价管理办法》（2014）、《建筑业企业资质标准》（2015年1月1日起施行）及各部委出台的房屋建设及市政工程等行业标准资格预审文件等。全面反映了招投标与合同管理的新变化。

　　本教材突出职业教育的类型特点，按照教师、教材、教法（三教）改革要求，深化产教融合、校企合作，为校企"双元"合作开发教材。教材内容紧跟产业发展趋势和行业人才需求，及时将产业发展的新技术、新工艺、新规范纳入教材内容，反映典型岗位（群）职业能力要求。教材立足实际，注重实务性、可操作性，结合建设工程项目的实际，采用项目教学法，重在培养动手能力的编写宗旨。通过任务描述、知识构成、课堂活动、知识拓展、技能拓展、思考与练习，让读者掌握相关知识和技能。全书内容新颖，突破了已有相关教材的知识框架，内容通俗易懂，便于读者掌握并运用，是采用项目教学法编写的同类教材中最新颖的教材，适用于建筑类中高职各专业的教学。

　　全书由李伟昆主编并统稿，刘景辉任副主编，何汉强、黄小冰任主审，王立霞、苏桂明参与审稿。本书具体编写分工为：项目1招标投标与建设工程法规由刘景辉编写，项目2建设工程施工招标由方靖编写，项目3建设工程施工投标由李伟昆、罗思红共同编写，项目4建设工程开标、评标与定标由李桂荣编写，项目5建设工程施工合同管理由荆永平编写，项目6施工索赔由刘景辉编写，项目7信息技术在招投标中的应用由傅则恒、方靖共同编写，参考文献由李伟昆整理。

　　本书在编写过程中参考了不少文献资料，在此谨向原著作者们致以诚挚的谢意。

　　由于编者水平有限，书中难免存在不当之处，恳请同行及广大读者批评指正。

目录 ◆◆
Contents

项目概述

招标投标是市场经济的一种竞争方式，参与者包括招标人、投标人、中介机构和政府监督部门，招标投标活动应遵守国家的法律法规和建设工程法规，而健全的法律法规又保证了招标投标活动的正常开展。本项目对我国的招标投标制和建筑法律制度作了简明介绍，通过学习使学生理解和掌握招标投标和建设工程法规的基本知识，并能在工作实践中具体运用。

任务 1.1 建设工程招标投标概述

任务描述

招标投标作为一种竞争性的交易手段，对市场资源的有效配置起到了积极的作用，因而无论在国际上还是在国内，无论在公共部门还是在私人部门，它都是一种被广泛使用的交易手段和竞争方式。通过本任务的学习使学生理解招标投标的基本概念；了解建筑市场的招标投标；了解公共资源交易中心的建设工程交易平台的基本功能及运行程序等。

知识构成

1.1.1 招标投标的基本概念

1. 建设工程招标投标的发展过程

我国建设工程的招标投标制起步较晚，经过多年的探索和实践，特别是随着经济的发展，我国建筑企业开始走向世界，进入国际市场承包工程，在激烈的国际招标投标竞争中取得了不少经验和教训。通过立法建制逐步完善，我国招标投标制进入了全面实施的新阶段。

招标投标产生于18世纪的英国，当时英国政府为了规范公共采购行为，需要保证采购行为合理、有效、公开、透明。招标投标制度就是在这样的背景下产生的。

新中国成立以来，我国一直都是采用行政手段指定施工单位，层层分配任务的办法。这种计划分配任务的办法对促进国民经济全面发展曾起到过重要作用，但是主管施工单位的部门和地方往往形成条块垄断吃"大锅饭"的状况，不利于改善企业经营管理，不利于提高企业素质，也不利于企业经济效益。

我国建设工程招标投标走过的历程，可以概括为三个阶段：

（1）试行阶段（1980～1983年）

1980年，国务院在《关于开展和保护社会主义竞争的暂行规定》中首次提出："对一些适宜承包的生产建设项目和经营项目，可以实行招标投标的办法。"1981年期间，吉林省吉林市和经济特区深圳市率先试行招标投标，收效良好，对全国产生了示范性的影响。1983年6月，城乡建设环境保护部颁布了《建筑安装工程招标投标试行办法》，它是我国第一个关于工程招标投标的部门规章，对推动全国范围内实行工程招投标起到了重大作用。

（2）推广阶段（1984～1991年）

1984年5月，全国人大六届二次会议的《政府工作报告》中明确指出："要积极推行以招标承包为核心的多种形式的经济责任制。"同年9月，国务院根据全国人大六届二次会议关于改革建筑业和基本建设管理体制的精神，制定颁布了《关于改革建筑业和基本建设管理体制若干问题的暂行规定》，该规定提出："要改革单纯用行政手段分配建设任务的老办法，实行招标投标。由发包单位择优选定勘察设计单位、建筑安装企业"，同时要求大力推行工程招标承包制，规定了招标投标的原则办法，这是我国第一个关于工程招标投标的国家级法规。同年11月，国家发改委和城乡建设环境保护部联合制定了《建设工程招标投标暂行规定》共六章三十条。此后，自1985年起，全国各省市自治区及国务院有关部门，分别以上述国家规定为依据，相继出台地方、部门性的工程招标投标管理办法，使招标投标工作全面迅速推广。

（3）发展阶段（1992至今）

自1992年至今，立法建制逐步完善，特别是在1999年8月30日全国人大第九届十一次会议通过了《中华人民共和国招标投标法》，这部法律的颁布实施，标志着我国建设工程招标投标步入了法制化的轨道。招标投标制进入了全面实施新的发展阶段。

2. 招标投标的概念

（1）招标投标的概念

招标投标是指在市场经济条件下进行工程建设、货物买卖、劳务承担、财产出租、中介服务等经济活动的一种竞争形式和交易方式，是引入竞争机制订立合同的一种法律形式。

招标投标是交易活动中的两个方面。首先是招标人对工程建设、货物买卖、劳务承担等交易业务，事先公布选择采购的条件和要求，招引他人承接；然后是若干或众多投标人做出愿意参加业务承接竞争的意思表示，招标人按照规定的程序和办法择优选定中标人的活动。

（2）建设工程招标投标的概念

建设工程招标投标是指建设单位或个人（即业主或项目法人）通过招标的方式，将工程建设项目的勘察、设计、施工、材料设备供应、监理等业务，一次或分步发包，由具有相应资质的承包单位通过投标竞争的方式承接的活动。建设工程招标投标的概念可以从两个方面理解：

建设工程招标是指建设单位（发包人，项目业主）将拟建项目的全部或部分工作内容和要求，以文件的形式招引有兴趣的项目承包单位（承包人），要求他们按照规定条件各自提出完成该项目的计划和实施价格，业主从中选择建设时间短、技术力量强、质量好、报价低、信誉度高的承包单位，通过签订合同的方式将招标项目的工作内容交予其完成的活动。

建设工程投标是指承包单位（承包人）向招标单位提出承包该工程项目的价格和条件，供招标单位选择以获得承包权的活动。对于承包人来说，参与投标就如同参加一场赛事竞争，因为它关系到企业的兴衰存亡。这势必给承包人带来两方面的挑战：一方面是技术上的挑战，要求承包人具有先进的科学技术，能够完成高、新、尖、难的工程；另一方面是管理上的挑战，要求承包人具有现代先进的组织管理水平，能够以较低价中标，靠管理和索赔获利。

（3）建设工程招标投标的优点

建设工程招标投标的优点表现为：将竞争机制引入工程建设领域；将工程项目的发包方、承包方和中介方统一纳入市场；实行交易公开，给市场主体的交易行为赋予了极大的透明度；鼓励竞争，防止和反对垄断，通过平等竞争，优胜劣汰；最大限度地实现投资效益的最优化；通过严格、规范、科学合理的运作程序和监管机制，有力地保证了竞争过程的公平、公正和交易安全。

3. 建设工程招标投标的特点

（1）竞争性。市场经济的本质是竞争。只有竞争才能促进市场经济健康有序的发展，建设工程招标投标是建设工程项目在建筑市场的竞争性交易。

（2）透明性。建设工程招标投标是在建设工程交易中心有形市场进行的，要在阳光下交易，杜绝暗箱操作。

（3）法规性。法制经济是市场经济的保障，建设工程招标投标必须以法律作为保障买卖关系的基础。

（4）规范性。建设工程招标投标的规范性要求招标投标的程序必须规范，要严格按照法定程序安排招标投标的活动。

（5）合理性。建设工程招标投标的合理性集中体现在价格水平上。由于建筑市场具有评价商品的功能，投标人中标，表明该投标单位完成某类建设工程项目所需要的个别劳动时间为社会必要劳动时间，从而以中标价为基础确定建设工程的结算。

（6）专业性。工程招标投标涉及工程预算或工程量清单与计价、工程技术、工程质量、施工组织、施工合同、商务活动、法律法规等。专业性体现在工程技术专业性强、工作专业性要求高、法律法规的专业性强。

（7）风险性。工程项目都是一次性的，其预期价格，由于受多方面因素影响，不确定性大，双方均存在交易价格的风险，项目实施中有许多不可预见的因素，工程进度和工程的质量对双方而言都有一定的风险，甚至是很大的风险。因此，工程项目招投标越来越重视风险管理。

4. 招标投标活动应遵循的原则

《中华人民共和国招标投标法》（以下简称《招标投标法》）第五条规定："招标投标活动应当遵循公开、公平、公正和诚实信用的原则"。

（1）公开原则。公开是指招标投标活动应有较高的透明度，具体表现在建设工程招标投标的信息公开、条件公开、程序公开和结果公开。

（2）公平原则。招标投标属于民事法律行为，公平是指民事主体的平等。因此应当杜绝一方把自己的意志强加于对方，招标压价或签订合同前无理压价及投标人恶意串通、提高标价损害对方利益等违反平等原则的行为。

（3）公正原则。公正是指按招标文件中规定的统一标准，实事求是地进行评标和决标，不偏袒任一方。

（4）诚实信用原则。诚实是指真实和合法，不可用歪曲或隐瞒真实情况的手段去欺骗对方。违反诚实原则的行为是无效的，且应对由此造成的损失和损害承担责任。信用是指遵守承诺，履行合约，不见利忘义，弄虚作假，甚至损害他人、国家和集体的利益。

1.1.2 建筑市场的招标投标

我国建筑市场从 20 世纪 80 年代刚刚开始建立，在计划经济体制下，建筑产品不被视为商品，建筑行业是消费部门，而不是生产部门，1984 年建筑业作为城市改革的突破口，率先进行了管理体制的改革，推行了以市场为取向的大量改革措施，1993 年国家明确提出"中国经济改革的目标是建立市场经济体制"，建筑业同其他行业一样，全面启动市场体制建设，并实行了项目法人责任制、招投标制、建设监理制、总承包制、个人执行资格制度、中介服务制度等。建立统一开放的建筑市场体系，促进了招标投标活动健康有序开展。

1. 市场的概念

市场一词的原始定义是指商品交换的场所。但随着商品交换的发展，市场突破了村镇、城市、国家的界限，最终实现了世界贸易乃至网上交易。因而应从广义的理解对市场定义为：市场是商品交换关系的总和。按照这个定义去理解，可得出建筑市场的定义。

2. 建筑市场的概念

建筑市场是指建筑产品和有关服务的交换关系的总和。建筑市场也称建设工程市场或建设市场。

建筑市场是以工程承发包交易活动为主要内容的市场。狭义的建筑市场指有形建设市场，有固定的交易场所。广义的建筑市场指有形建筑市场和无形建设市场，如与建设工程有关的技术、租赁、劳务等要素市场，为建设工程提供专业中介服务机构体系，包括各种建筑交易活动，还包括建筑商品的经济联系和经济关系。

建筑市场交易贯穿于建筑生产的全过程。从建设工程的咨询、勘察、设计、施工的发包到竣工，承发包方之间、总分包方之间进行的各种交易（如承包商生产、商品混凝土供应、构配件生产、建筑机械租赁等）活动都是在建筑市场中进行的。

经过近年来的发展，建筑市场形成以发包方、承包方和中介咨询服务方组成的市场主体；以建筑产品和建筑生产过程为对象组成的市场客体，以招标投标为主要交易形式的市场竞争机制；以资质管理为主要内容的市场监督管理体系，这些构成了完整的建筑市场体系。

3. 建筑市场的分类

建筑市场按分类方式不同，有不同的类型：

（1）按交易对象分为：建筑商品市场、建筑业资金市场、建筑业劳务市场、建材市场、建筑业租赁市场，建筑业技术市场和咨询服务市场等；

（2）按市场投标业务类型范围分为：国际工程市场、国内工程市场和境内国际工程市场；

（3）按有无固定交易场所划分为：有形建筑市场和无形建筑市场；

（4）按固定资产投资主体不同分为：国家投资形成的建筑市场、事业单位自有资金投资形成的建筑市场、企业自筹资金投资形成的建筑市场、私人住房投资形成的市场和外商投资形成的建筑市场等；

（5）按建筑商品的性质分为：工业建筑市场、民用建筑市场、公用建筑市场、市政工程市场、道路桥梁市场、装饰装修市场、设备安装市场等。

1.1.3　公共资源交易中心运行的一般程序

公共资源交易中心（简称交易中心）是在改革中出现的建筑市场有形化管理的方式，全国各地为了加强公共资源交易管理工作，遵循"政府主导、管办分离、集中交易、规范运行、部门监管、行政监察"的原则，按照"市场化运行，企业化管理"方式，优化公共资源配置，整合现有分散的专业交易平台，相继成立了公共资源交易咨询、服务机构。包括：建设工程招标投标、土地和矿业权交易、企业国有产权交易、政府采购、公立医院药品和医疗用品采购等业务全部纳入中心集中交易，形成了统一、规范的业务操作流程和管理制度。建设工程交易平台作为公共资源交易中心的主要组成部分有其相对独立的运行程序。

1. 建设工程交易平台的概念

公共资源交易中心的建设工程交易平台，即有形建筑市场，是经各级政府批准建立，为建设工程集中公开承包方和发包方交易活动提供信息、咨询等服务的交易场所。交易中心为独立的法人机构。

建设工程交易平台是依据国家法律法规成立，收集和发布建设工程信息，办理建设工程的有关手续，提供和获取政策法规及技术经济咨询服务（包括招标投标活动）。依法自主经营、独立核算、它不以营利为目的，可经批准收取一定的费用，具有法人资格的服务性经济实体。交易平台须经政府授权，严禁工程发包中的不正之风和腐败现象。另外，交易平台有助于我国长期实行专业部门管理体制，行业垄断性强，监督有效性差，交易透明度低等问题的解决，它是加强建筑市场管理的一种独特方式。

按照有关规定，所有建设项目报建、发布招标信息、进行招投标活动，合同授予、申领施工许可证都需要在交易平台上进行，接受政府有关部门的监督。

凡法律、法规、规章规定必须进行招标的建筑工程项目及与建筑工程有关的所有发包、采购活动，均应当进入经政府批准设立的交易中心进行招标。

凡政府和国有企事业单位投资及国有和企事业单位控股，参股投资，及涉及基础设施、公用事业和社会公共利益、公共安全的项目，其勘察、设计、施工、装饰装修、监理、材料、设备采购活动等须进入经政府批准设立的交易平台公开招标。

交易平台的一切交易活动必须认真执行法律、法规、规章的规定。进驻交易平台的工作人员应廉洁奉公，恪尽职守，秉公办事，提高办事效率和服务质量，挂牌上岗，自觉接受社会监督，为建筑工程交易各方提供良好的服务。进驻交易平台的政府有关管理部门工作人员，不得收受以任何名义设立的财物，要秉公办事。

交易平台的设立，形成了对国有投资的监督制约机制，规范了建设工程承发包行为，使建筑市场纳入了法制管理轨道。

2. 建设工程交易平台的基本功能

公共资源交易中心的建设工程交易平台建立以来，形成了以下基本功能：

（1）集中办公

由于许多建设工程项目要进入有形建筑市场进行工程报建、招标登记、承包商资质审查、合同登记、质量报监、施工许可证发放等工作。这就要求政府有关建设管理部门进驻工程交易中心集中办理有关审批手续和进行管理，既能按照各自的职责依法对建设工程交易活动实施监督，也方便当事人，有利于提高办公效率。

（2）信息服务

包括收集、存储和发布各类工程信息、法律法规、造价信息、建材价格、承包商信息、咨询单位和专业人士信息等。在设施上配备有大型电子墙、计算机网络工作站，为承发包交易提供广泛的信息服务。在市场经济条件下，建设工程交易中心公布的价格指数仅是一种参考，承包人投标最终报价还是要根据本企业的施工经验、预算定额（或企业定额）、机械装备率、管理能力和市场竞争力等因素来决定。

（3）场所服务

公共资源交易中心应具备信息发布大厅、洽谈室、开标室、会议室及相关设施，满足业主和承包商、分包商、设备材料供应商之间的交易需要。同时，要为政府有关管理部门进驻集中办公，办理有关手续和依法监督招标投标活动提供场所服务。按照这个要求，建设工程交易中心必须为工程承发包交易双方包括建设工程的招标、评标、定标、合同谈判等提供设施和场所服务。

3. 建设工程交易平台运行的原则

为了保证建设工程交易平台的运行秩序和市场功能的发挥，必须坚持市场运行的一些基本原则，主要有：

（1）信息公开原则

必须充分掌握政策法规、工程发包、承包商和咨询单位的资质、造价指数、招标规则、评标标准、专家评委库等信息，并保证市场各方主体都能及时获得所需要的信息资料。

（2）依法管理原则

严格按照法律、法规开展工作，尊重业主依法确定中标单位的权利。尊重潜在的投标人提出的投标要求和接受邀请参加投标的权利。禁止非法干预交易活动的正常进行，监察机关、公证部门实施监督。

（3）公平竞争原则

进驻的有关行政监督管理部门应严格监督招标投标单位的行为，防止行业部门垄断和不正当竞争，不得侵犯交易活动各方的合法权益。

（4）属地进入原则

按照相关规定，实行属地进入，在建设工程所在地的交易中心进行招标投标活动，对于跨省、自治区、直辖市的铁路、公路、水利等工程，可在政府有关部门的监督下，通过公告由项目法人组织招标投标。

（5）办事公正原则

建设工程交易平台须配合进场各行政管理部门做好相应的工程交易活动管理和服务工作。要建立监督制约机制，公开办事规则和程序，制定完善的规章制度和工作人员守则。发现建设工程交易活动中的违法违规行为，应当向政府有关管理部门报告。

4. 建设工程交易平台运行程序

按照有关规定，建设工程交易平台一般按下列程序运行：

（1）报建备案。拟建工程立项后，到中心办理报建备案手续，报建内容包括：工程名称、建设地点、投资规模、工程规模、资金来源、当年投资额、工程筹建情况和开、竣工日期等。

（2）招标方式确认。发包人提出申请，由招标监督管理部门确认招标方式。如采用的是公开招标还是邀请招标。

（3）履行招标投标程序。建设工程项目应按规定的程序开展招标投标活动。

（4）签订施工合同。自中标通知书发出 30 日内，双方签订合同。

（5）进行质量和安全监督登记。需办理质量和安全报建备案等。

（6）交纳工程前期费用；按规定缴纳各种规费等。

（7）领取施工许可证。申请领取施工许可证应按规定的条件办理。

课堂活动

大家一起分析：2017 年 3 月某通信有限公司进行通信光缆采购招标，有五家国内生产厂家和一家某外资企业参加竞标。在资格预审文件中规定：本次招标不接受除了某外资企业生产的××品牌以外的其他品牌的光缆的报价。

请问此次招标活动违背了招标投标原则的哪一条？

分析：本案招标人的做法是不合法的。《招标投标法》第二十条规定："招标文件不得要求或者标明特定的生产供应者以及有倾向或者排斥潜在投标人的其他内容"，指定品牌往往是招标活动中较常见的问题，《招标投标法》严禁这种限制竞争的行为，此次招标活动违背了招标投标原则中的公平竞争原则。

技能拓展

在教师的指导下，结合某建筑工程公司拟参加某工程项目的投标活动，收集当地建筑市场招标工程的信息，具体要求包括：

1）会登录当地公共资源交易中心网站；

2）会查询交易中心招标投标的网上办事程序；

3）会下载招标投标各项活动的信息资料；

4）会整理出有价值的招标信息资料，向公司有关领导汇报。

任务 1.2 建设工程法规基本知识

任务描述

随着我国改革开放的不断深入和社会主义市场经济制度的不断完善，建筑业作为国民经济的重要支柱产业得到了长足的发展。不断加强和完善法制建设是市场经济健康发展的重要保障。我国建筑业转入市场机制后，涉及建筑业的法律法规不断地相继出台和完善，特别是《中华人民共和国建筑法》、《中华人民共和国合同法》、《中华人民共和国招标投标法》、《建设工程质量管理条例》和《建设工程勘察设计管理条例》的发布实施，使得我国建筑业的法制建设出现了一个全新的局面。进入 21 世纪后，特别是在中国加入 WTO 后，面对新的机遇和挑战，需要进一步用法律手段来规范建筑市场行为。通过本任务的学习了解这些法规在建设工程领域中的作用与重要性，学会用法律手段维护企业和个人的基本权利。

知识构成

1.2.1 建设工程法规概述

1. 建设工程法规的概念和特征

建设工程法规是指由国家立法机关或者其授权的行政机关制定的，由国家强制力保证实施的，旨在调整国家行政管理机关、企事业单位、社会团体和公民之间在建设活动中或建设行政管理活动中所发生的各种社会关系的法律规范之总称。它体现国家对城市建设、乡村建设、市政及社会公用事业等各项建设活动进行组织、管理、协调的方针、政策和基本原则。

建设工程法规具有以下特征：

（1）建设工程法规调整对象的复杂性

建设工程法规的调整对象，即发生在各种建设活动中、由建设工程规范调整的以权利义务为中心的各种社会关系。这些以权利义务为中心内容的社会关系，作为建设工程法规的调整对象。

（2）建设工程法规内容组成的综合性

建设工程法规内容组成的综合性，是由建设领域建设活动内容的复杂性决定的。从建设的活动内容来看，它不仅指实现建设工程建筑实物的建设行为本身，还应包括对建设行为的管理、监督、检查及实现工程项目建设前期的准备活动。从建设活动性质来看，既有建设行政行为、建设民事行为、建设技术行为，也有建设的违法犯罪行为。

（3）建设工程法规的稳定性

建设工程法规的稳定性取决于建设工程法律规范的本质属性。从建设工程规范的本质属性上看，它一方面体现着国家统治阶级的意志，另一方面又保护建设经济关系参加者的最基本经济利益。为此，国家利益和基本群体的经济利益都要求建设工程法律规范必须具有稳定性。

（4）建设工程法规的行政性

建设工程法规的行政性指建设工程法规大量使用行政手段作为调整方法，如授权、命令、禁止、许可、免除、确认、计划、撤销等。这是因为建设工程活动关乎人民的生命财产安全，国家必然通过大量使用行政手段规范建设活动以保证人民的生命财产安全。

（5）建设工程法规的经济性

建设工程活动直接为社会创造财富，建筑业是可以为国家增加积累的一个重要物质产业部门。建设工程活动的重要目的之一就是要实现其经济效益。因此调整建设工程活动的建设工程法规的经济性是十分明显的。

（6）建设工程法规的政策性

建设工程活动一方面要依据工程投资者的意愿进行，另一方面还要依据国家的宏观经济政策进行。因此建设工程法规要反映国家的基本建设政策，所以政策性非常强。

（7）建设工程法规的技术性

建设工程产品的质量与人民的生命财产安全紧密相关，因此强制性遵守的标准、规范非常重要，大量建设工程法规是以规范、标准形式出现的，因此其技术性很明显。

2. 建设工程法规的基本原则

建设工程法规的基本原则是指建设工程法律规范所依据的法则或标准。主要体现在以下几方面：

（1）遵循市场经济规律原则

第八届全国人民代表大会第一次会议通过的《中华人民共和国宪法修正案》规定，我国"实行社会主义市场经济"。建设立法必须有利于社会主义市场经济的建立和健全，必须符合市场经济的规律。

（2）法制统一原则

所有法律有着内在统一联系，并在此基础上构成一国法律体系。建设工程法规体系是我国法律体系中的一个组成部分。地位相同的建设工程法规和规章在内容规定上不应互为矛盾。这就是建设法规的立法所必须遵循的法制统一原则。

（3）责权利相统一原则

责权利相统一原则集中反映了现代市场经济对建设工程法规的基本要求，全面体现了党和国家的基本经济政策方针，也是建设工程法规经济法本质的体现。

责即责任、义务。这里所说的责任不是指由于违法而必须承担的法律后果，而是指"积极意义上的责任"，即建设工程法律法规所规定的应予以尽责完成的义务。

权即权利、权力。权利是一个一般的法律概念，与利益相关；权力则主要是一个纵向的关系概念，与政权相关。这里所说的"权"，包括权利和权力。

利即利益。建设活动所建立的建设法律关系，包含了大部分建设经济法律关系，这种经济关系都是在一定的物质利益实体之间形成的利益关系。所以，责权利的原则也是实现建设活动经济利益与社会利益相统一的基本原则。

（4）确保建设工程质量和安全原则

建设工程质量和安全是整个建设活动的核心，是关系到人民生命、财产安全的重大问题。建设工程质量是指国家规定的、合同约定的对建设工程的适用、安全、经济、美观等各项指标的要求。建设活动确保建设工程质量就是确保建设工程符合有关安全、经济、美观等各项指标的要求。建设工程安全是指建设工程中人身的安全和财产的安全。确保建设工程的安全就是确保建设工程和建设活动不发生或引起人身伤亡和财产损失。

（5）不得损害社会公共利益和他人合法权益原则

社会公共利益是全体社会成员的整体利益，保护全体社会成员的整体利益是社会主义法律规范的基础和目的。建设工程法律规范作为我国社会主义法律规范的组成部分，依法规范建设活动不得损害社会公共利益和他人的合法权益是社会主义法律的本质决定的，也是维护社会主义建设市场秩序所必需的。

3. 建设工程法规的作用

建设工程法规的作用体现在以下几方面：

（1）规范和指导作用

建设工程法律规范对人们建设行为的规范作用有两种表现形式，即依法规定人们必须做出一定的行为和依法规定禁止人们一定的行为。

（2）保护合法建设行为的作用

建设工程法规的作用不仅表现在对建设行为的规范和指导作用，还体现在对一切符合建设法律、法规规定的建设主体合法行为的依法确认和保护。

（3）处罚违法建设行为的作用

建设工程法律法规要实现对建设行为的规范和指导作用，仅有对建设行为的规范和保护作用是不够的，还必须对违法建设行为给予应有的惩处才可实现。

4. 建设工程法规的制定

根据《中华人民共和国立法法》有关立法权限的规定，我国建设法规由五个层次组成，采用梯度组成形式。

（1）建设法律。指由全国人民代表大会及其常委会制定颁布的属于国务院建设行政主管部门主管业务范围的各项法律。它们是建设法规体系的核心和基础。如《中华人民共和国合同法》、《中华人民共和国城乡规划法》、《中华人民共和国建筑法》等。

（2）建设行政法规。指由国务院制定颁布的属于建设行政主管部门主管业务范围的各项法规。其效力低于建设法律，在全国范围内有效。行政法规常以"条例"、"办法"、

"规定"、"规章"等名称出现。如《建设工程勘察设计合同条例》、《城市建设档案管理规定（修正）》等。

（3）建设部门规章。指由国务院建设行政主管部门或其与国务院其他相关部门联合制定颁布的法规。

（4）地方性建设法规。指由省、自治区、直辖市人民代表大会及其常委会结合本地区实际情况制定颁布的或经其批准颁行的由下级人大或其常委会制定的，只能在本区域有效的建设方面的法规。地方性建设法规促进了本地区建设业的发展，同时也为国家建设立法提供成功的经验。

（5）地方建设规章。指由省、自治区、直辖市人民政府制定颁布的或经其批准颁布的由其所在城市人民政府制定的建设方面的规章。

其中，建设法律的法律效力最高，层次越往下法规的法律效力越低。法律效力低的建设法规不得与比其法律效力高的建设法规相抵触，否则，其相应规定将被视为无效。

建设法规的立法程序是指具有立法权的国家机关在创制有关建设活动规范性法律文件时应遵守的法定步骤。

建设法规作为我国法制建设的组成部分，立法程序也遵循一般立法的基本步骤，一般包括四个阶段：法规案的提出→法规案的审议→法规案的处理→法规的公布。在遵循立法基本程序的前提下，根据建设立法的实际情况和具体要求，原建设部于 1995 年在修订原颁布的《建设部立法工作分工的规定》基础上，制定并颁布了《建设部立法工作程序规定》，对立法工作应遵循的程序做了详细具体的规定。

5. 建设工程法规的实施

建设工程法规的实施是指国家机关、社会团体、公民实践建设法律规范的活动，包括建设法规的执法、司法和守法三个方面。

（1）建设行政执法

建设行政执法指建设行政主管部门和被授权或委托的单位，依法对各项建设活动和建设行为进行检查监督，并对违法行为执行行政处罚的行为，主要包括：建设行政决定、建设行政检查、建设行政处罚、建设行政强制执行等内容。

（2）建设行政司法

建设行政司法指建设行政机关依据法定的权限和法定的程序进行行政调解、行政复议和行政仲裁以解决相互争议的行政行为。建设行政司法主要包括：行政调解；行政复议；行政仲裁等内容。

（3）建设法规的遵守

从事建设活动的所有单位和个人都必须及时学习建设法规，正确理解法规条文，按照法规的要求规范建设行为，不得违反。做到有法可依、执法必严、违法必究。

1.2.2 《建筑法》的基本知识

《中华人民共和国建筑法》（下面简称《建筑法》）经 1997 年 11 月 1 日第八届全国人大常委会第二十八次会议通过，自 1998 年 3 月 1 日起施行。2011 年 4 月 22 日第十一届全国人大常委会第二十次会议做出了《关于修改〈中华人民共和国建筑法〉的决定》。修改后的《建筑法》，自 2011 年 7 月 1 日起实行。《建筑法》分总则、建筑许可、建筑工程发包与承包、建筑工程监理、建筑安全生产管理、建筑工程质量管理、法律责任、附则共八章八十五条。《建筑法》是我国第一次以法律的形式规范建筑活动的行为，它的颁布，确立了我国建筑活动的基本法律制度，标志着我国建筑活动开始纳入依法管理的轨道；它的施行，对加强建筑活动的监督管理，维护建筑市场秩序，保证建筑工程的质量和安全，促进建筑业健康发展，保护建筑活动当事人的合法权益，具有重要的意义。

1. 《建筑法》的立法宗旨

《建筑法》是调整建筑活动过程中所形成的各种建筑社会关系的法律规范的总称。

任何一项法律制度或者政策性措施的出台，都有着它的目的，这就是所谓的立法宗旨。《建筑法》也不例外，《建筑法》第一条规定："为了加强对建筑活动的监督管理，维护建筑市场秩序，保证建筑工程的质量和安全，促进建筑业健康发展，制定本法"此条即规定了《建筑法》的立法宗旨。

2. 《建筑法》的适用范围

法律适用范围是指法律的效力范围，包括法律的时间效力，即法律从什么时候开始发生效力和什么时候失效；法律的空间效力，即法律适用的地域范围；以及法律对人的效力，即法律对什么人（指具有法律关系主体资格的自然人、法人和其他组织）适用。

（1）关于《建筑法》的时间效力问题。《建筑法》第八十五条作了规定："本法自 1998 年 3 月 1 日起施行。"

（2）关于《建筑法》的空间效力问题。《建筑法》第二条规定："在中华人民共和国境内从事建筑活动，实施对建筑活动的监督管理，应当遵守办法。"所以适用的地域范围，就是中华人民共和国主权所及的全部领域内。法律空间效力的普遍原则，是适用于制定它的机关所管辖的全部领域。

（3）关于《建筑法》对人的效力问题。《建筑法》适用的主体范围是一切从事建筑活动的主体和各级依法负有对建筑活动实施监督管理的政府机关。调整的主体包括建设单位、勘察设计单位、施工企业、监理单位和建筑行政管理机关，同时也包括从事建筑活动的个人，如注册建筑师、注册结构师、注册建造师、注册监理师和注册造价师等。

3. 《建筑法》的调整对象

《建筑法》第二条对适用该法规定的建筑活动的范围作了限定，即建筑活动的范围是指各类房屋建筑及其附属设施的建造和与其配套的线路、管道、设备的安装活动。

建筑法调整对象所称的"各类房屋建筑"是指具有顶盖、梁柱和墙壁，供人们生产、生活等使用的建筑物，包括民用住宅、厂房、仓库、办公楼、影院、体育馆和学校宿舍等各类房屋；"附属设施"是指与房屋建筑配套建造的围墙、水塔等附属的建筑设施；"配套的线路、管道、设备的安装活动"是指与建筑配套的电气、通信、煤气、给水、排水、空气调节、电梯、消防等线路、管道和设备的安装活动。

此外，根据《建筑法》第八十一条的规定，《建筑法》中关于施工许可、建筑施工企业资质审查和建筑工程发包、承包、禁止转包及建筑工程监理、建筑工程安全和质量管理的规定，适用于其他专业建筑工程的建筑活动，具体办法由国务院规定。

根据《建筑法》第八十三条的规定，省、自治区、直辖市人民政府确定的小型房屋建筑工程的建筑活动不直接适用《建筑法》，而是参照适用。依照法律规定作为文物保护的纪念建筑物和古建筑等的修缮，按照文物保护的有关法律规定执行。抢险救灾及其他临时性房屋建筑和农民自建低层住宅的建筑活动，不适用《建筑法》。

　　根据《建筑法》第八十四条的规定，军用房屋建筑工程建筑活动的具体管理办法，由国务院、中央军委依据《建筑法》制定。

　　4. 《建筑法》确定的基本制度

　　《建筑法》是一部规范建筑活动的重要法律。它以规范建筑市场行为为起点，以建筑工程质量和安全为重点，确立了建筑活动的一些基本制度，主要有：建筑许可制度、建筑工程发包与承包制度、建筑工程监理制度、建筑安全生产管理制度和建筑工程质量监督制度等。

　　（1）建筑工程许可制度

　　建筑工程许可制度是建设行政主管部门根据建设单位的申请，依法对建筑工程是否具备施工条件进行审查，对符合条件者，准许该建筑工程开始施工并颁发建筑许可证的一种制度。《建筑法》第七条规定："建筑工程在开工前，建设单位应按照国家有关规定向工程所在地县级以上人民政府建设行政主管部门申请领取施工许可证。"由此确定了我国建筑工程施工许可制度。为了具体实施此制度，原建设部于 1999 年 10 月 15 日发布了《建筑工程施工许可管理办法》，于 2001 年 7 月 4 日发布了《建设部发布关于修改〈建筑工程施工许可管理办法的决定〉》。并于 2014 年 10 月 25 日施行最新中华人民共和国住房和城乡建设部第 18 号令的《建筑工程施工许可管理办法》。

　　（2）建筑工程发包与承包制度

　　《建筑法》第三章规定应当实行建筑工程发包与承包制度，并规定了建筑工程发包与承包应当遵循的基本原则及行为规范，如实行招标发包与直接发包的要求、不得违法将建筑工程肢解发包、总承包单位分包时须通过建设单位的认可、禁止承包单位将其承包的建筑工程转包给他人等。

　　（3）建筑工程监理制度

　　建筑工程监理制度是我国建设体制深化改革的一项重大措施，它是适应市场经济的产物。建筑工程监理制度随着建筑市场的日益国际化，得到了普遍推行。

　　《建筑法》第四章明确规定了建筑工程监理的范围、任务，工程监理单位的资质和责任及有关要求。

　　（4）建筑安全生产管理制度

　　建筑安全生产管理制度通常是由安全生产责任制度、安全技术措施制度、安全教育制度、安全检查制度、建筑安全生产政府监督管理制度和伤亡事故报告制度等组成。

　　《建筑法》第五章明确规定了对建筑活动全过程的监督管理，明确了建筑安全生产的基本方针。

　　（5）建筑工程质量管理制度

　　建筑工程质量管理制度是指由政府有关部门委托的专门机构对建筑工程质量进行管理的一种制度。

《建筑法》第六章明确规定了建筑活动各有关方面在保证建筑工程质量中的责任，并在建筑工程质量管理方面明确规定了企业质量体系认证制度、企业质量责任制度、建筑工程竣工验收制度和建筑质量保修制度等。

1.2.3 《合同法》的基本知识

《中华人民共和国合同法》（下面简称《合同法》）于1999年3月15日经第九届全国人大第二次会议通过，共二十三章四百二十八条，分为总则、分则和附则三部分。自1999年10月1日起施行，从该日起，《中华人民共和国经济合同法》、《中华人民共和国涉外经济合同法》和《中华人民共和国技术合同法》同时废止。《合同法》中除对合同的订立、效力、履行、变更和转让、合同的权利义务终止、违约责任等有规定外，还在分则中制定了关于：买卖合同；供用电、水、气、热力合同；赠予合同；信贷合同；租赁合同；融资租赁合同；承揽合同；建设工程合同；运输合同；技术合同；保管合同；仓储合同；委托合同；行纪合同和居间合同等具体规定。其中，将建设工程合同单独列出来，针对建设工程合同本身特点做出了更为具体的规定，它已成为建设工程合同管理中效力最高的法律依据。

原建设部为了规范合同格式和内容，先后制定发布了建设工程勘察合同、建设工程设计合同、建设工程施工合同、建筑装饰工程施工合同及工程建设监理合同的示范文本，可供我们签订相关合同时参考和选用。

1.《合同法》的概念

《合同法》是调整平等主体之间合同关系的法律规范的总称。合同也称为契约、协议，是反映交易的法律形式。我国《合同法》第二条规定，合同是平等主体的自然人、法人及其他组织之间设立、变更、终止民事权利义务关系的协议。合同法也是市场经济社会最基本的法律。合同具有以下法律特征：

（1）属于双方或多方民事法律行为

合同是一种协议。当事人通过协议设立、变更或终止一定的民事法律关系，是一个合意的过程，要求各方的意思表示一致。合同属于双方或多方的民事法律行为，须具备民事法律行为的有效条件才能成立。

（2）合同目的特定

合同的目的是设立、变更或终止一定的民事法律关系。在当事人之间既可以通过合同设立一定的债权债务关系，如订立买卖合同，建立买卖关系；也可以通过协议使相互间原有的民事法律关系发生变更或终止，如通过协议解除原有的买卖关系。

（3）合同当事人地位平等

合同的当事人包括自然人（公民）、法人及其他组织，他们都是平等的民事主体，法律地位平等。

2.《合同法》的基本原则

《合同法》反映合同普遍规律、反映立法者基本理念、体现总的指导思想。这些原则是立法机关制定合同法、裁判机关处理合同争议及合同当事人订立、履行合同的基本准则，对适用合同法具有指导、补充、解释的作用。《合同法》的基本原则有：

（1）平等原则

《合同法》第三条规定："合同当事人的法律地位平等，一方不得将自己意志强加给另一方。"合同当事人的法律地位平等，即享有民事权利和承担民事义务的资格是平等的。

（2）自愿原则

《合同法》第四条规定："当事人依法享有自愿订立合同的权利，任何单位和个人不得非法干预。"自愿原则是合同法重要的基本原则，也是市场经济的基本原则之一，还是一般国家的法律准则。自愿原则体现了签订合同作为民事活动的基本特征。

（3）公平原则

《合同法》第五条规定："当事人应当遵循公平原则确定各方的权利和义务。"合同通过权利与义务、风险与利益的结构性配置来调节当事人的行为，公平的本义和价值取向应均衡当事人利益，一视同仁，不偏不倚，等价合理。公平原则主要表现为当事人平等、自愿，当事人权利义务的等价有偿，协调合理，当事人风险的合理分担，防止权利滥用和避免义务加重等方面。

（4）诚实信用原则

《合同法》第六条规定："当事人行使权利、履行义务应当遵循诚实信用原则。"建设工程合同当事人行使权利、履行义务应当遵循诚实信用原则。

（5）遵守法律和公共秩序的原则

《合同法》第七条规定："当事人订立、履行合同，应当遵守法律、行政法规，尊重社会公德，不得扰乱社会经济秩序，损害社会公共利益。"

3.《合同法》的调整范围

任何一部法律都有自己的调整范围，《合同法》也不例外。掌握《合同法》的调整范围，有助于正确选择使用《合同法》。我国《合同法》调整的是平等主体的公民（自然人）、法人、其他组织之间的民事权利义务关系。

（1）调整的是平等主体之间的债权债务关系，属于民事关系。政府对经济的管理活动，属于行政管理关系，不适用合同法；企业、单位内部的管理关系，不是平等主体之间的关系，也不适用合同法。

（2）合同是设立、变更、终止民事权利义务关系的协议，有关婚姻、收养、监护等身份关系的协议，不适用合同法。但不能认为凡是涉及身份关系的合同都不受《合同法》的调整。有些人身权利本身具有财产属性和竞争价值，如商誉、企业名称、肖像等，可以签订转让、许可合同，受《合同法》调整。此外不能将人身关系与它所引起的财产关系相混淆，在婚姻、收养、监护关系中也存在与身份关系相联系但又独立的财产关系，仍然要适用《合同法》的一般规定，如分家析产协议、婚前财产协议、遗赠扶养协议、离婚财产分割协议等。

（3）合同法主要调整法人、其他经济组织之间的经济贸易关系，同时还包括自然人之间因买卖、租赁、借贷、赠予等产生的合同关系。这样的调整范围与以前三部合同法的调整范围相比，有适当的扩大。

4. 合同的订立

合同的订立是指两个或者两个以上的当事人通过协商，依法就合同的主要条款达成一致协议的法律行为。

订立合同的形式，是合同双方当事人之间明确相互权利和义务的方式，是双方当事人意思表示一致的外在表现。

合同的当事人可以是自然人，也可以是法人或者其他组织。订立合同的当事人必须具备与所订立合同相适应的民事权利能力和民事行为能力。当事人也可以依法委托代理人订立合同。

合同的订立形式，指的是合同的表现方式。当事人订立合同，有书面形式、口头形式和其他形式。法律、行政法规规定采用书面形式的，应当采用书面形式；当事人约定采用书面形式的，应当采用书面形式。

（1）口头合同

是以口头的（包括电话等）意思表示方式而订立的合同。它的主要优点是简便迅速，缺点是发生纠纷时难于举证和分清责任。因此，应限制使用口头形式。

（2）书面合同

书面形式是指合同书、信件和数据电文（包括电报、电传、传真、电子数据交换和电子邮件）等可以有形地表现所载内容的形式。书面合同的优点是把合同条款、双方责任均笔之于书，有利于分清是非责任，有利于督促当事人履行合同。建设工程合同应当采用书面形式。

（3）其他形式合同

除了书面形式和口头形式以外，合同还可以以其他形式成立。一般认为，不属于上述两种形式，但根据当事人的行为或者特定情形能够推定合同的其他形式（推定形式），或者根据交易习惯所采用的其他形式（如默示形式）都属于法律上认可的合同的其他形式。

1.2.4 《招标投标法》的基本知识

《中华人民共和国招标投标法》（下面简称《招标投标法》）于1999年8月30日经第九届全国人大常务委员会第十一次会议通过，自2000年1月1日起施行。该法包括招标、投标、开标、评标和中标等内容，共计六章六十八条，其制定目的在于规范招标投标活动，保护国家利益、社会公共利益和招标投标活动当事人的合法权益，提高经济效益及保证工程项目质量等。熟悉《招标投标法》，可以概括了解我国建设工程招投标法律制度。

继《招标投标法》发布之后，国家发改委于2000年5月1日发布了《工程建设项目招标范围和规模标准规定》；2000年7月1日发布了《招标公告发布暂行办法》并于2013年3月11日发布2013年第23号令《关于废止和修改部分招标投标规章和规范性文件的决定》；2000年7月1日发布了《工程建设项目自行招标试行办法》并于2013年4月修订；2003年2月22日发布了《评标专家和评标专家库管理暂行办法》并于2013年5月发布第29号令修订执行；建设部于2000年6月30日首次发布、并于2006年12月30日修订发布了《工程建设项目招标代理机构资格认定办法》；2000 年 10 月 18 日发布了《建设工程设计招标投标管理办法》；2001 年 6 月 1 日发布了《房屋建筑和市政基础设施工程施工招标投标管理办法》。

2001 年 7 月 5 日国家发改委、建设部、铁道部等七部（委）联合发布了《评标委员会和评标方法暂行规定》并根据 2013 年 3 月 11 日《关于废止和修改部分招标投标规章和规范性文件的决定》2013 年第 23 号令修正；2003 年 3 月 8 日多部（委）联合发布了《工程建设项目施工招标投标办法》并于 2013 年 4 月修订。

为了更好地贯彻执行《招标投标法》，加强对工程建设项目的管理，2011 年 12 月 20 日国务院又发布了《中华人民共和国招标投标法实施条例》，这些法律、法规和部门规章，构成我国建筑工程招标投标的法律体系。

1.《招标投标法》的立法目的

《招标投标法》是规范招标投标活动，调整在招标投标过程中产生的各种关系的法律法规的总称。《招标投标法》的立法目的是：

（1）规范约束招标投标活动

我国加入 WTO 后，建设工程招投标逐渐与世界接轨，不断拓宽业务范围。但存在不少问题，如推行招标投标的力度不够；招标投标程序不规范；招标投标不正当交易和腐败现象、钱权交易等违法行为时有发生。其原因是与招标投标活动程序和监督体系不够规范有直接关系。因此，《招标投标法》对招投标程序的规定具体而详细。

（2）保护国家和社会公共利益及当事人的合法权益

保护国家利益、社会公共利益及招标和投标活动当事人的合法权益是本法立法宗旨，规定了对规避招标、串通投标、转让中标等各种非法行为进行处罚的办法，由行政监督部门依法实施监督，允许当事人提出异议并投诉。

（3）降低工程成本，提高经济效益

招标的最大特点是让众多的投标人竞标，以低廉合适的价格获得建设工程项目。

（4）保证工程质量，提高建筑工程的使用寿命

通过投标竞争，承包人保证工程项目管理和施工技术体系更趋于完善，工程的质量得到了保证。

2.《招标投标法》的适用范围

《招标投标法》中规定："在中华人民共和国境内进行下列建设工程项目的勘察、设计、施工、监理及与工程建设有关的重要设备、材料等的采购，必须进行招标。"必须招标的建设工程项目范围包括：

（1）大型基础设施、公用事业等关系社会公共利益、公众安全的项目；

（2）全部或者部分使用国有资金投资或者国家融资的项目；

（3）使用国际组织或者外国政府贷款、援助资金的项目。

前款所列项目的具体范围和规模标准，由国务院发展计划部门会同国务院有关部门制定，报国务院批准。

目前对建设工程项目招标范围的界定，《招标投标法》的范围是一个原则性规定。因此，2000 年 4 月 4 日经国务院批准，2000 年 5 月 1 日原国家发展计划委员会发布了《工

程建设项目招标范围和规模标准规定》，划定了进行招标的工程项目的具体范围和规模标准，具体范围可查阅有关文献。

3. 《招标投标法》中规定的强制招标的规模标准

强制招标的建设项目的规模标准的含义是：对于建设项目，如果规模达不到一定程度，仍然不是必须招标的项目；必须是规模达到一定程度的建设项目才是必须进行招标的项目。对于上述各类建设工程项目，包括项目的勘察、设计、施工、监理及与建设工程有关的重要设备、材料等的采购，达到下列标准之一，必须进行招标：

（1）施工单项合同估算价在 200 万元人民币以上的；

（2）重要设备、材料等货物的采购，单项合同估算价在 100 万元人民币以上的；

（3）勘察、设计、监理等服务的采购，单项合同估算价在 50 万元人民币以上的；

（4）单项合同估算价低于第（1）、（2）、（3）项规定的标准，但项目总投资额在 3000 万元人民币以上的。

另外，对于政府采购项目（也包括建设项目的采购），各国的《政府采购法》都有强制招标的规定，凡采购金额超过一定限额的，必须强制招标。该限额被称为招标方式的门槛额。门槛额一般很低，美国是 2500 美元以上，新加坡是 30000 新元以上。财政部发布的《中华人民共和国财政部政府采购管理暂行办法（财预字〔1999〕139 号）》第 21 条规定达到财政部及省级人民政府规定的限额标准以上的单项或批量采购项目，应实行公开招标采购方式或邀请招标采购方式；2015 年 1 月 30 日中华人民共和国国务院令第 658 号公布了《中华人民共和国政府采购法实施条例》。

4. 建设工程施工招标投标的条件

（1）建设工程施工招标投标的条件

建设工程招标必须具备一定的条件，如原国家计委、建设部等部委联合制定的《工程建设项目施工招标投标办法》规定，依法必须招标的建设工程项目，应当具备下列条件才能进行施工招标：招标人已经依法成立；初步设计及概算已履行审批手续；招标范围、招标方式和招标组织形式等已履行核准手续；有相应资金或资金来源已落实；有招标所需的设计图纸及技术资料。

（2）建设工程勘察设计招标的条件

设计任务书或可行性研究报告已获批准；具有设计所必需的可靠基础资料。

（3）建设工程监理招标的条件

初步设计和概算已获批准；建设工程的主要技术工艺要求已确定；项目已纳入国家计划或已备案。

（4）建设工程材料、设备供应招标的条件

建设资金（含自筹资金）已按规定落实；具有批准的初步设计或施工图设计所附的设备清单，专用、非标设备应有设计图纸、技术资料等。

在建设工程实施中，只要项目合法，就具备了实施的基本条件：即合法成立、已履行审批手续、建设资金要基本落实。

5. 《招标投标法》的主要内容

《招标投标法》的内容共分为六章，为了对本法有个初步了解和认识，现将主要内容概括如下：

（1）招标

招标的法人或其他组织应履行审批手续。批准后，招标人在招标文件中如实载明资金落实情况。如果为公开招标，应当通过国家指定的报刊、信息网络或其他媒介发布招标公告，邀请不特定的法人或者其他组织投标。邀请招标应当向三个以上具备承担招标项目的能力、资信良好的投标人发出邀请，邀请特定的法人或者其他组织投标。

招标人具有编制招标文件和组织评标能力，可以自行办理招标事宜，但须备案。否则，委托招标代理机构办理招标事宜。招标文件包括招标项目的技术要求、资格审查标准、投标报价要求、评标标准，拟签订合同的主要条款等。招标人应当按国家技术标准提出相应技术要求。招标人可根据招标项目需要合理划分标段（分标）、确定工期，并载明在招标文件中。文件中不能排斥潜在投标人。招标人组织潜在投标人踏勘项目现场时，不得透露已获取招标文件的潜在投标人的名称、数量及可能影响公平竞争的情况，招标人的标底必须保密。招标人澄清或者修改招标文件应在提交投标文件截止时间至少 15 日前，以书面形式通知所有的投标人。该澄清或者修改的内容为招标文件的组成部分。招标人应当确定的投标文件编制时间最短不得少于 20 日。

（2）投标

建筑企业参与投标是生产经营中的一项经常性活动。投标企业要具备承担该项目的能力，符合国家和招标人规定的资格条件。按照招标文件的要求编制投标文件，响应招标文件的实质性要求和条件。施工的投标文件的内容应当包括拟派出的项目负责人，主要技术人员的简历业绩，拟用于招标项目的机构设备等。投标人在招标文件提交的截止时间前，将投标文件送达投标地点。在截止时间前，投标人可以补充修改或者撤回投标文件，并书面通知招标人。补充修改的内容为投标文件的组成部分。

两个以上法人或者其他组织可以组成一个联合体，以一个投标人的身份共同投标。联合体各方均应当具备承担招标项目的相应能力；由同一专业的单位组成的联合体，按照资质等级较低的单位确定资质等级。联合体各方应当签订共同投标协议，约定各方拟承担的工作责任，将共同投标协议同投标文件提交招标人。中标后，联合体共同与招标人签订合同，就中标项目向招标人承担连带责任。

投标人不得相互串通投标报价，在建筑行业俗称围标。有的投标人与招标人串通投标，在建筑行业俗称串标，排挤了其他投标人的公平竞争，损害招标人、投标人的合法权益，损害国家、社会公共利益或他人的权益。都是招投标法所不容许的。投标人以低于成本的报价竞标，以他人名义投标或弄虚作假，骗取中标，终将受到法律制裁。

（3）开标、评标和中标

招标人或招标代理机构在招标文件确定的提交投标文件截止的时间公开开标，由招标人主持开标会议，邀请所有投标人参加。投标人或其推选的代表检查密封情况，公证机构也可检查公证，工作人员当众拆封，宣读主要内容，记录开标过程，并存档备查。

招标人组建的评标委员会负责评标。委员会由招标人的代表和有关技术、经济等方面的专家组成，人数为五人以上单数，其中技术经济等方面的专家不得少于成员总数的三分之二。专家是从事相关工作满八年，有高级职称或同等水平，由招标人从国务院有关部门或者省、自治区、直辖市政府有关部门提供的专家名册或者招标代理机构的专家库内随机抽取方式，特殊项目可由招标人直接确定。评标委员会成员的名单在定标前保密。在严格保密的情况下进行评标。评标完成后，向招标人提出书面评标报告，并推荐合格的中标候选人。招标人也可以授权评标委员会直接确定中标人。评标委员会经评审，认为所有投标都不符合招标文件要求，可以否决所有投标，招标人依法重新招标。评标委员会成员应当客观、公正，遵守职业道德，不容许私下接触投标人，收受投标人的财物。

中标人确定后，招标人向中标人发出中标通知书，并将结果通知未中标的投标人。自中标通知书发出之日起30日内，按照招标文件订立书面合同。

（4）法律责任

招标人将招标的项目化整为零或规避招标的，可以处项目合同金额千分之五以上千分之十以下的罚款；招标代理机构泄露招标投标活动情况资料的，处五万元以上二十五万元以下的罚款，对单位直接责任人员处以单位罚款数额的百分之五以上百分之十以下的罚款，暂停直至取消招标代理资格，责任人依法承担刑事责任和民事赔偿责任；招标人以不合理的条件限制或者排斥潜在投标人对潜在投标人实行歧视待遇的，强制要求投标人组成联合体投标，或限制投标人竞争的，处一万元以上五万元以下的罚款；招标人泄露标底的，处一万元以上十万元以下的罚款。对责任人依法给予处分，依法承担刑事责任；投标人相互串通投标或者与招标人串通投标的，中标无效，由有关行政监督部门处中标项目金额千分之五以上千分之十以下的罚款，对责任人处以单位罚款数额百分之五以上百分之十以下的罚款，情节严重的取消其一年至二年内参加项目的投标资格，直至由工商行政管理机关吊销营业执照，依法追究刑事责任，承担赔偿责任；投标人弄虚作假、骗取中标的，也要依法处罚，承担赔偿责任，追究刑事责任，甚至取消其一年至三年内的投标资格，吊销营业执照。

评标委员会成员或参加评标的人员违法违纪，可以处三千元以上五万元以下的罚款，依法追究刑事责任；中标人转让项目，处转让、分包项目金额千分之五以上千分之十以下的罚款，责令停业，甚至吊销执照。不按照招标文件和中标人的投标文件订立合同的，中标人不履行与招标人订立的合同的，都要承担违约责任。

（5）附则

涉及国家安全、国家秘密、抢险救灾或利用扶贫资金实行以工代赈、需要使用农民工等特殊情况，不适宜招标的项目，可不进行招标；使用国际组织或者外国政府贷款、援助资金的项目进行招标，贷款方、资金提供方对招标投标的具体条件和程序有不同规定的，可以适用其规定，但不能违背我国的社会公共利益。

课堂活动

大家一起来分析：李某与某省第五建筑工程有限公司签订了一份挂靠协议，协议中约定：李某可以以第五建筑工程有限公司的名义对外承接工程，挂靠期为三年，挂靠期内每年须向该公司上缴管理费20万元人民币。协议签订后，李某以第五建筑工程有限公司的名义承接了不少工程。三年期满时，第五建筑工程有限公司收到李某上缴管理费共计 15 万元。经该公司多次催要，李某仍不予支付，于是该公司就将李某诉讼至法院，要求李某缴清管理费。

你认为某省第五建筑工程有限公司的诉讼请求能实现吗？请说明理由。

分析：不能实现。《建筑法》第六十六条规定："建筑施工企业转让、出借资质证书或者以其他方式允许他人以本企业的名义承揽工程的，责令改正，没收违法所得，并处罚款，可以责令停业整顿，降低资质等级；情节严重的，吊销资质证书。"本案中，第五建筑工程有限公司与李某的协议本为无效协议，不受法律保护，法院亦不会支持该公司的诉讼请求；而且第五建筑工程有限公司收到的 15 万元管理费也属于非法所得，应当收缴。

技能拓展

请大家了解以下法律法规情况：

(1)《中华人民共和国城乡规划法》

《中华人民共和国城乡规划法》（以下简称《城乡规划法》）中华人民共和国主席令第 74 号，由中华人民共和国第十届全国人民代表大会常务委员会第 30 次会议于 2007 年 10 月 28 日通过，自 2008 年 1 月 1 日起施行。该法共计七章七十条，包括总则、城乡规划的制定、城乡规划的实施、城乡规划的修改、监督检查、法律责任和附则。《城乡规划法》是加强城乡规划管理，协调城乡空间布局，改善人居环境，促进城乡经济社会全面协调可持续发展的重要法律依据。

(2)《中华人民共和国城市房地产管理法》

《中华人民共和国城市房地产管理法》（以下简称《城市房地产管理法》）经 1994 年 7 月 5 日第八届全国代表大会常务委员会第八次会议通过，根据 2007 年 8 月 30 日第十届全国人民代表大会常务委员会第 19 次会议《关于修改〈中华人民共和国城市房地产管理法〉的决定》修正。其主要内容包括总则、房地产开发用地、房地产开发、房地产交易、房地产权属登记管理、法律责任和附则，共七章七十三条。

(3)《建设工程勘察设计管理条例》

《建设工程勘察设计管理条例》中华人民共和国国务院令第 293 号，经 2000 年 9 月 20 日国务院第 31 次常务会议通过。该条例内容包括总则、资质资格管理、建设工程勘察设计发包与承包、建设工程勘察设计文件的编制与实施、监督管理、罚则、附则，共七章四十五条。

(4)《中华人民共和国招标投标法实施条例》

《中华人民共和国招标投标法实施条例》（中华人民共和国国务院令第 613 号）经 2011 年 11 月 30 日国务院第 183 次常务会议通过，自 2012 年 2 月 1 日起施行。该条例内容包括总则，招标，投标，开标、评标和中标，投诉与处理，法律责任，附则，共七章八十五条。

(5)《建筑工程设计招标投标管理办法》

《建筑工程设计招标投标管理办法》（中华人民共和国住房和城乡建设部令第 33 号）于 2017 年 1 月 24 日经第 32 次部常务会议通过，自发布之日起施行。该办法共三十八条。

（6）《建设工程勘察设计资质管理规定》

《建设工程勘察设计资质管理规定》（中华人民共和国建设部令第 160 号）于 2006 年 12 月 30 日经建设部第 114 次常务会议讨论通过，自 2007 年 9 月 1 日施行。该规定内容包括总则、资质分类和分级、资质申请和审批、监督与管理、法律责任、附则，共六章四十条。

（7）《中华人民共和国注册建筑师条例实施细则》

《中华人民共和国注册建筑师条例实施细则》（中华人民共和国建设部令第 167 号）于 2008 年 1 月 8 日经建设部第 145 次常务会议讨论通过，自 2008 年 3 月 15 日起施行。其内容包括总则、考试、注册、执业、继续教育、监督检查、法律责任、附则，共八章五十一条。

（8）《中华人民共和国著作权法》

《中华人民共和国著作权法》经 1990 年 9 月 7 日第七届全国人民代表大会常务委员会第 15 次会议通过，根据 2001 年 10 月 27 日第九届全国人民代表大会常务委员会第 24 次会议《关于修改（中华人民共和国著作权法）的决定》第一次修正，根据 2010 年 2 月 26 日第十一届全国人民代表大会常务委员会第 13 次会议《关于修改（中华人民共和国著作权法）的决定》第二次修正。其内容包括总则，著作权，著作权许可使用和转让合同，出版、表演、录音录像、播放，法律责任和执法措施，附则，共六章六十一条。

（9）《建筑工程建筑面积计算规范》

《建筑工程建筑面积计算规范》GB/T 50353—2013（中华人民共和国住房和城乡建设部公告第 269 号）自 2014 年 7 月 1 日起实施。其主要内容包括总则、术语、计算建筑面积的规定，并对建筑面积计算规范的有关条文进行了说明。

思考与练习

1. 建设工程招标投标的概念是什么？其有哪些特点？
2. 招标投标活动应遵循哪些原则？
3. 什么叫建筑市场？建筑市场的主体和客体的内涵是什么？
4. 什么叫建设工程交易平台？其运行程序是什么？
5. 什么叫建设工程法规？其特征有哪些？
6. 叙述建设工程法规的基本原则和作用。
7. 《建筑法》确定的基本制度有哪些？
8. 何为建设行政执法？建设行政执法主要有哪些形式？
9. 《合同法》的基本原则是什么？其合同订立的形式有哪些？
10. 《招标投标法》的立法目的是什么？

讨论与分析

1. 讨论目的
（1）锻炼学生自己收集资料和整理资料的能力；
（2）复习教材中招标投标和建设工程法规的基本知识内容；

（3）提高学生独立思考的能力和综合分析问题的能力；

（4）提高学生的动手能力和语言表达能力。

2. 讨论方式

（1）先分小组进行讨论，小组成员可以分工；

（2）每组选择一名同学代表在全班作总结发言；

（3）教师对讨论结果进行点评。

3. 讨论题目

鲁布革水电站引水工程国际招标投标给我们的启示。

回答问题：

（1）叙述工程概况；

（2）介绍工程招标投标情况；

（3）介绍工程评标步骤及过程；

（4）总结该工程管理经验及对我们的启示。

项目概述

　　通过本项目的学习，学生能够：知道建设工程招标投标的主体；辨认招标人、招标代理机构的权利和义务；记住招标人、招标代理机构在招标投标工作中应具备的条件；掌握建设工程招标的方式、程序；了解、辨别建设工程招标评标定标办法；具备配合编制小型建设工程施工项目的资格预审文件的能力；具备配合编制小型建设工程施工项目招标文件的能力；具备配合编制小型建设工程施工项目招标控制价的能力；会填写招标文件的常规资料；能读懂建设工程施工招标文件实例。

任务 2.1　建设工程施工招标投标主体

任务描述

　　改革开放以来，招标投标在工程建设等领域得到广泛应用，构成建设工程施工招标投标的主体包括招标人、投标人和招标代理机构等。

　　通过本工作任务的学习，学生能够：知道建设工程招标投标的主体；辨认招标人、招标代理机构的权利和义务；记住招标人、招标代理机构在招标投标工作中应具备的条件；根据具体工程项目，辨别招标人、投标人和招标代理机构在招标投标活动中是否符合应具备的资质条件的能力。

知识构成

　　招标投标活动的主体是指招标投标活动中享有权利和承担义务的各类主体，包括招标人、投标人和招标代理机构等。

2.1.1　招标人

1. 招标人性质

依照《中华人民共和国招标投标法》第八条规定，"招标人提出项目、进行招标的法人或其他组织。"

招标人分为两类：一是法人；二是其他组织。

法人，是指法律上具有人格的组织，它们就像自然人一样享有法律上的权利与义务，可以发起或接受诉讼。法人能够以政府、法定机构、公司、法团等形式出现。具有民事权利能力和民事行为能力，依法独立享有民事权利和承担民事义务。法人是世界各国规范经济秩序及整个社会秩序的一项重要法律制度。

其他组织，是指合法成立、有一定的组织机构和财产，但又不具备法人资格的组织。

2. 招标人应具备的条件

法人或其他组织必须具备提出项目、进行招标两个条件后，才能成为招标人。

招标人依法提出招标项目，必须符合《中华人民共和国招标投标法》第9条规定的两个基本条件：一是招标项目按照国家有关规定需要履行项目审批手续的，应当先履行审批手续，取得批准；二是招标人应当有进行招标项目的相应资金或者资金来源已经落实，并应当在招标文件中如实载明。

法人或其他组织只有按照《中华人民共和国招标投标法》对招标、投标、开标、评标、中标和签订合同等程序做出的规定进行招标的才能称为招标人。

3. 招标人的权利和义务

（1）招标人在招标投标过程享有的权利

1）招标人有权自行选择招标代理机构，委托其办理招标事宜。招标人具有编制招标文件和组织评标能力的，可以自行办理招标事宜；

2）招标人可自主选定招标代理机构并核验其资质条件；

3）招标人可以根据招标项目的要求，在招标公告或者投标邀请书中，要求潜在投标人提供有关资质证明文件和业绩情况，并对潜在投标人进行资格预审；国家对投标人资格条件有规定的，按照其规定执行；

4）在招标文件要求提交投标文件截止时间至少15日前，招标人可以以书面形式对已发出的招标文件进行必要的澄清或者修改，该澄清或者修改内容是招标文件的组成部分；

5）招标人有权也应当对在招标文件要求提交的截止时间后送达的投标文件拒收；

6）开标由招标人主持；

7）招标人根据评标委员会提出的书面评估报告和推荐的中标候选人确定中标人，招标人也可以授权评标委员会直接确定中标人。

（2）招标人在招标投标过程须履行的义务

1）招标人委托招标代理机构时，应当向其提供招标所需要的有关资料并支付委托费；

2）招标人不得以不合理条件限制或者排斥潜在投标人，不得对潜在投标人实行歧视待遇；

3）招标文件不得要求或者标明特定的生产供应者，及含有倾向或者排斥潜在投标人的其他内容；

4）招标人不得向他人透露已获取招标文件的潜在投标人的名称、数量，及可能影响公平竞争的有关招标投标的其他情况。招标人设有标底的，标底必须保密；

5）招标人应当确定投标人编制投标文件所需要的合理时间。但是，依法必须进行招标的项目，自招标文件开始发出之日起至提交投标文件截止之日止，最短不得少于20日；

6）招标人在招标文件要求提交投标文件的截止时间前收到的所有投标文件，开标时都应当众予以拆封、宣读；

7）招标人应当采取必要的措施，保证评标在严格保密的情况下进行；

8）中标人确定后，招标人应当向中标人发出中标通知书，并同时将中标结果通知所有未中标的中标人；

9）招标人和中标人应当自中标通知书发出之日起30日内，按照招标文件和中标人的投标文件订立书面合同。

2.1.2　投标人

1. 投标人性质

依照《中华人民共和国招标投标法》规定，"投标人是指相应招标、参与投标竞争的法人或者其他组织。依法招标的科研项目允许个人参加投标的，投标的个人适用《招标投标法》有关投标人的规定。"投标人参加投标，必须首先具备履行合同的能力和条件，包括与招标文件要求相适应的人力、物力和财力，及招标文件要求的资质、工作经验与业绩等。

2. 投标人应具备的条件

投标人应当具备承担招标项目的能力，对于建设工程投标来讲，其实质就是投标人应当具备法律法规规定的资质等级。投标人应符合的其他条件，招标文件对投标人的资格条件有规定的，投标人应当符合该规定的条件。

根据《建筑业企业资格管理规定》规定，建筑业企业资质分为施工总承包、专业承包和劳务分包三个序列，每个序列各有其相应的等级规定。

此外，根据《国家基本建设大中型项目实行招标投标的暂行规定》中规定的条件，参加建设项目主体工程的设计、建筑安装和监理及主要设备、材料供应等投标单位，必须具备下列条件：

（1）具有招标条件要求的资质证书，并为独立的法人实体；

（2）承担过类似建设项目的相关工作，并有良好的工作业绩和履约记录；

（3）财产状况良好，没有财产被接管、破产或者其他关、停、并、转状态；

（4）在最近三年没有参与骗取合同及其他经济方面的严重违法行为；

（5）近几年有较好的安全记录，投标当年内没有发生重大质量、特大安全事故。

3. 投标人的权利和义务

（1）投标人在招标投标过程享有的权利

1）投标人在招标投标过程中如有疑义，可向招标投标委托公共资源交易中心或相关管理部门提出，并要求得到相对满意答复的权利；

2）投标人有权监督招标投标过程是否按照招标投标相关程序进行；

3）投标人对他人买标、串标、围标有向招标投标委托公共资源交易中心或相关管理部门举报的权利。

（2）投标人在招标投标过程须履行的义务

1）投标人必须遵守招标投标有关规定；

2）投标人必须遵守招标投标会场纪律；

3）投标人不得有故意扰乱会场秩序的行为，违者取消其投标资格，情节严重的，依法追究责任；

4）投标人在投标过程中，不得买标、串标、围标，否则取消其投标资格，并没收押金。

2.1.3　招标代理机构

1. 招标代理机构的性质

依照《中华人民共和国招标投标法》规定，"招标代理机构是依法设立、从事招标代理业务并提供相关服务的社会中介机构。"

《工程建设项目招标代理机构资格认定办法》中更加明确地规定，"工程建设项目招标代理，是指工程招标代理机构接受招标人的委托，从事工程的勘察、设计、施工、监理及与工程建设有关的重要设备（进口机电设备除外）、材料采购招标的代理业务。"其中，《工程建设项目招标代理机构资格认定办法》所称的工程建设项目，是指土木工程、建设工程、线路管道和设备安装工程及装饰装修工程项目。

2. 工程招标代理机构的分类及业务范围

《工程建设项目招标代理机构资格认定办法》规定，工程招标代理机构资格分为甲级、乙级和暂定级。

甲级工程招标代理机构可以承担各类工程的招标代理业务。

甲级工程招标代理机构资格由国务院建设主管部门认定。

乙级工程招标代理机构只能承担工程总投资 1 亿元人民币以下的工程招标代理业务。

暂定级工程招标代理机构，只能承担工程总投资 6000 万元人民币以下的工程招标代理业务。

乙级、暂定级工程招标代理机构由工商注册所在的省、自治区、直辖市人民政府建设主管部门认定。

3. 工程招标代理机构资格条件

《中华人民共和国招投标法》第 13 条规定，"招标代理机构应当具备下列资格条件：（一）有从事招标代理业务的营业场所和相应资金；（二）有能够编制招标文件和组织评标的相应专业力量；（三）有符合法定条件、可以作为评标委员会成员人选的技术、经济等方面的专家库。"见工程招标代理机构资格条件表（表 2-1）。

工程招标代理机构资格条件表   表 2-1

	注册资本金要求	人员方面要求	业绩方面要求	专家库要求
甲级	不少于 200 万元	具有中级以上职称的工程招标代理机构专职人员不少于 20 人，其中具有工程建设类注册执业者人员不少于 10 人（其中注册造价工程师不少于 5 人），从事工程招标代理业务 3 年以上的人员不少于 10 人；技术经济负责人员为本机构专职人员，具有高级技术经济职称和工程建设类注册执业资格，并具备从事工程管理经验，要求 10 年以上	近 3 年内累计工程招标代理中标达到一定金额（以中标通知书为依据），16 亿元人民币以上	必须有自己的专家库，入选的专家必须符合《招标投标法》规定的条件
乙级	不少于 100 万元	具有中级以上职称的工程招标代理机构专职人员不少于 12 人，其中具有工程建设类注册执业者人员不少于 6 人（其中注册造价工程师不少于 3 人），从事工程招标代理业务 3 年以上的人员不少于 6 人。技术经济负责人员为本机构专职人员，具有高级技术经济职称和工程建设类注册执业资格，并具备从事工程管理经验，要求 8 年以上	近 3 年内累计工程招标代理中标达到一定金额（以中标通知书为依据），8 亿元人民币以上	

（1）有从事招标代理业务的营业场所和相应资金

在招标过程中，招标人和投标人都要与招标代理机构频繁联系，招标代理机构拥有固定的营业场所，是与招标人和投标人进行联系的必要条件，也是自身开展代理业务的必要的物质基础。招标投标是一种经济活动，招标代理机构为开展业务的需要，还应具有一定的资金保障。

工程建设项目招标代理机构资格对注册资本金的要求，甲级不少于 200 万元，乙级不少于 100 万元。

（2）具备编制招标文件和组织评标的相应专业力量

体现招标代理机构编制招标文件和组织评标的相应专业力量主要有两方面，一是人员，二是业绩。工程招标代理机构资格在人员和业绩方面的要求：

1）人员方面的要求

甲级工程招标代理资格的机构，具有中级以上职称的工程招标代理机构专职人员不少于 20 人，其中具有工程建设类注册执业者人员不少于 10 人（其中注册造价工程师不少于 5 人），从事工程招标代理业务 3 年以上的人员不少于 10 人；

乙级工程招标代理资格的机构，具有中级以上职称的工程招标代理机构专职人员不少于 12 人，其中具有工程建设类注册执业者人员不少于 6 人（其中注册造价工程师不少于 3 人），从事工程招标代理业务 3 年以上的人员不少于 6 人。

技术经济负责人员为本机构专职人员，具有高级技术经济职称和工程建设类注册执业资格，并具备从事工程管理经验，甲级要求 10 年以上，乙级要求 8 年以上。

2）在业绩方面的要求

工程建设项目招标代理机构近 3 年内累计工程招标代理中标达到一定金额（以中标通

知书为依据），甲级 16 亿元人民币以上，乙级 8 亿元人民币以上。

（3）有符合法定条件、可以作为评标委员会成员人选的技术、经济等方面的专家库

招标代理机构必须有自己的专家库，入选的专家必须符合《招标投标法》规定的条件。详见项目 4 关于评标委员会的说明。

4. 招标代理机构的权利和义务

（1）招标代理机构在招标投标过程须履行的权利

1）协助甲方择优考查选定参加投标的投标单位；

2）依据招标文件规定，协助甲方审查投标单位的资格并报招标机构审查；

3）按规定标准收取招标代理费；

4）依法享有的其他权利。

（2）招标代理机构在招标投标过程须履行的义务

1）遵守国家法律法规；

2）维护招标人和投标人的合法利益；

3）组织编制、解释招标文件，并协助解决相关问题；

4）发布招标公告和投标邀请函；

5）负责邀请专家，成立评标组织机构；

6）组织并主持开标、评标、定标工作；

7）接受国家招标投标管理机构和有关行业组织的指导、监督。

5. 招标代理机构职责

《中华人民共和国招标投标法》第 15 条规定，"招标代理机构应当在招标人委托的范围内办理招标事宜，并遵守本法关于招标人的规定"。据此，《工程建设项目施工招标投标办法》进一步规定，招标代理机构可以在其资格等级范围内承担下列招标事宜：

1）拟订招标方案，编制和出售招标文件、资格预审文件；

2）审查投标人资格；

3）编制标底；

4）组织投标人踏勘现场；

5）组织开标、评标，协助招标人定标；

6）草拟合同；

7）招标人委托的其他事项。

特别需要注意的是，招标代理机构不得无权代理、越权代理，不得明知委托事项违法而进行代理。

招标代理机构不得接受同一招标项目的投标代理和投标咨询业务；未经招标人同意，不得转让招标代理业务。

招标代理机构应当遵循依法、科学、客观、公正的要求，坚决抵制虚假招标、规避招标、围标串标、倾向或排斥投标人及贿赂等违法行为，依法保护招标人的合法权益，不损害投标人的正当权益，维护国家和社会公共利益。

招标代理机构的从业资格和代理行为都应接受招标人、投标人及各级行政部门、行业的监督、检验和考核。

2.1.4 招标投标活动监督

《中华人民共和国招标投标法》第七条规定："招标投标活动及其当事人应当接受依法实施的监督。"在招标投标法规体系中，对于行政监督、司法监督、当事人监督、社会监督都有具体规定，构成了招标投标活动的监督体系。行政监督是整个招标投标活动监督体系中最为关键的一环。

根据国务院办公厅于 2000 年 3 月 4 日发布的《关于国务院有关部门实施招标投标活动行政监督的职责分工的意见》，各级政府有关部门对招标投标活动实施行政监督。

对于招标投标过程（包括招标、投标、开标、评标、中标）中泄露保密资料、泄露标底、串通招标、串通投标、歧视排斥投标等违法活动的监督执法，按现行的职责分工，分别由有关行政主管部门负责并受理投标人和其他利害关系人的投诉。按照这一原则，工业（含内贸）、水利、交通、铁道、民航、信息产业等行业和产业项目的招标投标活动的监督执法，分别由经贸、水利、交通、铁道、民航、信息产业等行政主管部门负责；各类房屋建筑及其附属设施的建造和与其配套的线路、管道、设备的安装项目和市政工程项目的招标投标活动的监督执法，由建设行政主管部门负责；进口机电设备采购项目的招标投标活动的监督执法，由外经贸行政主管部门负责。有关行政主管部门须将监督过程中发现的问题，及时通知项目审批部门，项目审批部门根据情况依法暂停项目执行或者暂停资金拨付。

从事各类工程建设项目招标代理业务的招标代理机构的资格，由建设行政主管部门认定；从事与工程建设有关的进口机电设备采购招标代理业务的招标代理机构的资格，由外经贸行政主管部门认定；从事其他招标代理业务的招标代理机构的资格，按现行职责分工，分别由有关行政主管部门认定。

课堂活动

角色扮演

目标：

体验招标投标过程中主要角色的工作职责，加深对招标投标过程中主要角色的认识。

步骤：

（1）听从老师的安排，划分学习小组；

（2）成立小组，每个小组 4～6 人，在整体课程中不再变动；

（3）根据自愿或随机抽签方式，分配每个小组所担任招标投标过程中当事人的角色；

（4）每组推荐出一名组长（如推选时间过长，可以用"指定"法来指定）；

（5）以小组为单位，各小组选取代表就自己所扮演角色进行发言，描述所扮演角色的性质、应具备的条件等内容；

（6）师生共同对各小组发言进行评价、讨论。

技能拓展

某市联合中心小学有教学综合楼工程，建筑面积约 1800m^2，总投资约 300 万元人民币，项目初步设计及概算已通过审批、核准，相应资金也落实到位，招标所需的设计图纸和技术资料皆准备妥当。已具备招标条件，现已进入组织招标工作的环节。

根据案例内容，思考并回答以下问题：

1. 案例中招标人是谁，属于哪一种招标人，它具备成为招标人的条件吗？

2. 招标人要如何开展招标准备工作？

3. 招标人独立完成招标工作还是需要请人协助，若招标人需要委托招标代理机构进行招标，所选招标代理机构需具备什么资质？

4. 招标代理机构承接工程类项目招标，通常的代理服务内容有哪些？

思考与练习

1. 招标人依法提出招标项目的两个基本条件是什么？

2. 建筑企业资质分为哪些序列？

任务 2.2　建设工程施工招标工作

任务描述

本任务由"建设工程项目招标准备"、"招标信息发布"、"资格审查"、"建设工程施工招标文件编制"共四个知识点构成。

通过本工作任务的学习，学生能够：知道建设工程招标的方式、程序；熟悉建设工程资格预审文件；记住建设工程招标文件的主要内容；掌握招标控制价编制的原则和方法；熟悉建设工程评标的程序和方法；具备发布招标公告或资格预审公告的能力；具备配合编制小型建设工程资格预审文件的能力；具备配合编制小型建设工程招标文件的能力；了解工程项目施工招标评标、定标办法的审定。

知识构成

2.2.1　建设工程项目招标准备

1. 招标的条件

按照《中华人民共和国招标投标法》第九条规定，"招标项目按照国家有关规定需要履行项目审批手续的，应当先履行审批手续，取得批准。招标人应当有进行招标项目的相应资金或者资金来源已经落实，并应当在招标文件中如实载明。"

招标人在组织招标工作之前，必须落实两个基本条件，即履行项目审批手续和落实资金来源。

履行项目审批手续，包括两个方面：

（1）按现行项目审批管理制度办理建设项目的手续并获得批准；

（2）依法必须招标的项目，按照规定申报招标事项的核准手续。

招标工作开始之前，招标人应当落实招标项目所需的资金或资金来源，并且在招标文件中应就资金或资金来源问题如实载明。若资金虽然没有到位，但其来源已经落实，如银行已经承诺贷款，招标工作仍可以进行。在招标文件中如实载明资金或资金来源情况，是为了让投标人根据真实情况作出是否参加投标的决策依据。

2. 招标的组织形式

招标组织形式分为自行组织招标和委托代理招标。

依法必须招标的项目具备招标条件并经批准后，招标人根据项目实际情况和自身的条件，若招标人具备自行招标能力，可按规定向主管部门备案同意后，进行自行招标；若招标人不具备自行招标的能力，可以自主选择招标代理机构进行委托招标。

（1）自行组织招标

自行招标是指招标人依靠自己的能力，依法自行组织、办理和完成招标项目的招标工作任务。

《中华人民共和国招标投标法》第十二条规定，"招标人具备编制招标文件和组织评标能力的，可以自行办理招标事宜。"规定中表明，招标人是否具备自行招标的能力主要是考察其是否具备编制招标文件和组织评标的能力。

《工程建设项目自行招标试行办法》中第四条对招标人自行招标的能力作出了具体规定：

1）具有项目法人资格（或者法人资格）；

2）具有与招标项目规模和复杂程度相适应的工程技术、概预算、财务和工程管理等方面专业技术力量；

3）有从事同类工程建设项目招标的经验；

4）拥有3名以上取得招标职业资格的专职招标业务人员；

5）熟悉和掌握招标投标法及有关法规规章。

《中华人民共和国招标投标法》第十二条规定，"依法必须进行招标的项目，招标人自行办理招标事宜的，应当向有关行政监督部门备案"。也就是说，招标人自行招标，除具备自行招标能力外，还需向有关行政监督部门备案。

招标人应向项目主管部门上报具备自行招标条件的书面材料，再由主管部门对自行招标书面材料进行核准。

按照《工程建设项目自行招标试行办法》第五条规定：

招标人自行招标的，项目法人或者组建中的项目法人应当向国家发展改革委上报项目可行性研究报告或资金申请报告、项目申请报告时，一并报送符合规定的书面材料。书面材料应当至少包括：

1）项目法人营业执照、法人证书或者项目法人组建文件；

2）与招标项目相适应的专业技术力量情况；

3）取得招标职业资格的专职招标业务人员的基本情况；

4）拟使用的专家库情况；

5）以往编制的同类工程建设项目招标文件和评标报告，及招标业绩的证明材料；

6）其他材料。

主管部门审查招标人报送的书面材料，核准招标人符合自行招标条件的，招标人可以自行办理招标事宜；认定招标人不符合自行招标条件的，在批复、核准可行性研究报告或项目申请报告时，要求招标人委托招标代理机构办理招标事宜。招标人不按规定要求履行自行招标核准手续的或者报送的书面材料有遗漏的，要求其补正；不及时补正的，视同不具备自行招标条件。招标人履行核准手续中有弄虚作假情况的，视同不具备自行招标条件。

　　住房和城乡建设部在《房屋建筑与市政基础设施工程施工招标投标管理办法》第十二条规定，"招标人自行办理施工招标事宜的，应当在发布招标公告或者发出投标邀请书的 5 日前，向工程所在地县级以上地方人民政府建设行政主管部门备案"，并报送规定的书面材料。对"招标人不具备自行办理施工招标事宜条件的，建设行政主管部门应当自收到备案材料之日起 5 日内责令招标人停止自行办理施工招标事宜"。

　　按照《工程建设项目自行招标试行办法》第十条规定：

　　招标人自行招标的，应当自确定中标人之日起十五日内，向国家发展改革委提交招标投标情况的书面报告。书面报告至少应包括下列内容：

　　1）招标方式和发布资格预审公告、招标公告的媒介；

　　2）招标文件中投标人须知、技术规格、评标标准和方法、合同主要条款等内容；

　　3）评标委员会的组成和评标报告；

　　4）中标结果。

　　招标人不按本办法提交招标投标情况的书面报告的，应给予相应的处罚。

　　（2）委托代理招标

　　委托代理招标是指招标人委托招标代理机构，在招标代理权限范围内，以招标人的名义组织招标工作。

　　按照《中华人民共和国招标投标法》第十二条规定，"招标人有权自行选择招标代理机构，委托其办理招标事宜。任何单位和个人不得以任何方式为招标人指定招标代理机构"。第十五条规定，"招标代理机构应当在招标人委托的范围内办理招标事宜，并遵守本法关于招标人的规定"。以上规定表明：

　　1）招标人有权自行选择招标代理机构，不受任何单位和个人的影响和干预。任何单位包括招标人的上级主管部门和个人不得以任何方式为招标人指定招标代理机构。

　　2）招标人和招标代理机构的关系是委托代理关系。其中，招标人为委托人，招标代理机构为受托人。招标人应当与招标代理机构签订书面的委托合同，在委托范围内，以招标人的名义组织招标工作并完成招标任务。招标代理机构不得无权代理、越权代理，不得明知委托事项违法而进行代理。

　　国家工商管理总局和建设部制定印发了《工程建设项目招标代理合同示范文本》，用以规范招标代理的书面合同。

　　招标人选择招标代理机构时，除具有自主性外，也需根据工程建设项目实际情况，选择具备承担相应业务资格的招标代理机构。按《工程建设项目招标代理机构资格认定办法》规定，工程招标代理机构资格分为甲级、乙级和暂定级。

　　甲级工程招标代理机构可以承担各类工程的招标代理业务。

　　乙级工程招标代理机构只能承担工程总投资 1 亿元人民币以下的工程招标代理业务。

暂定级工程招标代理机构只能承担工程总投资 6000 万元人民币以下的工程招标代理业务。

3. 工程建设项目招标方案

建设工程项目在招标准备阶段，必须结合建设工程项目的使用功能、规模、质量、造价、工期等技术经济目标，科学合理地选择可行的招标方案，才能通过招标选择到合适的承包人，才能为建设工程项目顺利完工奠定坚实的基础。

合理可行的招标方案能够使招标工作有序、有效地进行。编制招标方案时，招标人应根据招标项目的特点和自身需求，确定招标内容范围、招标组织形式、招标方式、标段划分、合同类型、投标人资格条件，合理安排招标工作目标、顺序和计划。对于依法需要向项目审批部门核准或招标投标监督部门备案的内容，需及时备案。

建设工程施工招标方案一般包括以下内容：①招标项目概况；②招标的范围、标段、标包划分；③招标程序；④质量、价格及完成期目标；⑤招标方式及招标组织方式；⑥招标目标及计划；⑦招标项目管理及人员配备；⑧招标项目风险分析；⑨招标服务保证措施；⑩其他事项等。

本知识点重点从以下六方面进行阐述：

（1）建设工程项目背景概况

项目的背景概况主要介绍工程项目名称、项目业主、用途、建设地点、资金来源、建设规模等基本情况，及已经具备或待落实的各项招标条件，如项目投资审批、规划许可、勘察设计及相关核准手续等有关依据。

可以使用《建设工程项目概况表》描述建设工程项目的背景概况（表 2-2）。

建设工程项目概况表　　　　　　　　　　　　　　　　表 2-2

报建编号：

建设工程名称			
建设性质	□新建　　□扩建　　□改建　　□技术改造　　□其他		
项目性质	□生产性项目　　　　□非生产性项目		
资金来源			
项目用途			
建设地点			
建设单位			
建设单位地址			
法定代表人		联系人	
联系电话		邮政编码	
立项文件			
批准文号			
批准机关		批准日期	
立项级别	国务院（各部委）　　市　　区（县）　　其他		
总投资额	万元，其中设备投资　　　　万元		
建设工程规模			
建筑面积		计划开工日期	

续表

项目分类	能源项目	□煤炭　□石油　□天然气　□电力　□新能源
	交通运输项目	□铁路　□公路　□管道　□水运　□航空　□其他交通运输业
	邮电通信项目	□邮政　□电信枢纽　□通信　□信息网络
	水利项目	□防洪　□灌溉　□排涝　□引（供）水　□滩涂治理　□水土保持　□水利枢纽
	城市设施项目	□道路　□桥梁　□地铁和轻轨交通　□污水排放及处理 □垃圾处理　□地下管道　□公共停车场
	生态环境保护项目	□绿化园林　□其他生态环境保护项目
	商品住宅项目	□普通商品住宅　□商住楼　□别墅　□经济适用住房
	其他房屋建筑项目	□商办楼　□办公楼　□商场
	装饰项目	□装饰项目
	公用事业项目	□供水　□供电　□供气　□供热 □科技　□教育　□文化　□体育　□旅游卫生　□社会福利

（2）招标范围和标段划分

编制招标方案前，须明确招标范围及考虑是否划分标段。

1）工程施工招标的内容、范围，指依据法律和有关规定确定必须招标的工程施工内容范围，包括工程施工现场准备、土木建筑工程和设备安装工程等内容。

工程施工现场准备指工程建设必须具备的现场施工条件，包括通路、通水、通电、通信及场地平整，施工和生活设施的建设等。

土木建筑工程一般包括：土石方工程、基础工程、混凝土工程、钢结构工程、装饰工程、道路工程等。

设备安装工程一般包括：机械、电气、给水排水等设备和管线安装，计算机网络、通信、消防及监控系统的安装等。工程施工内容范围树状图见图 2-1。

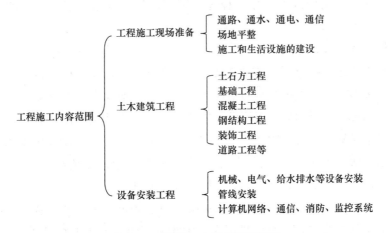

图 2-1　工程施工内容范围树状图

2）影响工程施工招标标段划分的因素

工程施工招标标段划分由法律法规和工程承包管理模式两个因素决定。

一是法律法规，《中华人民共和国招标投标法》和《工程建设项目招标范围和规模标准规定》对必须招标项目的范围、规模标准和标段划分作了明确规定。需特别注意的是，招标人不得通过细分标段、化整为零的方式规避招标；二是工程承包管理模式，常见的工程承包管理模式有总承包合同与多个平行承包合同，不同的工程承包管理模式对工程标段划分有着不同的影响。

（3）投标资格要求

为了使招标工作顺利进行，并通过招标投标活动选择到最优的投标人，招标方案中须对投标人资格要求进行考虑。结合招标项目的专业、规模、范围与承包方式，根据有关规定初步拟定投标人的资质。

《中华人民共和国招标投标法》第十八条规定，"招标人可以根据招标项目本身的要求，在招标公告或者投标邀请书中，要求潜在投标人提供有关资质证明文件和业绩情况，并对潜在投标人进行资格审查；国家对投标人的资格条件有规定的，依照其规定。"另外，规定还特别强调，"招标人不得以不合理的条件限制或者排斥潜在投标人，不得对潜在投标人实行歧视待遇。"

（4）工程质量、造价、进度需求目标

工程质量、造价、进度需求目标是编制和实施招标方案的主要内容，也是设置和选择投标资格条件、评标办法和约定合同条款等相关内容的主要依据。故在设计招标方案时，需考虑工程质量、造价、进度需求的目标。

工程质量必须符合国家有关法规和设计、施工质量及验收标准、规范，满足工程使用的适用性、安全性、经济性、可靠性等要求设定工程质量等级目标。

工程造价控制目标以工程项目投资限额为基础，确定工程项目的招标控制价（投标报价的最高控制价格）为控制目标。根据不同的评标办法，确定招标控制价的方式也各有不同。

在招标文件中应明确提出招标工程施工进度的目标要求，包括总工期、开工日期、竣工日期等。

（5）工程招标方式、方法

招标方案需考虑工程招标的方式和方法，工程招标的方式应根据具体工程及相关法规要求确定。按照《中华人民共和国招标投标法》第十条规定，"招标分为公开招标和邀请招标。公开招标，是指招标人以招标公告的方式邀请不特定的法人或者其他组织投标。邀请招标，是指招标人以投标邀请书的方式邀请特定的法人或者其他组织投标。"

公开招标一般采用在指定的报刊、网站和其他媒介上发布招标公告的方法，向潜在投标人明示招标项目的要求，以吸引潜在投标人参加投标。

邀请招标往往是通过招标人进行市场调查，考虑和审查承包商的资信、业绩等条件，向其发出投标邀请书的方式，邀请投标人参加投标竞争，参加投标的投标人数量不得少于3家。

（6）工程招标工作目标

工程招标工作必须根据招标项目的特点和招标人的需求，按照工程建设程序、工程总体进度计划完成，必须明确招标工各阶段工作内容和相应的完成时间。招标工作的时间安排需特别注意法律法规对某些工作时间的强制性要求。

课堂活动

选择招标方式（自行招标/委托招标）：

目标：

加深对招标准备工作的认识，熟悉如何确定招标的组织形式。

步骤：

1. 按任务 2.1 课堂活动所安排小组进行活动；

2. 领取各小组任务，即工程案例的工程情况说明；

3. 以小组为单位，各小组就领取案例进行分析，并确定该项目招标的组织形式；

4. 以小组为单位，各小组选取代表就各自项目情况进行介绍，并阐述小组确定招标组织形式的过程和依据；

5. 师生共同对各小组发言进行评价、讨论。

技能拓展

某市联合中心中学计划于 2017 年 3 月 1 日在校园内（某市教育园 1 号）新建一座综合实验楼，建筑面积约 $2800m^2$，占地面积 $400m^2$，建筑檐口高度 23m，没有地下室，地上 7 层。总投资约 600 万元人民币，计划工期 200 日历天。该项目已由市发展改革委员会以发改 ［2017］1 号文件批准建设，相应资金也落实到位，其中政府投资 100%，招标所需的设计图纸和技术资料皆准备妥当，已具备招标条件，现已进入组织招标工作的环节。

根据案例内容，完成该工程的《建设工程项目概况表》。

2.2.2　招标信息发布

招标人根据工程建设项目实际情况选择合适的招标方式，不同招标方式对应的招标信息发布方式各有不同，公开招标采用发布招标公告或资格预审公告，邀请招标采用发布投标邀请书。

1. 招标公告

招标人发布招标公告用以邀请非特定的法人或者其他组织（即潜在投标人）参与投标是公开招标的显著特征之一。

按照《中华人民共和国招标投标法》第十六条规定："招标人采用公开招标方式的，应当发布招标公告。依法必须进行招标的项目的招标公告，应当通过国家指定的报刊、信息网络或者其他媒介发布。招标公告应当载明招标人的名称和地址、招标项目的性质、数量、实施地点和时间及获取招标文件的办法等事项。"规定中表明，发布招标公告是公开招标的组成部分，招标公告已经发出即构成招标活动的要约邀请，招标人不得随意更改。

同时，招标公告的内容应当真实、准确和完整。结合国务院有关部委规章中对招标公告内容的规定，招标公告基本内容包括以下几点：

（1）招标条件，包括招标项目的名称、项目审批、核准或备案机关名称、资金来源、简要技术要求和招标人的名称等；

(2) 招标项目的规模、招标范围、标段或标包的划分或数量；

(3) 招标项目的实施地点或交货或服务地点；

(4) 招标项目的实施时间，即工程施工工期；

(5) 对投标人或供应商或服务商的资质等级与资格要求；

(6) 获取招标文件的时间、地点、方式及招标文件售价；

(7) 递交投标文件的地点和投标截止日期；

(8) 联系方式，包括招标人、招标代理机构项目联系人的名称、地址、电话、传真、网址、开户银行及账号等联系方式；

(9) 其他。

编制方法见 2.2.4 建设工程施工招标文件编制。

2. 资格预审公告

资格预审公告是指招标人采用资格预审的方式进行项目招标，通过发布资格预审公告的方式公开选择符合条件的潜在投标人，潜在投标人根据招标项目的情况及资格条件，决定是否前来购买资格预审文件，并参与资格预审和投标竞争。

按照《工程建设项目施工招标投标办法》和《标准施工招标资格预审文件》中的规定，资格预审公告内容包括以下几点：

(1) 招标项目的条件，包括项目审批、核准或备案机关名称、资金来源、项目出资比例、招标人的名称等；

(2) 项目概况与招标范围，包括本次招标项目的建设地点、规模、计划工期、招标范围、标段划分等；

(3) 对申请人的资格要求，包括资质等级与业绩，是否接受联合体申请、申请标段数量；

(4) 资格预审方法，表明是采用合格制还是有限数量制；

(5) 资格预审文件的获取时间、地点和售价；

(6) 资格预审申请文件的提交地点和截止时间；

(7) 同时发布公告的媒介名称；

(8) 联系方式，包括招标人、招标代理机构项目联系人的名称、地址、电话、传真、网址、开户银行及账号等。

编制方法见 2.2.3 资格审查文件编制。

3. 投标邀请书

按照《中华人民共和国招标投标法》第十七条规定："招标人采用邀请招标方式的，应当向三个以上具备承担招标项目的能力、资信良好的特定的法人或者其他组织发出投标邀请书。"投标邀请书应当载明招标人的名称和地址、招标项目的性质、数量、实施地点和时间及获取招标文件的办法等事项。投标邀请书需载明的内容和招标公告的基本一致，值得注意的是，投标邀请书须要求潜在投标人对是否收到投标邀请书进行反馈，如在规定的时间内以书面形式通知招标人，确认已收到该邀请。

编制方法见 2.2.4 建设工程施工招标文件编制。

知识拓展

招标公告的发布媒介

按照《中华人民共和国招标投标法》规定，对于依法必须招标的项目，招标公告应当在国家指定的报刊、信息网络等媒介上发布；对于依法不是必须招标的项目，招标公告的发布媒介由招标人自由选择。目前，我国各级政府指定发布招标公告的媒介有很多，主要有以下几种，见招标公告的发布媒介表（表 2-3）：

招标公告的发布媒介表　　　　　　　　　　　　　表 2-3

1	经国务院授权由原国家计委指定招标公告的发布媒介	《中国日报》 《中国经济导报》 《中国建设报》 《中国采购与招标网》（http://www. Chinabidding. com. cn）
2	其他有关部门指定的招标公告发布媒介	中国工程建设和建筑业信息网（http://www. srjz168. com/） 建设招标网（http://www. jszhaobiao. com/） 中国招标网（http://www. bidchance. com/） 中国国际招标网（http://www. chinabidding. com/） 全国招标信息网（http://www. bidnews. cn/） 中国建设工程招标网（http://www. projectbidding. cn/）等
3	财政部指定全国政府采购信息的发布媒介	中国政府采购新闻网（http://www. cgpnews. cn/）
4	地方政府指定的招标公告发布媒介	北京市招投标公共服务平台（http://www. bjztb. gov. cn/） 上海招标网（http://shanghai. bidchance. com/） 广东省招标投标监管网（http://www. gdzbtb. gov. cn/） 广州公共资源交易网（http://www. gzggzy. cn/） 浙江招标网（http://zj. bidcenter. com. cn/） 福建招标与采购网（http://www. fjbid. gov. cn/）等

按《招标公告发布暂行办法》第二十条，"各地方人民政府依照审批权限审批的依法必须招标的民用建筑项目的招标公告，可在省、自治区、直辖市人民政府发展计划部门指定的媒介发布"。

课堂活动

浏览招标信息发布网站

目标：

加深对招标信息发布工作的认识，熟悉通过报刊或网站浏览、查询招标信息的方法。

步骤：

1. 利用校园网络资源搜索、登录招标投标信息发布网站；

2. 浏览招标投标信息发布网站招标公告；

3. 师生对成果进行交流讨论。

2.2.3　资格审查

1. 资格审查的概念与原则

（1）资格审查的概念

资格审查是指招标人对潜在投标人的经营范围、专业资质、财务状况、技术能力、管理能力、业绩、信誉等方面进行评估审查，通过审查判定投标人是否具有投标、订立和履行合同的资格和能力。资格审查既是招标人的权利，也是大多数招标项目的必要程序。

依照《中华人民共和国招标投标法》第十八条规定，"招标人可以根据招标项目本身的要求，在招标公告或者投标邀请书中，要求潜在投标人提供有关资质证明文件和业绩情况，比对潜在投标人进行资格审查；国家对投标人的资格条件有规定的，依照其规定。""招标人不得以不合理的条件限制或者排斥潜在投标人，不得对潜在投标人实行歧视待遇。"

（2）资格审查的原则

资格审查在坚持"公开、公平、公正和诚实信用"的基础上，应当遵守科学、择优和合法的原则。

2. 资格审查的主要内容和因素

《工程建设项目施工招标投标办法》第二十条规定，资格审查应主要审查潜在投标人或者投标人以下五方面内容：①具有独立订立施工承包合同的权利；②具有履行施工承包合同的能力，包括专业、技术资格和能力，资金、设备和其他物质设施状况，管理能力，经验、信誉和相应的从业人员；③没有处于被责令停业，投标资格被取消，财产被接管、冻结，破产状态；④在最近三年内没有骗取中标和严重违约及重大工程质量问题；⑤国家规定的其他资格条件。

将资格审查的主要内容进行分解，可分解为对应的审查因素：

① 具有独立订立施工承包合同的权利，分解为：A. 企业营业执照（有年检的）和税务登记证及组织机构代码证；B. 签订合同的资格证明文件，如施工安全生产许可证、合同签署人的资格等；

② 具有履行施工承包合同的能力，包括专业、技术资格和能力，资金、设备和其他物质设施状况，管理能力，经验、信誉和相应的从业人员，分解为：A. 施工承包资质（如施工总承包、专业承包、劳务承包等，专业承包资质按照行业还有不同的类别和等级）；B. 财务状况；C. 企业及项目经理类似项目业绩（成功案例）；D. 企业信誉（近年发生的诉讼及仲裁情况）；E. 项目经理和技术负责人的资格；F. 项目经理部人员职业或执业资格；G. 主要施工机械配备。

③ 没有处于被责令停业，投标资格被取消，财产被接管、冻结，破产状态，分解为：A. 投标资格有效，在招标投标违纪公示中，没有投标资格被取消或暂停；B. 企业经营持续有效，没有处于被责令停业，财产被接管、冻结，破产状态。

④ 在最近三年内没有骗取中标和严重违约及重大工程质量问题，分解为：A. 近三年

投标行为合法，没有骗取中标的行为；B. 近三年合同履行合法，没有严重违约事件发生；C. 近三年工程质量合格，没有因重大工程质量问题受到质量监督部门通报或公示。

⑤ 国家规定的其他资格条件，即法律、行政法规规定的其他资格条件。

3. 资格审查的形式

根据《工程建设项目施工招标投标办法》等有关规定，资格审查分为资格预审和资格后审两种方法。

（1）资格预审

资格预审，是指投标前对获取资格预审文件并提交资格预审申请文件的潜在投标人进行资格审查的一种方式。

资格预审的程序，见资格预审程序图（图 2-2）。

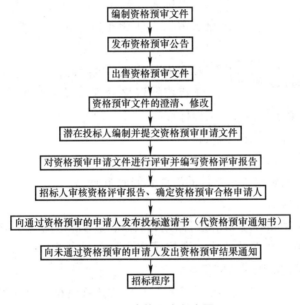

图 2-2　资格预审程序图

通过以上图表可以看出，资格预审是招标人通过发布招标资格预审公告，向不特定的潜在投标人发出招标邀请，组织招标资格审查委员会根据招标资格预审公告和资格预审文件确定的资格预审条件、标准和方法，对投标申请人进行评审，确定合格的潜在投标人。只有通过资格审查的潜在投标人，才有资格参与招标项目的招标投标环节。

资格预审的办法包括合格制和有限数量制，一般情况下采用合格制，当出现潜在投标人过多的情况时，也可采用有限数量制。

资格预审具备减少评审阶段工作量、缩短评标时间、避免不合格投标人浪费不必要的投标费用等优点；但存在一定不足，因为设置了资格预审环节，延长了招标投标的过程，增加招标投标双方资格预审的费用。因而，资格预审方法比较适用于技术难度较大或投标文件编制费用较高，且潜在投标人数量较多的招标项目。

（2）资格后审

资格后审是在开标后的初步评审阶段，评标委员会根据招标文件规定的投标资格条件对投标人资格进行评审，投标资格评审合格的投标文件进入详细评审。

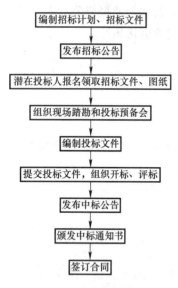

编制招标计划、招标文件

↓

发布招标公告

↓

潜在投标人报名领取招标文件、图纸

↓

组织现场踏勘和投标预备会

↓

编制投标文件

↓

提交投标文件，组织开标、评标

↓

发布中标公告

↓

颁发中标通知书

↓

签订合同

图 2-3　资格后审程序图

依照《工程建设项目施工招标投标办法》第十八条规定，"采用资格后审的，招标人应当在招标文件中载明对投标人资格要求的条件、标准和方法。"资格后审一般在评标过程中的初步评审阶段进行。对资格后审不合格的投标人，评标委员会应对其投标作废标处理，不再进行详细评审。

资格后审的程序，见资格后审程序图（图 2-3）。

资格后审与资格预审方法相比，可以避免招标与投标双方资格预审的工作环节和费用，能缩短招标投标过程。但由于投标人过多时，会增加社会成本和评标工作量，故资格后审的方法比较适合于潜在投标人数量较少的招标项目。

4. 资格预审文件的编制

工程招标资格预审文件的基本内容和格式可以依据《中华人民共和国房屋建筑和市政工程标准施工招标资格预审文件》（2010 年版），招标人结合招标项目的特点和需求进行编制。

资格预审文件由资格预审公告、申请人须知、资格审查办法、资格预审申请文件格式、项目建设概况及对资格预审文件的澄清和修改组成。

（1）资格预审公告

资格预审公告包括招标项目的条件、项目概况与招标范围、申请人的资格要求、资格预审方法、资格预审文件的获取、资格预审申请文件的提交、发布公告的媒介名称、招标人或招标代理机构的联系方式等内容。

《中华人民共和国房屋建筑和市政工程标准施工招标资格预审文件》（2010 年版）中《资格预审公告》（附件 2.1）内容如下：

附件 2.1

_____（项目名称）_____标段施工招标

资格预审公告（代招标公告）

1. 招标条件

本招标项目_____（项目名称）已由_____（项目审批、核准或备案机关名称）以_____（批文名称及编号）批准建设，项目业主为_____，建设资金来自_____（资金来源），项目出资比例为_____，招标人为_____，招标代理机构为_____。项目已具备招标条件，现进行公开招标，特邀请有兴趣的潜在投标人（以下简称申请人）提出资格预审申请。

2. 项目概况与招标范围

_____（说明本次招标项目的建设地点、规模、计划工期、合同估算价、招标范围、标段划分（如果有）等）。

3. 申请人资格要求

3.1　本次资格预审要求申请人具备＿＿＿＿＿＿资质，＿＿＿＿＿＿＿（类似项目描述）业绩，并在人员、设备、资金等方面具备相应的施工能力，其中，申请人拟派项目经理须具备专业＿＿＿＿＿＿级注册建造师执业资格和有效的安全生产考核合格证书，且未担任其他在施建设工程项目的项目经理。

3.2　本次资格预审＿＿＿＿＿＿＿（接受或不接受）联合体资格预审申请。联合体申请资格预审的，应满足下列要求：＿＿＿＿＿＿＿。

3.3　各申请人可就本项目上述标段中的＿＿＿＿＿＿＿（具体数量）个标段提出资格预审申请，但最多允许中标＿＿＿＿＿＿＿（具体数量）个标段（适用于分标段的招标项目）。

4. 资格预审方法

本次资格预审采用＿＿＿＿＿＿＿（合格制/有限数量制）。采用有限数量制的，当通过详细审查的申请人多于＿＿＿＿＿＿＿家时，通过资格预审的申请人限定为＿＿＿＿＿＿＿家。

5. 申请报名

凡有意申请资格预审者，请于＿＿＿＿＿年＿＿＿＿＿月＿＿＿＿＿日至＿＿＿＿＿年＿＿＿＿＿月＿＿＿＿＿日（法定公休日，法定节假日除外），每日上午＿＿＿＿＿时至＿＿＿＿＿时，下午＿＿＿＿＿时至＿＿＿＿＿时（北京时间，下同），在＿＿＿＿＿＿＿（有形建筑市场/交易中心名称及地址）报名。

6. 资格预审文件的获取

6.1　凡通过上述报名者，请于＿＿＿＿＿年＿＿＿＿＿月＿＿＿＿＿日至＿＿＿＿＿年＿＿＿＿＿月＿＿＿＿＿日（法定公休日、法定节假日除外），每日上午＿＿＿＿＿时至＿＿＿＿＿时，下午＿＿＿＿＿时至＿＿＿＿＿时，在＿＿＿＿＿＿（详细地址）持单位介绍信购买资格预审文件。

6.2　资格预审文件每套售价＿＿＿＿＿＿＿元，售后不退。

6.3　邮购资格预审文件的，需另加手续费（含邮费）＿＿＿＿＿＿＿元。招标人在收到单位介绍信和邮购款（含手续费）后＿＿＿＿＿＿＿日内寄送。

7. 资格预审申请文件的递交

7.1　递交资格预审申请文件截止时间（申请截止时间，下同）为＿＿＿＿＿年＿＿＿＿＿月＿＿＿＿＿日＿＿＿＿＿时＿＿＿＿＿分，地点为＿＿＿＿＿＿＿＿＿（有形建筑市场/交易中心名称及地址）。

7.2　逾期送达或者未送达指定地点的资格预审申请文件，招件人不予受理。

8. 发布公告的媒介

本次资格预审公告同时在＿＿＿＿＿＿＿＿＿（发布公告的媒介名称）上发布。

9. 联系方式

招　标　人：＿＿＿＿＿＿＿＿	招标代理机构：＿＿＿＿＿＿＿＿
地　　　址：＿＿＿＿＿＿＿＿	地　　　址：＿＿＿＿＿＿＿＿
邮　　　编：＿＿＿＿＿＿＿＿	邮　　　编：＿＿＿＿＿＿＿＿
联　系　人：＿＿＿＿＿＿＿＿	联　系　人：＿＿＿＿＿＿＿＿
电　　　话：＿＿＿＿＿＿＿＿	电　　　话：＿＿＿＿＿＿＿＿
传　　　真：＿＿＿＿＿＿＿＿	传　　　真：＿＿＿＿＿＿＿＿
电子邮件：＿＿＿＿＿＿＿＿	电子邮件：＿＿＿＿＿＿＿＿

网　　址： ＿＿＿＿＿＿＿＿＿	网　　址： ＿＿＿＿＿＿＿＿＿
开户银行： ＿＿＿＿＿＿＿＿＿	开户银行： ＿＿＿＿＿＿＿＿＿
账　　号： ＿＿＿＿＿＿＿＿＿	账　　号： ＿＿＿＿＿＿＿＿＿

＿＿年＿＿月＿＿日

（2）申请人须知

申请人须知是资格预审环节申请人应遵循的程序规则和对申请人的要求。一般包括申请人须知前附表、正文和附表格式等内容。

1）申请人须知前附表，内容见申请人须知前附表（表2-4），内容如下：

申请人须知前附表

表2-4

条款号	条款名称	编列内容
1.1.2	招标人	名　称： 地　址： 联系人： 电　话： 电子邮件：
1.1.3	招标代理机构	名　称： 地　址： 联系人： 电　话： 电子邮件：
1.1.4	项目名称	
1.1.5	建设地点	
1.2.1	资金来源	
1.2.2	出资比例	
1.2.3	资金落实情况	
1.3.1	招标范围	
1.3.2	计划工期	计划工期：＿＿＿＿日历天 计划开工日期：＿＿年＿＿月＿＿日 计划竣工日期：＿＿年＿＿月＿＿日
1.3.3	质量要求	质量标准：
1.4.1	申请人资质条件、能力和信誉	资质条件： 财务要求： 业绩要求：（与资格预审公告要求一致） 信誉要求： （1）诉讼及仲裁情况 （2）不良行为记录 （3）合同履约率
		项目经理资格：＿＿＿＿专业＿＿级（含以上级）注册建造师执业资格和有效的安全生产考核合格证书，且未担任其他在施建设工程项目的项目经理。 其他要求： （1）拟投入主要施工机械设备情况 （2）拟投入项目管理人员 （3）……

续表

条款号	条款名称	编列内容
1.4.2	是否接受联合体资格预审申请	□不接受 □接受，应满足下列要求： 其中：联合体资质按照联合体协议约定的分工认定，其他审查标准按联合体协议中约定的各成员分工所占合同工作量的比例，进行加权折算
2.2.1	申请人要求澄清资格预审文件的截止时间	
2.2.2	招标人澄清资格预审文件的截止时间	
2.2.3	申请人确认收到资格预审文件澄清的时间	
2.3.1	招标人修改资格预审文件的截止时间	
2.3.2	申请人确认收到资格预审文件修改的时间	
3.1.1	申请人需补充的其他材料	(9) 其他企业信誉情况表 (10) 拟投入主要施工机械设备情况 (11) 拟投入项目管理人员情况 ……
3.2.4	近年财务状况的年份要求	___年，指___年___月___日起至___年___月___日止
3.2.5	近年完成的类似项目的年份要求	___年，指___年___月___日起至___年___月___日止
3.2.7	近年发生的诉讼及仲裁情况的年份要求	___年，指___年___月___日起至___年___月___日止
3.3.1	签字和（或）盖章要求	
3.3.2	资格预审申请文件副本份数	___份
3.3.3	资格预审申请文件的装订要求	□不分册装订 □分册装订，共分___册，分别为：_____ 每册采用___方式装订，装订应牢固、不易拆散和换页，不得采用活页装订
4.1.2	封套上写明	招标人的地址： 招标人全称： ____（项目名称）____标段施工招标资格预审申请文件在___年___月___日___时___分前不得开启
4.2.1	申请截止时间	___年___月___日___时___分
4.2.2	递交资格预审申请文件的地点	

条款号	条款名称	编列内容
4.2.3	是否退还资格预审申请文件	□否　　　　□是，退还安排：
5.1.2	审查委员会人数	审查委员会构成：___人，其中招标人代表___人（限招标人在职人员，且应当具备评标专家的相应的或者类似的条件），专家___人； 审查专家确定方式：_____
5.2	资格审查方法	□合格制　　　　□有限数量制
6.1	资格预审结果的通知时间	
6.3	资格预审结果的确认时间	
9	需要补充的其他内容	
9.1	词语定义	
9.1.1	类似项目	
	类似项目是指：	
9.1.2	不良行为记录	
	不良行为记录是指：	
……	……	
9.2	资格预审申请文件编制的补充要求	
9.2.1	"其他企业信誉情况表"应说明企业不良行为记录、履约率等相关情况，并附相关证明材料，年份同第3.2.7项的年份要求	
9.2.2	"拟投入主要施工机械设备情况"应说明设备来源（包括租赁意向）、目前状况、停放地点等情况，并附相关证明材料	
9.2.3	"拟投入项目管理人员情况"应说明项目管理人员的学历、职称、注册执业资格、拟任岗位等基本情况，项目经理和主要项目管理人员应附简历，并附相关证明材料	
9.3	通过资格预审的申请人（适用于有限数量制）	
9.3.1	通过资格预审申请人分为"正选"和"候补"两类。资格审查委员会应当根据第三章"资格审查办法（有限数量制）"第3.4.2项的排序，对通过详细审查的情况人按得分由高到低顺序，将不超过第三章"资格审查办法（有限数量制）"第1条规定数量的申请人列为通过资格预审申请人（正选），其余的申请人依次列为通过资格预审的申请人（候补）	
9.3.2	根据本章第6.1款的规定，招标人应当首先向通过资格预审申请人（正选）发出投标邀请书	
9.3.3	根据本章第6.3款、通过资格预审申请人项目经理不能到位或者利益冲突等原因导致潜在投标人数量少于第三章"资格审查办法（有限数量制）"第1条规定的数量的，招标人应当按照通过资格预审申请人（候补）的排名次序，由高到低依次递补	
9.4	监督	
	本项目资格预审活动及其相关当事人应当接受有管辖权的建设工程招标投标行政监督部门依法实施的监督	
9.5	解释权	
	本资格预审文件由招标人负责解释	
9.6	招标人补充的内容	
……	……	

①　条款号 1.1.2 至 1.1.3

招标人和招标代理机构的名称、地址、联系人、电话与电子邮箱，便于申请人就项目的招标事宜与招标人或招标代理公司进行联系。

②　条款号 1.1.4 至 1.3.3

为了使投标申请人了解项目的基本概况，附表内需体现工程建设项目的基本情况，包括项目名称、建设地点、资金来源、资金比例、资金落实情况、招标范围、标段划分、计划工期、质量要求等。

③　条款号 1.4.1 至 1.4.2

附表内需明确表明申请人应具备的资质条件、能力和信誉状况，包括投标申请人必须具备的工程施工资质、近年类似业绩、财务状况、拟投入人员、设备等技术力量等资格能力条件和近年发生的诉讼及仲裁等履约信誉情况，是否接受联合体投标等。

④　条款号 2.2.1 至 3.2.7

附表需对资格预审活动各环节的时间安排告知投标申请人，包括申请人要求澄清资格预审文件的截止时间，招标人澄清、修改资格预审文件的截止时间，申请人确认收到资格预审文件澄清、修改文件的时间，资格预审申请的截止时间。

⑤　条款号 3.3.1 至 3.3.3

为了使投标申请人明确资格预审申请文件的编写格式，附表需明确申请文件的签字或盖章要求、申请文件的装订及文件份数的要求。

⑥　条款号 4.1.2 至 4.2.3

为了投标申请人能顺利、正确递交申请文件，附表需明确申请文件的密封和标识要求、申请文件递交的截止时间及地址、是否退还。

⑦　条款号 5.1.2 至 6.3

简要写明资格审查所采取的方法，资格预审结果的通知时间和确认时间。

⑧　条款号 9 至 9.6

简要说明一些需要补充的其他内容。

2）总则

总则编写需将招标项目概况、资金来源和落实情况、招标范围和计划工期及质量要求表述清楚，声明申请人资格要求，明确资格预审申请文件编制所用的语言文字，及参加资格预审过程产生费用的承担者。

3）资格预审文件

资格预审文件包括资格预审公告、申请人须知、资格审查办法、资格预审申请文件格式、项目建设概况，及资格预审文件的澄清和资格预审文件的修改。

当资格预审文件、资格预审文件的澄清或修改等在同一内容的表述上不一致时，以最后发出的书面文件为准。

①　资格预审文件的澄清

申请人应仔细阅读和检查资格预审文件的全部内容。如有疑问，应在申请人须知前附表规定的时间前以书面形式（包括信函、电报、传真等可以有形表现所载内容的形式），要求招标人对资格预审文件进行澄清。

招标人应在申请人须知前附表规定的时间前，以书面形式将澄清内容发给所有购买资格预审文件的申请人，但不指明澄清问题的来源。

申请人收到澄清后，应在申请人须知前附表规定的时间内以书面形式通知招标人，确认已收到该澄清。

② 资格预审文件的修改

在申请人须知前附表规定的时间前，招标人可以书面形式通知申请人修改资格预审文件。在申请人须知前附表规定的时间后修改资格预审文件的，招标人应相应顺延申请截止时间。

申请人收到修改的内容后，应在申请人须知前附表规定的时间内以书面形式通知招标人，确认已收到该修改。

4）资格预审申请文件的编制

招标人应明确告知资格预审申请人，资格预审申请文件的格式、组成内容、编制要求、装订和签章要求。

5）资格预审申请文件的递交

招标人应明确告知资格预审申请人，资格预审申请文件密封和标识的要求，并告知资格预审申请人递交申请文件的时间和地点。逾期送达或者未送达指定地点的资格预审申请文件，招标人不予受理。

6）资格预审申请文件的审查

资格预审申请文件由招标人组建的审查委员会负责审查。审查委员会参照《中华人民共和国招标投标法》第三十七条规定组建。审查委员会根据资格审查文件中规定的资格审查办法和标准，对所有已受理的资格预审申请文件进行审查。

7）通知和确认

招标人在资格审查文件中规定的时间内以书面形式将资格预审结果通知申请人，并向通过资格预审的申请人发出投标邀请书。

通过资格预审的申请人收到投标邀请书后，应在申请人须知前附表规定的时间内以书面形式明确表示是否参加投标。在申请人须知前附表规定时间内未表示是否参加投标或明确表示不参加投标的，不得再参加投标。因此造成潜在投标人数量不足3个的，招标人重新组织资格预审或不再组织资格预审而直接招标。

8）纪律与监督

对资格预审期间的纪律、保密、投诉及对违纪的处置方式进行确定。

（3）资格审查办法

资格审查的办法有两种，合格制和有限数量制。一般情况下采用合格制，当出现潜在投标人过多的情况时，可采用限数量制。

合格制中，凡符合资格预审文件中规定的初步评审标准和详细评审标准的申请人均可获得投标资格。

当资格预审采用合格制时，选用资格审查办法前附表（合格制）（表2-5）。

资格审查办法前附表（合格制）　　　　　　　　　　表 2-5

条款号		审查因素		审查标准
2.1	初步审查标准	申请人名称		与营业执照、资质证书、安全生产许可证一致
		申请函签字盖章		有法定代表人或其委托代理人签字并加盖单位章
		申请文件格式		符合第四章"资格预审申请文件格式"的要求
		联合体申请人（如有）		提交联合体协议书，并明确联合体牵头人
		……		……
2.2	详细审查标准	营业执照		具备有效的营业执照 是否需要核验原件：□是□否
		安全生产许可证		具备有效的安全生产许可证 是否需要核验原件：□是□否
		资质等级		符合第二章"申请人须知"第 1.4.1 项规定 是否需要核验原件：□是□否
		财务状况		符合第二章"申请人须知"第 1.4.1 项规定 是否需要核验原件：□是□否
		类似项目业绩		符合第二章"申请人须知"第 1.4.1 项规定 是否需要核验原件：□是□否
		信誉		符合第二章"申请人须知"第 1.4.1 项规定 是否需要核验原件：□是□否
		项目经理资格		符合第二章"申请人须知"第 1.4.1 项规定 是否需要核验原件：□是□否
		其他要求	(1) 拟投入主要施工机械设备	符合第二章"申请人须知"第 1.4.1 项规定
			(2) 拟投入项目管理人员	
			……	
		联合体申请人（如有）		符合第二章"申请人须知"第 1.4.2 项规定
		……		……
3.1.2		核验原件的具体要求		
	条款号			编列内容
3		审查程序		详见本章附件 A：资格审查详细程序

　　有限数量制，招标人在资格预审文件中除规定投标资格条件、标准和评审方法外，还应明确通过资格预审的投标申请人的数量。如果通过详细评审的申请人不少于 3 个且没有超过资格预审文件事先规定的数量，则通过评审的申请人均可获得投标资格，不再进行评分；如果通过详细评审人数超过资格预审文件事先规定的数量，则应对通过详细评审的申请人进行打分，按得分由高到低确定规定数量的申请人获得投标资格。

　　两种制度各有优劣。采用合格制，投标竞争性强，有利于获得更多、更好的投标人和投标方案，对于满足资格条件的所有投标申请人也更加公平、公正；但较有限数量制，合格制可能会因为过多的投标人，造成投标和评标工作量增加，造成社会资源的浪费；有限数量制虽然能够避免合格制造成投标人过多的情况，但可能在一定程度上限制了潜

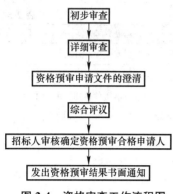

图 2-4　资格审查工作流程图

在投标人的范围。

资格审查工作的程序如资格审查工作流程图所示（图 2-4）。

两种方法在审查标准和审查程序上也略有不同。简单来说，在综合评议环节中有限数量制是在合格制的基础上，增加了评分标准和评分排序的环节。即在初步评审和详细评审之后，增加评分环节，内容详见资格审查办法前附表（有限数量制）内容如下（表 2-6）：

资格审查办法前附表（有限数量制）　　　　表 2-6

条款号			条款名称	编列内容
1			通过资格预审的人数	当通过详细审查的申请人多于＿＿家时，通过资格预审的申请人限定为＿＿家
2			审查因素	审查标准
2.1	初步审查标准		申请人名称	与营业执照、资质证书、安全生产许可证一致
			申请函签字盖章	有法定代表人或其委托代理人签字并加盖印章
			申请文件格式	符合第四章"资格预审申请文件格"的要求
			联合体申请人（如有）	提交联合体协议书，并明确联合体牵头人
			……	……
2.2	详细审查标准		营业执照	具备有效的营业执照 是否需要核验原件：□是□否
			安全生产许可证	具备有效的安全生产许可证 是否需要核验原件：□是□否
			资质等级	符合第二章"申请人须知"第1.4.1项规定 是否需要核验原件：□是□否
			财务状况	符合第二章"申请人须知"第1.4.1项规定 是否需要核验原件：□是□否
			类似项目业绩	符合第二章"申请人须知"第1.4.1项规定 是否需要核验原件：□是□否
			信誉	符合第二章"申请人须知"第1.4.1项规定 是否需要核验原件：□是□否
			项目经理资格	符合第二章"申请人须知"第1.4.1项规定 是否需要核验原件：□是□否
		其他要求	（1）拟投入主要施工机械设备	符合第二章"申请人须知"第1.4.1项规定
			（2）拟投入项目管理人员	
			……	
			联合体申请人（如有）	符合第二章"申请人须知"第1.4.2项规定
			……	……

条款号	条款名称	编列内容
2.3 评分标准	评分因素	评分标准
	财务状况	……
	项目经理	……
	类似项目业绩	……
	认证体系	……
	信誉	……
	生产资源	……
	……	……
2.3.1	核验原件的具体要求	
2.3.2	条款号	编列内容
3	审查程序	详见本章附件 A：资格审查详细程序

无论是合格制还是有限数量制，两种方法对审查结果做出的要求是一致的。审查委员会相应的审查程序对资格预审申请文件完成审查后，确定通过资格预审的申请人名单，向招标人提交书面审查报告。通过资格预审申请人的数量不足 3 个的，招标人重新组织资格预审或不再组织资格预审而直接招标。

课堂活动

简述资格审查的程序

目标：

加深对招标准备工作的认识，熟悉如何确定招标的组织形式。

步骤：

1. 按任务 2.1 课堂活动所安排小组进行活动；

2. 以小组为单位，各小组对资格审查的程序，包括资格预审和资格后审的程序进行小组讨论；

3. 以小组为单位，各小组选取代表分别对资格审查程序进行描述，并以表格或流程图的形式进行展示；

4. 师生共同对各小组发言进行评价、讨论。

技能拓展

某市联合中心中学计划在校园内（某市教育园 1 号）新建一座综合实验楼，建筑面积约 2800m²，占地面积 400m²，建筑檐口高度 23m，地下 0 层，地上 7 层，总投资约 600 万元人民币。计划于 2017 年 3 月 1 日开工，计划工期 150 日历天。

质量要求：达到国家质量检验与评定标准合格等级。

对投标人的资格要求是：房屋建筑施工总承包三级及以上资质，不接受联合体投标。

该项目已由市发展改革委员会以发改〔2017〕1 号文件批准建设，相应资金也落实到位，其中政府投资 100%，招标所需的设计图纸和技术资料皆准备妥当。已具备招标条件，现已进入组织招标工作的环节。

现校方决定委托该市友谊招标代理公司组织招标相关工作，假设该项目采用公开招标、资格预审的方式确定施工单位。资格预审文件计划于 2017 年 1 月 3 日起开始发售，2017 年 1 月 23 日资格预审申请截止，资格预审申请文件递交地点为××省××市××区××路市建设工程交易中心第三会议室。

资格预审公告拟在《中国建设报》、《中国采购与招标网》和省日报、市建设工程交易中心信息版等媒体上发布。

(1) 设计资格预审公告包含哪些基本内容？

(2) 根据案例内容，编制该工程的《资格预审公告》。

2.2.4 建设工程施工招标文件编制

1. 招标文件的概念与构成

(1) 招标文件的概念

招标文件是招标人向潜在投标人发出的要约邀请文件，是招标人向投标人发出的关于招标投标所依据的规则、标准、方法和程序等内容的书面文件，它将招标项目的内容、范围、数量与招标要求、投标资格要求、招标投标程序规则、投标文件编制与递交要求、评标标准和方法、合同条款与技术标准等信息告知投标人。招标文件对招标投标双方均具有法律约束力。

招标文件编制工作能否做好，对招标人组织整个招标投标过程是非常重要和关键的。

(2) 招标文件的构成

按照《中华人民共和国招标投标法》第十九条规定："第十九条招标人应当根据招标项目的特点和需要编制招标文件。招标文件应当包括招标项目的技术要求、对投标人资格审查的标准、投标报价要求和评标标准等所有实质性要求和条件及拟签订合同的主要条款。""国家对招标项目的技术、标准有规定的，招标人应当按照其规定在招标文件中提出相应要求。"招标项目需要划分标段、确定工期的，招标人应当合理划分标段、确定工期，并在招标文件中载明。

按照国家有关法律法规和规章的规定，招标文件应当包括招标项目的技术要求、对投标人资格审查的标准、投标报价要求和评标标准等所有实质性要求和条件及拟签订合同的主要条款。一般情况下，各类工程施工招标文件的内容大致相同，主要包括以下八项主要内容：

1) 招标公告和投标邀请书；

2) 投标人须知；

3) 评标标准和评标办法；

4) 拟签订合同条款及合同格式；

5) 技术标准和要求；

6) 工程量清单；

7) 投标文件格式；

8) 附件和其他要求投标人提供的材料。

2. 招标文件的编制

本项目以《中华人民共和国简明标准施工招标文件》（2012版）为范本介绍工程施工招标文件的内容和编制要求。

《中华人民共和国简明标准施工招标文件》由封面格式和四卷共八个章节的内容组成，其中第一章至第五章组成第一卷，内容涉及招标公告（投标邀请书）、投标人须知、评标办法、合同条款及格式、工程量清单等；第六章图纸组成了第二卷；第七章技术标准和要求组成第三卷；第八章投标文件格式组成了第四卷。

（1）封面格式

封面格式的内容包括：项目名称、标识出"招标文件"四个字、招标人名称和单位印章、时间。

附件2.2

_____（项目名称）施工招标

招标文件

招标人：_____（盖单位章）

_____年_____月_____日

（2）招标公告与投标邀请书

通过之前的学习，我们已经明确招标公告与投标邀请书的区别，对于未组织资格预审环节的公开招标项目，招标文件应包括招标公告；对于采用邀请招标方式进行招标的项目，招标文件应包括投标邀请书；对于已经进行资格预审的项目，招标文件也应包括投标邀请书，此时投标邀请书起着代资格预审通过通知书的作用。

1）招标公告（未进行资格预审）

招标公告包括项目名称、招标条件、项目概况与招标范围、投标人资格要求、招标文件获取、投标文件的递交、发布公告的媒介和联系方式等内容。

附件2.3

_____（项目名称）施工招标公告

1. 招标条件

本招标项目_____（项目名称）已由_____（项目审批、核准或备案机关名称）以_____（批文名称及编号）批准建设，项目业主为_____，建设资金来自_____（资金来源），项目出资比例为_____，招标人为_____。项目已具备招标条件，现对该项目施工进行公开招标。

2. 项目概况与招标范围

_____（说明本次招标项目的建设地点、规模、计划工期、招标范围等）。

3. 投标人资格要求

本次招标要求投标人须具备_____资质，并在人员、设备、资金等方面具有相应的施工能力。

4. 招标文件的获取

4.1 凡有意参加投标者，请于_____年_____月_____日至_____年_____月___日，每日上午_____时至_____时，下午_____时至_____时（北京时间，下同），在_____（详细地址）持单位介绍信购买招标文件。

4.2 招标文件每套售价_____元，售后不退。图纸资料押金_____元，在退还图纸资料时退还（不计利息）。

4.3 邮购招标文件的，需另加手续费（含邮费）_____元。招标人在收到单位介绍信和邮购款（含手续费）后_____日内寄送。

5. 投标文件的递交

5.1 投标文件递交的截止时间（投标截止时间，下同）为_____年_____月___日_____时_____分，地点为_____。

5.2 逾期送达的或者未送达指定地点的投标文件，招标人不予受理。

6. 发布公告的媒介

本次招标公告同时在_____（发布公告的媒介名称）上发布。

7. 联系方式

招 标 人：_____	招标代理机构：_____
地　　址：_____	地　　址：_____
邮　　编：_____	邮　　编：_____
联 系 人：_____	联 系 人：_____
电　　话：_____	电　　话：_____
传　　真：_____	传　　真：_____
电子邮件：_____	电子邮件：_____
网　　址：_____	网　　址：_____
开户银行：_____	开户银行：_____
账　　号：_____	账　　号：_____

_____年_____月_____日

2）投标邀请书（适用于邀请招标）

适用于邀请招标的投标邀请书一般包括项目名称、被邀请人名称、招标条件、项目概况与招标范围、投标人资格要求、招标文件获取、投标文件的递交、确认和联系方式等内容。

值得注意的是，投标邀请书与招标公告的不同之处在于，投标邀请书无需说明发布公告的媒介，但增加了"确认通知"的内容，即要求投标人在收到投标邀请书后的约定时间内，以传真或快递等方式就是否参与投标做出书面确认。

附件 2.4

_____（项目名称）施工投标邀请书

_____（被邀请单位名称）：

1. 招标条件

本招标项目_____（项目名称）已由_____（项目审批、核准或备案机关名称）以_____（批文名称及编号）批准建设，项目业主为_____，建设资金来自_____（资金来源），出资比例为_____，招标人为_____。项目已具备招标条件，现邀请你单位参加该项目施工投标。

2. 项目概况与招标范围

_____（说明本次招标项目的建设地点、规模、计划工期、招标范围等）。

3. 投标人资格要求

本次招标要求投标人具备_____资质，并在人员、设备、资金等方面具有相应的施工能力。

4. 招标文件的获取

4.1　请于_____年_____月_____日至_____年_____月_____日，每日上午_____时至_____时，下午_____时至_____时（北京时间，下同），在_____（详细地址）

持本投标邀请书购买招标文件。

4.2 招标文件每套售价_____元，售后不退。图纸资料押金_____元，在退还图纸资料时退还（不计利息）。

4.3 邮购招标文件的，需另加手续费（含邮费）_____元。招标人在收到邮购款（含手续费）后_____日内寄送。

5. 投标文件的递交

5.1 投标文件递交的截止时间（投标截止时间，下同）为____年____月____日____时____分，地点为_____。

5.2 逾期送达的或者未送达指定地点的投标文件，招标人不予受理。

6. 确认

你单位收到本投标邀请书后，请于_____（具体时间）前以传真或快递方式予以确认是否参加投标。

7. 联系方式

招 标 人：_____ 　　招标代理机构：_____
地　　址：_____ 　　地　　　址：_____
邮　　编：_____ 　　邮　　　编：_____
联 系 人：_____ 　　联 系 人：_____
电　　话：_____ 　　电　　　话：_____
传　　真：_____ 　　传　　　真：_____
电子邮件：_____ 　　电子邮件：_____
网　　址：_____ 　　网　　　址：_____
开户银行：_____ 　　开户银行：_____
账　　号：_____ 　　账　　　号：_____

____年 ____月____日

附件：确认通知

确认通知

_____（招标人名称）：

我方已于_____年_____月_____日收到你方_____年_____月_____日发出的_____（项目名称）关于_____的通知，并确认_____（参加/不参加）投标。

特此确认。

被邀请单位名称：_____（盖单位章）

法定代表人：_____（签字）

_____年_____月_____日

3）投标邀请书（代资格预审通过通知书）

适用于代资格预审通过通知书的投标邀请书一般包括项目名称、被邀请人名称、招标文件购买时间、售价、投标截止时间、收到邀请书的确认时间和联系方式等内容。

与适用于邀请招标的投标邀请书相比，代资格预审通过通知书的投标邀请书仅发给通过资格预审阶段审查的投标人，故在代资格预审通过通知书的投标邀请书里不重复体现招标条件、项目概况与招标范围和投标人资格要求等内容了。

（3）投标人须知

投标人须知包括投标人须知前附表、正文、附表格式等内容。其中正文由总则、招标文件、投标文件、投标、开标、评标、合同授予、纪律和监督、需要补充的其他内容和电子招标投标 10 个部分组成。

值得注意的是，投标人须知并不是合同文件的组成部分，对合同内容没有约束力。投标人须知的作用主要是体现招标投标所遵循的程序规则和对投标人的要求。

1）投标人须知前附表

投标人须知前附表有两方面的作用，一是将投标人须知中的关键内容和数据摘要列表，起到强调和提醒的作用，这样做能够帮助投标人迅速掌握投标人须知的内容，但前附表的内容必须与招标文件正文中的内容统一；二是对投标人须知正文中交由前附表明确的内容给予具体约定。

投标人须知前附表内容如下（表 2-7）：

投标人须知前附表　　　　　　　　　　　　　　　表 2-7

条款号	条款名称	编列内容
1.1.2	招标人	名称： 地址： 联系人： 电话：
1.1.3	招标代理机构	名称： 地址： 联系人： 电话：
1.1.4	项目名称	
1.1.5	建设地点	
1.2.1	资金来源及比例	
1.2.2	资金落实情况	
1.3.1	招标范围	
1.3.2	计划工期	计划工期：　　　日历天 计划开工日期：　年　月　日 计划竣工日期：　年　月　日
1.3.3	质量要求	
1.4.1	投标人资质条件、能力	资质条件： 项目经理（建造师，下同）资格： 财务要求： 业绩要求： 其他要求：

条款号	条款名称	编列内容
1.9.1	踏勘现场	□不组织 □组织，踏勘时间： 踏勘集中地点：
1.10.1	投标预备会	□不召开 □召开，召开时间： 　　　　召开地点：
1.10.2	投标人提出问题的截止时间	
1.10.3	招标人书面澄清的时间	
1.11	偏离	□不允许 □允许
2.1	构成招标文件的其他材料	
2.2.1	投标人要求澄清招标文件的截止时间	
2.2.2	投标截止时间	年　月　日　时　分
2.2.3	投标人确认收到招标文件澄清的时间	
2.3.2	投标人确认收到招标文件修改的时间	
3.1.1	构成投标文件的其他材料	
3.2.3	最高投标限价或其计算方法	
3.3.1	投标有效期	
3.4.1	投标保证金	□不要求递交投标保证金 □要求递交投标保证金 投标保证金的形式： 投标保证金的金额：
3.5.2	近年财务状况的年份要求	年
3.5.3	近年完成的类似项目的年份要求	年
3.6.3	签字或盖章要求	
3.6.4	投标文件副本份数	份
3.6.5	装订要求	
4.1.2	封套上应载明的信息	招标人地址： 招标人名称： （项目名称）投标文件 在　年　月　日　时　分前不得开启
4.2.2	递交投标文件地点	
4.2.3	是否退还投标文件	□否 □是
5.1	开标时间和地点	开标时间：同投标截止时间 开标地点：
5.2	开标程序	密封情况检查： 开标顺序：
6.1.1	评标委员会的组建	评标委员会构成：　人，其中招标人代表　人，专家　人； 评标专家确定方式：
7.1	是否授权评标委员会确定中标人	□是 □否，推荐的中标候选人数：
7.2	中标候选人公示媒介	
7.4.1	履约担保	履约担保的形式： 履约担保的金额：

续表

条款号	条款名称	编列内容
9	需要补充的其他内容	
10	电子招标投标	□否 □是，具体要求：
……		……

① 条款号 1.1.2 至 1.1.3

招标人和招标代理机构的名称、地址、联系人与电话，便于申请人就项目的招标事宜与招标人或招标代理公司进行联系。

② 条款号 1.1.4 至 1.3.3

为了使投标人了解项目的基本概况，附表内需体现工程建设项目的基本情况，包括项目名称、建设地点、资金来源、资金比例、资金落实情况、招标范围、标段划分、计划工期、质量要求等。

③ 条款号 1.4.1

附表内需明确表明投标人应具备的资质条件、能力和信誉状况，包括投标人必须具备的工程施工资质、近年类似业绩、财务状况、拟投入人员、设备等技术力量等资格能力条件和近年发生的诉讼及仲裁等履约信誉情况等。

④ 条款号 1.9.1 至 1.10.1

附表内需明确表明是否组织踏勘现场，若组织需注明踏勘时间、集中地点；是否召开投标预备会，若召开需注明召开时间和地点。

⑤ 条款号 1.10.2 至 2.3.2

附表需将招标投标活动各环节的时间安排告知投标人，包括投标人要求澄清招标文件的截止时间，招标人澄清、修改招标文件的截止时间，投标人确认收到招标文件澄清、修改文件的时间，投标截止时间。

⑥ 条款号 3.2.3

本条款简要说明招标项目最高投标限价或其计算方法。

⑦ 条款号 3.3.1 至 3.4.1

说明本次招标投标活动的投标有效期，对投标保证金的要求及递交形式和金额。

⑧ 条款号 2.2.1 至 3.3.3

为了使投标申请人明确资格预审申请文件的编写格式，附表需明确申请文件的签字或盖章要求、申请文件的装订及文件份数的要求。

⑨ 条款号 4.1.2 至 4.2.3

为了投标申请人能顺利、正确递交申请文件，附表需明确申请文件的密封和标识要求、申请文件递交的截止时间及地址、是否退还。

⑩ 条款号 5.1 至 5.2

表明开标时间和地点及开标程序。

⑪ 条款号 6.11

简要写明评标委员会的组成及评标专家确定方式。

⑫ 条款号 7.1 至 7.41

简要写明是否授权评标委员会确定中标人和中标候选人公示媒介。

2）总则

总则编写需将招标项目概况、资金来源和落实情况、招标范围和计划工期及质量要求表述清楚，投标人资格要求，明确投标文件编制所用的语言文字和计量单位，及参加投标活动产生费用的承担者，明确对招标文件和投标文件中的商业和技术等秘密保密要求。

3）招标文件的组成

① 招标公告（或投标邀请书）；

② 投标人须知；

③ 评标办法；

④ 合同条款及格式；

⑤ 工程量清单；

⑥ 图纸；

⑦ 技术标准和要求；

⑧ 投标文件格式；

⑨ 投标人须知前附表规定的其他材料。

对招标文件所作的澄清、修改也是招标文件的组成部分。

4）招标文件的澄清

投标人应仔细阅读和检查招标文件的全部内容。如发现缺页或附件不全，应及时向招标人提出，以便补齐。如有疑问，应在投标人须知前附表规定的时间前以书面形式（包括信函、电报、传真等可以有形地表现所载内容的形式），要求招标人对招标文件予以澄清。招标文件的澄清将以书面形式发给所有购买招标文件的投标人，但不指明澄清问题的来源。如果澄清发出的时间距投标人须知前附表规定的投标截止时间不足15天，并且澄清内容影响投标文件编制的，将相应延长投标截止时间。投标人在收到澄清后，应在投标人须知前附表规定的时间内以书面形式通知招标人，确认已收到该澄清。

5）招标文件的修改

招标人可以书面形式修改招标文件，并通知所有已购买招标文件的投标人。但如果修改招标文件的时间距投标截止时间不足15天，并且修改内容影响投标文件编制的，将相应延长投标截止时间。投标人收到修改内容后，应在投标人须知前附表规定的时间内以书面形式通知招标人，确认已收到该修改。

3. 评标办法

评标办法是评标委员会进行评标的直接依据，是招标文件非常重要的组成内容。评标办法一般包括评标方法、评审标准和评标程序三个部分，评标办法一般包括经评审的最低投标价法、综合评估法或者法律、行政法规允许的其他评标办法。招标人应当选择适合招标项目特点的评标办法。本任务重点介绍经评审的最低投标价法和综合评分法。

（1）经评审的最低投标价法

1）经评审的最低投标价法概念和适用范围

采用经评审的最低投标价法，评标委员会对满足招标文件实质要求的投标文件，根据招标文件规定的量化因素及量化标准进行价格折算，按照经评审的投标价由低到高的顺序推荐中标候选人，或根据招标人授权直接确定中标人，但投标报价低于其成本的除外。经评审的投标价相等时，投标报价低的优先；投标报价也相同的，由招标人或其授权的评标委员会自行确定。

经评审的最低投标价法一般适用于工程建设规模较小，履约工期较短、技术简单工程施工技术管理方案的选择性较小，且工程质量、工期、成本受施工技术管理方案影响较小，工程管理要求简单的施工招标项目的评标。

2）评审标准

采用经评审的最低投标价法时，评审标准由招标文件规定内容决定，一般体现在《评标办法前附表》（表 2-8）。

评标办法前附表　　　　　　　　　　　　表 2-8

条款号	评审因素	评审标准
2.1.1　形式评审标准	投标人名称	与营业执照、资质证书、安全生产许可证一致
	投标函签字盖章	有法定代表人或其委托代理人签字或加盖单位章
	投标文件格式	符合"投标文件格式"的要求
	报价唯一	只能有一个有效报价
	……	……
2.1.2　资格评审标准	营业执照	具备有效的营业执照
	安全生产许可证	具备有效的安全生产许可证
	资质等级	符合"投标人须知"第 1.4.1 项"投标人资质条件、能力"规定
	项目经理	符合"投标人须知"第 1.4.1 项"投标人资质条件、能力"规定
	财务要求	符合"投标人须知"第 1.4.1 项"投标人资质条件、能力"规定
	业绩要求	符合"投标人须知"第 1.4.1 项"投标人资质条件、能力"规定
	其他要求	符合"投标人须知"第 1.4.1 项"投标人资质条件、能力"规定
	……	……
2.1.3　响应性评审标准	投标报价	符合"投标人须知"第 3.2.3 项"最高投标限价或其计算方法"规定
	投标内容	符合"投标人须知"第 1.3.1 项"招标范围"规定
	工期	符合"投标人须知"第 1.3.2 项"计划工期"规定
	工程质量	符合"投标人须知"第 1.3.3 项"质量要求"规定
	投标有效期	符合"投标人须知"第 3.3.1 项"投标有效期"规定
	投标保证金	符合"投标人须知"第 3.4.1 项"投标保证金"规定
	权利义务	符合"合同条款及格式"规定
	已标价工程量清单	符合"工程量清单"给出的范围及数量
	技术标准和要求	符合"技术标准和要求"规定
	……	……

条款号	评审因素	评审标准
2.1.4 施工组织设计评审标准	质量管理体系与措施	……
	安全管理体系与措施	……
	环境保护管理体系与措施	……
	工程进度计划与措施	……
	资源配备计划	……
	……	……
条款号	量化因素	量化标准
2.2 详细评审标准	单价遗漏	……

其中形式评审标准、资格评审标准、响应性评审标准、施工组织设计评审标准属于初步评审标准。

3）评标程序

采用经评审的最低投标价法时，评审程序为：初步评审→详细评审→投标文件的澄清和补正→评标结果。评标程序如图2-5所示。

初步评审	1	评标委员会可以要求投标人提交招标文件"投标人须知"中相关规定的有关证明和证件的原件，以便核验。评标委员会依据形式评审标准、资格评审标准和响应性评审标准对投标文件进行初步评审。有一项不符合评审标准的，评标委员会应当否决其投标
	2	当投标人出现以下情形之一的，评标委员会应当否决其投标： （1）为招标人不具有独立法人资格的附属机构（单位）； （2）为本招标项目前期准备提供设计或咨询服务的； （3）为本招标项目的监理人； （4）为本招标项目的代建人； （5）为本招标项目提供招标代理服务的； （6）与本招标项目的监理人或代建人或招标代理机构同为一个法定代表人的； （7）与本招标项目的监理人或代建人或招标代理机构相互控股或参股的； （8）与本招标项目的监理人或代建人或招标代理机构相互任职或工作的； （9）被责令停业的； （10）被暂停或取消投标资格的； （11）财产被接管或冻结的； （12）在最近三年内有骗取中标、严重违约或重大工程质量问题的； （13）单位负责人为同一人或者存在控股、管理关系的不同单位； （14）串通投标或弄虚作假或有其他违法行为的； （15）不按评标委员会要求澄清、说明或补正的
	3	投标报价有算术错误的，评标委员会按以下原则对投标报价进行修正，修正的价格经投标人书面确认后具有约束力。投标人不接受修正价格的，评标委员会应当否决其投标。 （1）投标文件中的大写金额与小写金额不一致的，以大写金额为准； （2）总价金额与依据单价计算出的结果不一致的，以单价金额为准修正总价，但单价金额小数点有明显错误的除外

图2-5 经评审的最低投标价法评标流程图（一）

详细评审	1	评标委员会按招标文件规定的量化因素和标准进行价格折算，计算出评标价，并编制价格比较一览表
	2	评标委员会发现投标人的报价明显低于其他投标报价，或者在设有标底时明显低于标底，使得其投标报价可能低于其成本的，应当要求该投标人作出书面说明并提供相应的证明材料。投标人不能合理说明或者不能提供相应证明材料的，评标委员会应当认定该投标人以低于成本报价竞标，否决其投标

↓

投标文件的澄清和补正	1	在评标过程中，评标委员会可以书面形式要求投标人对所提交的投标文件中不明确的内容进行书面澄清或说明，或者对细微偏差进行补正。评标委员会不接受投标人主动提出的澄清、说明或补正
	2	澄清、说明和补正不得改变投标文件的实质性内容。投标人的书面澄清、说明和补正属于投标文件的组成部分
	3	评标委员会对投标人提交的澄清、说明或补正有疑问的，可以要求投标人进一步澄清、说明或补正，直至满足评标委员会的要求

↓

评标结果	1	除招标文件相关规定有授权评标委员会直接确定中标人外，评标委员会按照经评审的价格由低到高的顺序推荐中标候选人
	2	评标委员会完成评标后，应当向招标人提交书面评标报告

图 2-5   经评审的最低投标价法评标流程图（二）

（2）综合评分法

1）综合评估法概念和适用范围

采用综合评估法，评标委员会对满足招标文件实质性要求的投标文件，按照招标文件规定的评分标准进行打分，并按得分由高到低顺序推荐中标候选人，或根据招标人授权直接确定中标人，但投标报价低于其成本的除外。综合评分相等时，以投标报价低的优先；投标报价也相等的，由招标人或其授权的评标委员会自行确定。

综合评估法一般适用于工程建设规模较大，履约工期较长、技术复杂，工程施工技术管理方案的选择性较大，且工程质量、工期和成本受不同施工技术管理方案影响较大，工程管理要求较高的施工招标项目的评标。

2）评审标准

采用综合评分法时，评审标准由招标文件规定内容决定，一般体现在《评标办法前附表》（表 2-9）。

评标办法前附表   表 2-9

条款号		评审因素	评审标准
2.1.1	形式评审标准	投标人名称	与营业执照、资质证书、安全生产许可证一致
		投标函签字盖章	有法定代表人或其委托代理人签字或加盖单位章
		投标文件格式	符合"投标文件格式"的要求
		报价唯一	只能有一个有效报价
		……	……

条款号	评审因素	评审标准
2.1.2	资格评审标准	
	营业执照	具备有效的营业执照
	安全生产许可证	具备有效的安全生产许可证
	资质等级	符合"投标人须知"第1.4.1项"投标人资质条件、能力"规定
	项目经理	符合"投标人须知"第1.4.1项"投标人资质条件、能力"规定
	财务要求	符合"投标人须知"第1.4.1项"投标人资质条件、能力"规定
	业绩要求	符合"投标人须知"第1.4.1项"投标人资质条件、能力"规定
	其他要求	符合"投标人须知"第1.4.1项"投标人资质条件、能力"规定
	……	……
2.1.3	响应性评审标准	
	投标报价	符合"投标人须知"第3.2.3项"最高投标限价或其计算方法"规定
	投标内容	符合"投标人须知"第1.3.1项"招标范围"规定
	工期	符合"投标人须知"第1.3.2项"计划工期"规定
	工程质量	符合"投标人须知"第1.3.3项"质量要求"规定
	投标有效期	符合"投标人须知"第3.3.1项"投标有效期"规定
	投标保证金	符合"投标人须知"第3.4.1项"投标保证金"规定
	权利义务	符合"合同条款及格式"规定
	已标价工程量清单	符合"工程量清单"给出的范围及数量
	技术标准和要求	符合"技术标准和要求"规定
	……	……

条款号	条款内容	编列内容
2.2.1	分值构成（总分100分）	施工组织设计：　　分 项目管理机构：　　分 投标报价：　　分 其他评分因素：　　分
2.2.2	评标基准价计算方法	
2.2.3	投标报价的偏差率计算公式	偏差率＝100％×(投标人报价－评标基准价)/评标基准价
2.2.4 (1)	施工组织设计评分标准	
	内容完整性和编制水平	……
	施工方案与技术措施	……
	质量管理体系与措施	……
	安全管理体系与措施	……
	环境保护管理体系与措施	……
	工程进度计划与措施	……
	资源配备计划	……
	……	……
2.2.4 (2)	项目管理机构评分标准	
	项目经理任职资格与业绩	……
	其他主要人员	……
	……	……
2.2.4 (3)	投标报价评分标准	
	偏差率	……
	……	……
2.2.4 (4)	其他因素评分标准	……
	……	……

对比经评审的最低投标价法,综合评分法除了仍具备初步评审标准外,更明确了分值构成与评分标准,通过计算相应分值进行详细评审,最终通过分数高低对中标或选人进行排序。

3)评标程序

采用综合评分法时,评审程序为:初步评审→详细评审→投标文件的澄清和补正→评标结果。综合评分法评标流程图见图2-6。

初步评审	1	评标委员会可以要求投标人提交招标文件"投标人须知"中相关规定的有关证明和证件的原件,以便核验。评标委员会依据形式评审标准、资格评审标准和响应性评审标准对投标文件进行初步评审。有一项不符合评审标准的,评标委员会应当否决其投标
	2	当投标人出现以下情形之一的,评标委员会应当否决其投标: (1)为招标人不具有独立法人资格的附属机构(单位); (2)为本招标项目前期准备提供设计或咨询服务的; (3)为本招标项目的监理人; (4)为本招标项目的代建人; (5)为本招标项目提供招标代理服务的; (6)与本招标项目的监理人或代建人或招标代理机构同为一个法定代表人的; (7)与本招标项目的监理人或代建人或招标代理机构相互控股或参股的; (8)与本招标项目的监理人或代建人或招标代理机构相互任职或工作的; (9)被责令停业的; (10)被暂停或取消投标资格的; (11)财产被接管或冻结的; (12)在最近三年内有骗取中标或严重违约或重大工程质量问题的; (13)单位负责人为同一人或者存在控股、管理关系的不同单位; (14)串通投标或弄虚作假或有其他违法行为的; (15)不按评标委员会要求澄清、说明或补正的
	3	投标报价有算术错误的,评标委员会按以下原则对投标报价进行修正,修正的价格经投标人书面确认后具有约束力。投标人不接受修正价格的,评标委员会应当否决其投标。 (1)投标文件中的大写金额与小写金额不一致的,以大写金额为准; (2)总价金额与依据单价计算出的结果不一致的,以单价金额为准修正总价,但单价金额小数点有明显错误的除外

↓

详细评审	1	3.2.1 评标委员会按本章第2.2款规定的量化因素和分值进行打分,并计算出综合评估得分。 (1)按施工组织设计评分标准规定的评审因素和分值对施工组织设计计算出得分A; (2)按项目管理机构评分标准规定的评审因素和分值对项目管理机构计算出得分B; (3)按投标报价评分标准规定的评审因素和分值对投标报价计算出得分C; (4)按其他因素评分标准规定的评审因素和分值对其他部分计算出得分D
	2	评分分值计算保留小数点后两位,小数点后第三位"四舍五入"
	3	投标人得分=A+B+C+D
	4	评标委员会发现投标人的报价明显低于其他投标报价,或者在设有标底时明显低于标底,使得其投标报价可能低于其个别成本的,应当要求该投标人作出书面说明并提供相应的证明材料。投标人不能合理说明或者不能提供相应证明材料的,评标委员会应当认定该投标人以低于成本报价竞标,否决其投标

↓

图2-6 综合评分法评标流程图(一)

投标文件的澄清和补正	1	在评标过程中，评标委员会可以书面形式要求投标人对所提交的投标文件中不明确的内容进行书面澄清或说明，或者对细微偏差进行补正。评标委员会不接受投标人主动提出的澄清、说明或补正
	2	澄清、说明和补正不得改变投标文件的实质性内容。投标人的书面澄清、说明和补正属于投标文件的组成部分
	3	评标委员会对投标人提交的澄清、说明或补正有疑问的，可以要求投标人进一步澄清、说明或补正，直至满足评标委员会的要求

↓

评标结果	1	除招标文件相关规定有授权评标委员会直接确定中标人外，评标委员会按照得分由高到低的顺序推荐中标候选人
	2	评标委员会完成评标后，应当向招标人提交书面评标报告

图 2-6 综合评分法评标流程图（二）

4. 建筑工程招标控制价

（1）招标控制价概念

招标控制价，是指招标人根据国家或省级、行业建设主管部门颁发的有关计价依据和办法，按设计施工图纸计算的，对招标工程限定的最高工程造价。

国有资产投资的工程进行招标，根据《中华人民共和国招标投标法》的规定，招标人可以设标底。当招标人不设标底时，为有利于客观、合理的评审投标报价和避免哄抬标价，造成国有资产流失，招标人应当编制招标控制价。投标人的投标报价高于招标控制价的，其投标应予以拒绝。

工程标底，通俗来说就是招标人定的价格底线，是招标人通过客观、科学计算，期望控制的招标工程施工造价。标底作为防止投标人恶意投标的参考性依据，由招标人自行决定是否编制标底价格，但标底应当严格保密，直至开标时宣布。

招标控制价不同于标底，无须保密。为了体现招标的公平、公正，防止招标人有意抬高或压低工程造价，招标人应在招标文件中如实公布招标控制价，不得对所编制的招标控制价进行上浮或下调。同时，招标人应将招标控制价报工程所在地的工程造价管理机构备查。

（2）招标控制价编制的原则

为了实现招标控制价编制的目的，起到真实反映市场价格机制的作用，保护招标人的利益，在编制招标控制价的过程中应遵循以下几个原则：

1）遵循社会平均水平原则。招标控制价反映社会平均水平，一方面，可以对围标和串标造成的哄抬标价起到良好的制约作用；另一方面，可以使得投标人在看到获得合理利润的前提下，积极参加投标竞争。

2）诚实信用原则。招标控制价的编制必须遵循诚实信用的原则，严格执行工程量清单计价规范，合理反映拟建工程项目市场价格水平，才能从根本上保护招标人的长期利益。

3）公平公正公开原则。

（3）招标控制价编制的依据

在编制招标控制价时，进行工程量计量、价格确认、工程计价的有关参数、率值的确定会涉及相关基础性资料，即招标控制价编制依据，主要包括：

1）《建设工程工程量清单计价规范》GB 50500—2013 与专业工程计量规范；

2）国家或省级、国务院有关部门建设主管部门颁发的计价定额和计价办法；

3）建设工程设计文件及相关资料；

4）招标文件中的工程量清单及有关要求；

5）与建设项目相关的标准、规范、技术资料；

6）工程造价管理机构发布的工程造价信息；工程造价信息没有发布的参照市场价；

7）其他的相关资料。主要指施工现场情况、工程特点及常规施工方案等。

（4）招标控制价编制内容和方法

招标控制价是推行工程量清单计价过程中，对传统标底概念的性质进行界定后所设置的专业术语，招标控制价的编制主要使用工程量清单计价方法。

工程量清单计价的基本程序可以理解为：在统一的工程量清单项目设置的基础上，制定工程量清单计量规则，根据具体工程的施工图纸计算出各个清单项目的工程量，再通过各种渠道所获得的工程造价信息和经验数据计算得到工程造价。其中工程量清单项目、计算规则等内容详见《建设工程工程量清单计价规范》GB 50500—2013。也可以通过招标控制价工程量清单计价过程示意图（图2-7）来进一步理解这一过程。

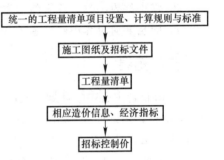

图 2-7　招标控制价工程量清单计价过程示意图

从工程量清单计价过程示意图中可以看出，其编制过程可以分为两个阶段：工程量清单的编制和利用工程量清单来编制招标控制价。

招标控制价编制内容包括分部分项工程费、措施费、其他项目费、规费和税金（表2-10）。

建设单位工程招标控制价计价程序表　　　　　　　　　　　　　　　表 2-10

序号	费用名称	计算办法
1	分部分项工程费	按计价规定计算＝$\sum$（分项工程量×综合单价）
2	措施项目费	按计价规定计算
2.1	安全文明施工费	按规定标准估算
3	其他项目费	按招标文件计算
3.1	暂列金额	按计价规定估算
3.2	专业工程暂估价	按计价规定估算
3.3	计日工	按计价规定估算
3.4	总承包服务费	按计价规定估算
4	规费	按规定标准计算＝(1＋2＋3)×相关费率
5	税金	按规定标准计算＝(1＋2＋3＋4)×综合税率
6	招标控制价	合计＝1＋2＋3＋4＋5

5. 编制工程招标文件应注意的问题

(1) 招标文件应体现工程建设项目的特点和要求；

(2) 招标文件必须明确投标人实质性响应的内容；

(3) 防范招标文件中的违法、歧视性条款；

(4) 保证招标文件格式、合同条款的规范一致；

(5) 招标文件语言要规范、简练。

课堂活动

简述招标文件的主要内容

目标：

加深对招标文件内容的认识，熟悉编制招标文件的工作内容。

步骤：

1. 按任务 2.1 课堂活动所安排小组进行活动；

2. 以小组为单位，各小组对招标文件的组成内容进行小组讨论；

3. 以小组为单位，各小组选取代表对招标文件的组成内容进行描述；

4. 师生共同对各小组发言进行评价、讨论。

技能拓展

某市联合中心中学计划在校园内（某市教育园 1 号）新建一座综合实验楼，建筑面积约 2800m^2，占地面积 400m^2，建筑檐口高度 23m，地下 0 层，地上 7 层，总投资约 600 万元人民币。计划于 2017 年 3 月 1 日开工，计划工期 150 日历天。

质量要求：达到国家质量检验与评定标准合格等级。

对投标人的资格要求是：房屋建筑施工总承包三级及以上资质，不接受联合体投标。

该项目已由市发展改革委员会以发改［2017］1 号文件批准建设，相应资金也落实到位，其中政府投资 100%，招标所需的设计图纸和技术资料皆准备妥当。已具备招标条件，现已进入组织招标工作的环节。

现校方决定委托该市友谊招标代理公司组织招标相关工作，假设该项目采用公开招标、资格后审的方式确定施工单位。招标文件计划于 2017 年 1 月 3 日起开始发售，2017 年 1 月 23 日投标截止，投标文件递交地点为××省××市××区××路市建设工程交易中心第三会议室。

招标公告拟在《中国建设报》、《中国采购与招标网》和省日报、市建设工程交易中心信息版等媒体上发布。

(1) 设计招标公告包含哪些基本内容？

(2) 根据案例内容，编制该工程的《招标公告》。

思考与练习

1. 招标人在组织招标工作之前，必须落实两个基本条件是什么？

2. 编制和实施招标方案的主要内容是什么？

3. 招标公告包括什么基本内容？

4. 施工招标文件包括什么主要内容？

任务 2.3　建设工程施工招标案例

任务描述

本任务是通过案例的展示、分析使学生进一步了解建设工程施工招标的相关内容。

通过本工作任务的学习，学生能够：知道实际工程案例招标文件的各组成部分；能阅读与理解实际工程案例的招标文件；会填写招标文件的常规资料；能辨别建设工程施工招标评标定标办法。

知识构成

2.3.1　招标前准备工作

案例 1：招标方案策划和招标方式选择

【背景】

某企业投资 1000 万元人民币兴建综合办公楼项目，项目审批核准部门对该项目招标内容的核准意见，见审批部门核准意见表（表 2-11）。

审批部门核准意见表　　　　　　　　　　　　　　　　表 2-11

类别	招标范围		招标组织形式		招标方式		不采用招标方式
	全部招标	部分招标	自行招标	委托招标	公开招标	邀请招标	
勘察	√		√			√	
设计	√		√		√		
建筑工程	√		√		√		
安装工程	√		√		√		
监理	√		√		√		
主要设备	√		√		√		
重要材料	√		√		√		
其他							√

【问题】

（1）本项目招标方案包括哪几部分内容？

（2）招标人组织该项目建设过程中，能否委托招标代理机构组织整个项目招标？

（3）建筑工程中某专业工程的工期十分紧张，招标人决定采用邀请招标的方式确定该专业工程单位，应该怎么处理？

【分析结果】

（1）招标方案一般包括以下内容：

①招标项目概况；②招标的范围、标段/标包划分；③招标程序；④质量、价格及完成期目标；⑤招标方式及招标组织方式；⑥招标目标及计划；⑦招标项目管理及人员配备；⑧招标项目风险分析；⑨招标服务保证措施；⑩其他事项等。

（2）按照《中华人民共和国招标投标法》第十二条规定，"招标人有权自行选择招标代理机构，委托其办理招标事宜。任何单位和个人不得以任何方式为招标人指定招标代理机构。"招标人可以委托招标代理机构组织整个项目招标，但应报原项目审批准部门同意。

（3）招标内容核准意见的招标方式一经核准，不得在执行过程中随意调整，若必须调整时，应报原项目审批核准部门重新核准后，才能按新的核准意见执行。本案例中，该专业工程归属建筑工程，在核准意见中为公开招标，招标人在建设过程中无权调整已经核准的招标内容，不能调整为邀请招标。必须调整为邀请招标时，应报原项目审批核准部门重新核准后方可采用。

知识拓展

招标内容核准意见表中"不采用招标方式"的项目内容，招标人可以自行决定该项目的采购方式，此时仍然可以选择招标方式，也可以采用其他可选的采购方式，如竞争性谈判、询价采购、单一来源采购等。

案例2：招标进度控制计划

【背景】

某工程施工招标项目，招标人依据项目特点，确定的招标各项工作需求时间如下：

① 编制资格预审文件：3个工作日；

② 编制并确定招标方案和计划：3个工作日；

③ 协商并签订招标代理协议：3个工作日；

④ 发布资格预审公告，出售资格预审文件：5个工作日；

⑤ 潜在投标人编制资格预审申请文件：5个工作日；

⑥ 接受资格预审申请文件并组织资格评审：2个工作日；

⑦ 编制招标文件：接到图纸后5个工作日；

⑧ 招标人提供施工图纸及有关技术资料：签订委托协议后3个工作日内；

⑨ 编制工程控制价/标底：15个工作日；

⑩ 发出资格预审合格通知书，发售招标文件：5个工作日；

⑪ 组织投标人现场踏勘并召开标前答疑会：1个工作日；

⑫ 开标评标：1个工作日；

⑬ 抽取评标专家：1个工作日；

⑭ 招标人确认评标结果：1个工作日；

⑮ 发布中标结果公示：5个工作日；

⑯ 发出中标通知书：1个工作日；

⑰ 签订合同：4 个工作日；

⑱ 投标人编制投标文件：20 个工作日。

【问题】

（1）对于工程建设施工项目，出售招标文件、投标人编制投标文件、招标人书面澄清文件发出时间的要求分别是什么？

（2）根据招标各环节时间的先后顺序对案例中 18 个工作环节进行排序，试着找出本项目招标工作流程的关键线路，并计算出招标全过程所需的时间。

【分析结果】

（1）根据《工程建设项目施工招标投标办法》第十五条规定"自招标文件出售之日起至停止出售之日止，最短不得少于 5 个工作日"。

按照《中华人民共和国招标投标法》第二十四条规定"招标人应当确定投标人编制投标文件所需要的合理时间"；"依法必须进行招标的项目，自招标文件开始发出之日起至投标人提交投标文件截止之日止，最短不得少于二十日"。

按照《中华人民共和国招标投标法》第二十三条规定"招标人对已发出的招标文件进行必要的澄清或者修改的，应当在招标文件要求提交投标文件截止时间至少十五日前，以书面形式通知所有招标文件收受人。"

（2）根据本案例中招标各环节时间的先后顺序，可分析出关键线路如下：

②、③→①→④→⑤→⑥、⑦、⑧→⑩→⑪、⑱→⑫→⑭→⑮→⑯→⑰。

招标工作流程图见图 2-8。

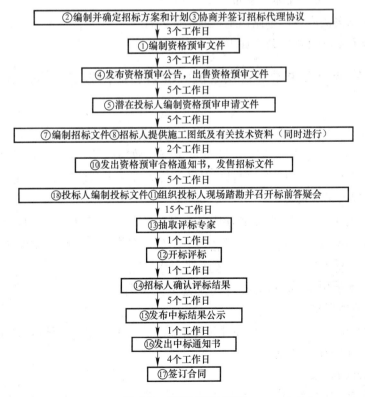

图 2-8　招标工作流程图

根据上述分析，招标全过程所需的总时间为：50 个工作日。

2.3.2 建设工程招标过程

案例 3：招标公告的编制

【背景】

某市联合中心中学计划在校园内（某市教育园 1 号）新建一座综合实验楼，建筑面积约 2800m²，占地面积 400m²，建筑檐口高度 23m，地下 0 层，地上 7 层，总投资约 600 万元人民币。计划于 2017 年 3 月 1 日开工，计划工期 150 日历天。

质量要求：达到国家质量检验与评定标准合格等级。

对投标人的资格要求是：房屋建筑施工总承包三级及以上资质，不接受联合体投标。

该项目已由市发展改革委员会以发改〔2017〕1 号文件批准建设，相应资金也落实到位，其中政府投资 100%，招标所需的设计图纸和技术资料皆准备妥当。已具备招标条件，现已进入组织招标工作的环节。

现校方决定委托该市友谊招标代理公司组织招标相关工作，假设该项目采用公开招标、资格后审的方式确定施工单位。招标文件计划于 2017 年 1 月 3 日起开始发售，2017 年 1 月 25 日投标截止，投标文件递交地点为××省××市××区××路市建设工程交易中心第三会议室。招标公告拟在《中国建设报》、《中国采购与招标网》和省日报、市建设工程交易中心信息版等媒体上发布。

【问题】根据案例内容，编制该工程的招标公告。

【分析结果】本项目招标公告如下：

联合中心中学综合实验楼（项目名称）施工招标公告

1. 招标条件

本招标项目联合中心中学综合实验楼已由发展改革委员会以发改〔2017〕1 号文件批准建设，项目业主为联合中心中学，建设资金来自政府投资，项目出资比例为政府投资 100%，招标人为联合中心中学。项目已具备招标条件，现对该项目施工进行公开招标。

2. 项目概况与招标范围

联合中心中学综合实验楼新建与某市教育园 1 号，建筑面积约 2800m²，占地面积 400m²，建筑檐口高度 23m，地下 0 层，地上 7 层，总投资约 600 万元人民币。

计划于 2017 年 3 月 1 日开工，计划工期 150 日历天。

质量要求：达到国家质量检验与评定标准合格等级。

3. 投标人资格要求

本次招标要求投标人须具备房屋建筑施工总承包三级及以上资质，并在人员、设备、资金等方面具有相应的施工能力。

4. 招标文件的获取

4.1 凡有意参加投标者，请于2017 年 __1__ 月 __3__ 日至2017 年 __1__ 月 __8__ 日，

每日上午　8：30　时至　12：30　时，下午　13：30　时至　17：30　时（北京时间，下同），在××省××市××区××路市建设工程交易中心持单位介绍信购买招标文件。

4.2　招标文件每套售价　160　元，售后不退。图纸资料押金　3000　元，在退还图纸资料时退还（不计利息）。

4.3　邮购招标文件的，需另加手续费（含邮费）　30　元。招标人在收到单位介绍信和邮购款（含手续费）后　1　日内寄送。

5. 投标文件的递交

5.1　投标文件递交的截止时间（投标截止时间，下同）为　2017　年　1　月　25　日　9　时　30　分，地点为　××省××市××区××路市建设工程交易中心第三会议室　。

5.2　逾期送达的或者未送达指定地点的投标文件，招标人不予受理。

6. 发布公告的媒介

本次招标公告同时在　《中国建设报》、《中国采购与招标网》和省日报、市建设工程交易中心信息版　上发布。

7. 联系方式

招　标　人：＿＿＿＿＿＿＿＿＿	招标代理机构：＿＿＿＿＿＿＿＿＿
地　　　址：＿＿＿＿＿＿＿＿＿	地　　　址：＿＿＿＿＿＿＿＿＿
邮　　　编：＿＿＿＿＿＿＿＿＿	邮　　　编：＿＿＿＿＿＿＿＿＿
联　系　人：＿＿＿＿＿＿＿＿＿	联　系　人：＿＿＿＿＿＿＿＿＿
电　　　话：＿＿＿＿＿＿＿＿＿	电　　　话：＿＿＿＿＿＿＿＿＿
传　　　真：＿＿＿＿＿＿＿＿＿	传　　　真：＿＿＿＿＿＿＿＿＿
电子邮件：＿＿＿＿＿＿＿＿＿	电子邮件：＿＿＿＿＿＿＿＿＿
网　　　址：＿＿＿＿＿＿＿＿＿	网　　　址：＿＿＿＿＿＿＿＿＿
开户银行：＿＿＿＿＿＿＿＿＿	开户银行：＿＿＿＿＿＿＿＿＿
账　　　号：＿＿＿＿＿＿＿＿＿	账　　　号：＿＿＿＿＿＿＿＿＿

＿＿年＿＿月＿＿日

案例 4：招标工作的时间安排

【背景】

某依法必须招标的工程建设项目位于南方某个城市，采用公开招标方式组织招标。招标人对招标过程时间计划安排如下：

（1）2017 年 3 月 5 日至 2017 年 3 月 9 日发售招标文件；

（2）2017 年 3 月 10 日下午 16：00 为投标人要求澄清招标文件的截止时间；

（3）2017 年 3 月 11 日上午 9：00 组织现场考察；

（4）2017 年 3 月 11 日下午 14：00 组织投标预备会议；

（5）2017 年 3 月 13 日发出招标文件的澄清与修改；

（6）2017 年 3 月 25 日下午 16：00 为投标人递交投标保证金截止时间；

（7）2017 年 3 月 26 日上午 9：00 为投标截止时间；

（8）2017 年 3 月 26 日上午 11：00 开标；

（9）2017年3月26日下午14：00至2017年3月27日下午17：00，评标委员会评标；

（10）2017年3月28日至2017年4月1日，评标结果公示；

（11）2017年4月2日发出中标通知书；

（12）2017年4月3日至2017年4月7日，签订施工合同。

【问题】

根据有关法律法规规定，逐一指出上述事件安排、程序中的不妥之处，并说明理由。

【分析结果】

招标人在组织本次招标的时间计划存在以下不妥之处：

（1）根据《工程建设项目施工招标投标办法》第十五条规定"至招标文件出售之日起至停止出售之日止，最短不得少于5个工作日"。

案例中，出售招标文件的时间为2017年3月5日至2017年3月9日，其中3月5日为星期天，为法定休息日，故所安排的时间不足5个工作日，需进行相应调整。

（2）按照《中华人民共和国招标投标法》第二十三条规定"招标人对已发出的招标文件进行必要的澄清或者修改的，应当在招标文件要求提交投标文件截止时间至少十五日前，以书面形式通知所有招标文件收受人。"

案例中，2017年3月13日发出招标文件的澄清与修改，至2017年3月26日上午9：00投标截止时，发布澄清和修改时间至投标截止时间不足15日，招标人应顺延投标截止时间，即延长到2017年3月28日，以满足法律对招标文件澄清与修改发出时间的规定。

（3）要求投标人于2017年3月25日下午16：00前递交投标保证金不妥。投标保证金是投标文件的组成部分之一，除现金外，还包括转账支票、投标保函等形式。投标截止时间前，投标人均可与投标文件一起递交。

（4）按照《中华人民共和国招标投标法》第三十四条规定"开标时间为投标截止时间的同一时间"。

案例中，2017年3月26日上午9：00投标即截止，而2017年3月26日上午11：00才进入开标程序，这一安排显然不符合法律规定，应于投标截止时刻立即开标。

案例5：资格预审文件的编制

【背景】

某大学扩建项目，其建安工程投资额约2亿元人民币。项目地处某城市郊区大学城内，项目共7个单项工程组成，包括综合办公楼、教学楼、实验楼、学生食堂、学生公寓、羽毛球馆、大门及门卫室等，总建筑面积80000m²，其中综合办公楼、教学楼、实验楼、学生公寓为地上6层框架结构，学生食堂、图书馆为地上3层框架结构，羽毛球馆及门卫室为单层混合结构。现招标人拟将整个扩建项目作为一个整体统一发包，组织资格审查，不接受联合体投标。

【问题】

（1）招标人组织资格审查，资格审查的方法有哪些？简述其做法。招标人选择资格审查方法的依据是什么？确定资格审查方法后，有哪些办法进行资格审查？

（2）施工招标资格审查时，需对哪几方面内容进行审查？

（3）根据案例中具体情况，选择资格审查方法并确定审查办法，同时设置资格审查因素和审查标准。

（4）在资格审查过程中出现若干个申请人得分相同时，该如何排序？请举例说明。

【分析结果】

（1）根据《工程建设项目施工招标投标办法》等有关规定，资格审查分为资格预审和资格后审两种方法。

资格预审是指在招标文件发售之前，招标人通过发售资格预审文件，组织资格审查委员会对潜在投标人提交的资格审查申请文件进行审查，进而决定投标人名单的一种方法；资格后审是指在开标后的初步评审阶段，评标委员会根据招标文件规定的投标资格条件对投标人资格进行的评审。

招标人判断施工招标项目是否需要组织资格预审，需根据满足该项目施工条件潜在投标人的数量多少来决定。潜在投标人过多，将导致招标人的成本支出变大，也容易造成投标人的投标花费增加，当以上费用与项目的价值相比不值得时，招标人需组织资格预审，通过资格预审减少评审阶段工作量、缩短评标时间、避免不合格投标人延误。

采用资格预审时，资格审查的办法有两种，合格制和有限数量制。合格制是指，凡符合资格审查标准的申请人均可获得投标资格。有限数量制是指，资格审查委员会按照资格审查文件公布的量化标准对申请人资格审查申请文件进行打分，然后根据资格预审文件确定的限制数量和资格审查申请文件得分，按高到低的顺序确定通过资格审查的申请人名单。

采用资格后审时，一般情况下采用合格制审查办法。

（2）《工程建设项目施工招标投标办法》第二十条规定，资格审查应主要审查潜在投标人或者投标人以下五方面内容：①具有独立订立施工承包合同的权利；②具有履行施工承包合同的能力，包括专业、技术资格和能力，资金、设备和其他物资设施状况；管理能力，经验、信誉和相应的从业人员；③没有处于被责令停业，投标资格被取消，财产被接管、冻结，破产状态；④在最近三年内没有骗取中标和严重违约及重大工程质量问题；⑤国家规定的其他资格条件。

（3）本案例中，该建设项目由多个单项工程组成，场地宽阔，且每个单项工程施工难度不大，潜在投标人普遍具备施工能力、掌握该项目的施工技术，故为了降低招标成本，招标人应采用有限数量制办法组织资格审查，择优确定投标人名单。

资格审查的标准分为初步审查标准、详细审查标准，因为采用有限数量制，还需要设置评分标准。

1）初步审查标准见初步审查标准表（表 2-12）。

初步审查标准表　　　　　　　　　　　　　　　　　　　　表 2-12

审查因素	审查标准
申请人名称	与营业执照、资质证书、安全生产许可证一致
申请函签字盖章	有法定代表人或其委托代理人签字或加盖单位章，委托代理人签字的，其法定代表人授权委托书须由法定代表人签署

续表

审查因素	审查标准
申请文件格式	符合资格预审文件对资格申请文件格式的要求
申请唯一性	只能提交一次有效申请,不接受联合体申请;法定代表人为同一个人的两个及两个以上法人,母公司、全资子公司及其控股公司,都不得同时提出资格预审申请
其他	法律法规规定的其他资格条件

2)详细审查标准见详细审查标准表(表2-13)。

详细审查标准表　　　　　　　　　　　　　　　　表2-13

审查要素		审查标准
营业执照		具备有效的营业执照
安全生产许可证		具备有效的安全生产许可证
资质等级		具备房屋建筑工程施工总承包一级及以上资质和施工企业安全生产许可证
财务状况		财务状况良好,上一年度资产负债率小于95%
类似项目业绩		近三年完成过同等规模的工程1个以上
信誉		近三年获得过工商管理部门"重合同信用"荣誉称号,建设行政管理部门颁发的文明工地证书,金融机构颁发的A级以上信誉证书
项目管理机构	项目经理	具有建筑工程专业一级建造师执业资格,近三年组织过同等建设规模项目的施工,且承诺仅在本项目上担任项目经理
	技术负责人	具有建筑工程相关专业高级工程师资格,近三年组织过同等建设规模项目施工的技术管理
	其他人员	岗位人员配备齐全,具备相应岗位从业人员执业资格
主要施工机械		满足工程建设需要
投标资格		有效,投标资格没有被取消或暂停
企业经营权		有效,没有处于被责令停业,财产被接管、冻结,破产状态
投标行为		合法,近三年内没有骗取中标行为
合同履约行为		合法,没有严重违约事件发生
工程质量		近三年工程质量合格,没有因重大工程质量问题受到质量监督部门通报或公示
其他		法律法规规定的其他条件

3)评分标准见表2-14。

评分标准表　　　　　　　　　　　　　　　　表2-14

评分因素	评分标准
财务状况	比较近三年平均资产额并从高到低排名,1至5名得5分,6至10名得4分,11至15名得3分,16至20名得2分,20至25名得1分,其余得0分
类似项目业绩	近三年承担过3个及以上同等建设规模项目,得15分;2个得8分;其余得0分
信誉	①近三年获得过工商管理部门"重合同信用"荣誉称号3个得10分;2个得5分;其余得0分 ②近三年获得建设行政管理部门颁发的文明工地证书5个及以上的得5分;2个以上的得2分;其余得0分 ③近三年获得金融机构颁发的AAA级以上信誉证书的得5分;AA证书的得3分;其余得0分

评分因素	评分标准
认证体系	① 过 ISO 9000 质量管理体系认证的，得 5 分； ② 通过环保体系 ISO 14001 认证的，得 3 分； ③ 获得 GB/T 28001—2011 认证的，得 2 分
项目经理	承担过 3 个及以上同等建设规模项目经理的，得 15 分；2 个的，得 10 分；1 个的，得 5 分
其他主要人员	岗位专业负责人均具备中级以上技术职称的，得 10 分，每缺 1 个扣 2 分，扣完为止

（4）当在资格审查过程中出现若干申请人得分相同的情况时，招标人可以增加一些排序因素，通过对该因素得分确定申请人得分相同时的排序。

例如，在资格预审文件中规定：

依次采用以下原则决定排序：

1）按照财务状况的得分多少确定排名先后；

2）如仍相同，以类似项目业绩得分多少确定排名先后；

3）如仍相同，以信誉得分多少确定排名先后；

4）如仍相同，以认证体系得分多少确定排名先后；

5）如仍相同，以项目经理得分多少确定排名先后；

6）如仍相同，由评审委员会讨论确定排名先后。

案例 6：招标文件的编制

【背景】

（1）A 市有城郊镇卫生院门诊大楼建设项目组织招标，招标公告如下：

招 标 公 告

招标编号：联合 ［2016］ 招 118 号

1. 招标条件

本招标项目 A 市城郊镇卫生院门诊大楼建设项目（项目名称）已由 A 市发展和改革局（项目审批、核准或备案机关名称）以 A 市发改投资 ［2016］ 36 号（批文名称及编号）批准建设，项目业主为 A 市城郊镇卫生院，建设资金来自财政拨款（资金来源），招标人为 A 市城郊镇卫生院，委托的招标代理单位为联合招标代理有限公司。项目已具备招标条件，现对该项目的施工进行公开（招标方式）招标。

2. 项目概况和招标范围

2.1 建设地点：A 市城郊镇；

2.2 工程建设规模：约 300 万元；

2.3 招标范围和内容：A 市城郊镇卫生院门诊大楼建设项目，具体范围和内容以招标人提供的工程量清单为准，招标人提供的施工图纸为依据；

2.4 工期要求：总工期 155 日历天；

2.5 工程质量要求：达到《建筑工程施工质量验收统一标准》GB 50300—2013 合格

标准；

2.6 本项目（标段）招标有关的单位：

2.6.1 咨询单位： ／ ；

2.6.2 设计单位： ／ ；

2.6.3 代建单位： ／ ；

2.6.4 监理单位：待定。

3. 投标人资格要求及审查办法

3.1 本招标项目要求投标人须在工程所在省份注册具有独立法人资格，具备建设行政主管部门核发有效的房屋建筑工程施工总承包三级及以上资质并取得《施工企业安全生产许可证》；

3.2 投标人拟担任本招标项目的项目负责人应具备有效的不低于二级房屋建筑工程（专业）注册建造师（含延续注册的临时注册建造师）执业资格，并持有安全生产考核合格证书 B 证；

3.3 投标人应在人员、设备、资金等方面具有承担本招标项目（标段）施工的能力，具体要求详见招标文件。

3.4 投标人未被责令停业、未被暂停或取消投标资格、未存在财产被冻结或接管。

3.5 企业法人、拟派出主要施工管理人员未处在县级以上建设行政主管部门按照《关于建立建设市场法人和自然人违法违规档案制度试行办法》的规定作出的从业限制期内；

3.6 本招标项目不接受（接受、不接受）联合体投标。招标人接受联合体投标的，自愿组成联合体的应由 ／ 为主办方，且各方均应具备承担招标项目的相应资质条件；相同专业单位组成的联合体的，按照资质等级较低的单位确定资质等级；

3.7 投标人和其拟派出的项目负责人"类似工程业绩"要求： 无 ；

3.8 本招标项目招标人对投标人的资格审查采用的方式：资格后审。

4. 招标文件的获取

4.1 凡有意参加投标者，请于 2016 年 12 月 3 日至 2016 年 12 月 9 日上午 9 时 00 分至 11 时 30 分，下午 15 时 00 分至 17 时 30 分（法定节假日除外），A 市公共资源交易中心购买招标文件；

4.2 招标文件（含工程量清单、招标控制价）每份售价500 元，售后不退。

5. 评标办法

本招标项目采用的评标办法：经评审的最低价法。

6. 投标保证金的提交

6.1 投标保证金提交的时间：投标截止时间；

6.2 投标保证金提交的方式：银行转账或电汇；

6.3 投标保证金提交的金额：壹万元整。

7. 投标文件的递交

7.1 投标文件递交的截止时间（投标截止时间）：2016 年 12 月 17 日 09 时 00 分，提交地点为A 市公共资源交易中心；在递交投标文件的同时，投标人拟派出的建造师应当持注册建造师执业资格原件和本人身份证原件到场核验登记，并提交购买招标文件的收据复印件（加盖投标人单位公章，原件核验）。

7.2 逾期送达的或未送达指定地点的投标文件，招标人不予受理。

8. 发布公告的媒介

本次招标公告在<u>中国招标与采购网、A市招标投标服务中心网</u>（发布公告的媒介名称）上发布。

9. 联系方式

招标人：<u>A市城郊镇卫生院</u>

地址：<u>A市城郊镇卫生院</u>

联系人：<u>傅先生</u>

电话：<u>153×××××567</u>

招标代理机构：<u>联合招标代理有限公司</u>

地址：<u>A市联合路2号7栋6层</u>

电话：<u>186×××××692</u>

联系人：<u>何先生</u>

（2）招标文件专用条款规定，约定计划工期为155日历天，预付款为签约合同价20%，月工程进度款为月应付款的85%，工程保修期为18个月。招标文件许可的偏离项目及偏离范围见表2-15。

许可偏离项目及范围一览表　　　　　　　　　　　表2-15

序号	许可偏离项目	许可偏离范围
1	工期	230日≤投标工期≤260日
2	预付款额度	15%≤投标额度≤25%
3	工程进度款	75%≤投标额度≤90%
4	综合单价遗漏	单价遗漏项目数不多于3项
5	综合单价	在有效投标该子项目综合单价平均值的30%以内
6	保修期	18个月≤投标保修期≤24个月

【问题】

（1）根据案例提供信息，补充完善招标文件中《投标人须知前附表》的内容。

（2）本项目采用经评审的最低投标价法，针对本项目设置评标因素和评标标准。招标人希望评标标准客观，对施工组织设计仅进行合格与否评价。

【分析结果】

（1）根据招标公告相关内容及有关规定，可将《投标人须知前附表》完善（表2-16）：

投标人须知前附表　　　　　　　　　　　表2-16

条款号	条款名称	编列内容
1.1.2	招标人	名称：A市城郊镇卫生院 地址：A市城郊镇卫生院 联系人：傅先生 电话：153×××××567

条款号	条款名称	编列内容
1.1.3	招标代理机构	名称：联合招标代理有限公司 地址：A市联合路2号7栋6层 联系人：何先生 电话：186×××××692
1.1.4	项目名称	A市城郊镇卫生院门诊大楼建设项目
1.1.5	建设地点	A市城郊镇
1.2.1	资金来源及比例	财政拨款；100%
1.2.2	资金落实情况	已具备
1.3.1	招标范围	A市城郊镇卫生院门诊大楼建设项目，具体范围和内容以招标人提供的工程量清单为准，招标人提供的施工图纸为依据
1.3.2	计划工期	计划工期：155日历天 计划开工日期：2017年1月17日 计划竣工日期：2017年6月22日
1.3.3	质量要求	达到《建筑工程施工质量验收统一标准》GB 50300—2013合格标准
1.4.1	投标人资质条件、能力	资质条件：具备建设行政主管部门核发有效的房屋建筑工程施工总承包三级及以上资质并取得《施工企业安全生产许可证》 项目经理（建造师，下同）资格：具备有效的不低于二级房屋建筑工程（专业）注册建造师（含延续注册的临时注册建造师）执业资格，并持有安全生产考核合格证书B证 财务要求：投标人未被责令停业、未被暂停或取消投标资格、未存在财产被冻结或接管 业绩要求：无 其他要求：企业法人、拟派出主要施工管理人员未处在县级以上建设行政主管部门按照《关于建立建设市场法人和自然人违法违规档案制度试行办法》的规定作出的从业限制期内
1.9.1	踏勘现场	√□不组织 □组织，踏勘时间： 踏勘集中地点：
1.10.1	投标预备会	√□不召开 □召开，召开时间： 召开地点：
1.10.2	投标人提出问题的截止时间	2016年12月10日12：00时止
1.10.3	招标人书面澄清的时间	2016年12月10日下午17：00时
1.11	偏离	□不允许 √□允许，见许可偏离项目及范围一览表
2.1	构成招标文件的其他材料	工程量清单、图纸等
2.2.1	投标人要求澄清招标文件的截止时间	2016年12月10日12：00时止
2.2.2	投标截止时间	2016年12月17日09时00分
2.2.3	投标人确认收到招标文件澄清的时间	2016年12月10日17：00时
2.3.2	投标人确认收到招标文件修改的时间	2016年12月10日17：00时

续表

条款号	条款名称	编列内容
3.1.1	构成投标文件的其他材料	
3.2.3	最高投标限价或其计算方法	招标控制价为 2897687 元人民币
3.3.1	投标有效期	投标截止期后 90 日历天
3.4.1	投标保证金	□不要求递交投标保证金 √□要求递交投标保证金 投标保证金的形式：银行转账或电汇 投标保证金的金额：壹万元整
3.5.2	近年财务状况的年份要求	__3__ 年
3.5.3	近年完成的类似项目的年份要求	__/__ 年
3.6.3	签字或盖章要求	有法定代表人或其委托代理人签字或加盖单位章
3.6.4	投标文件副本份数	正本 1 份，副本 2 份
3.6.5	装订要求	将资格审查文件、商务文件和技术文件（如有）密封在一个总封套内，总封套封面标识须参照投标须知规定
4.1.2	封套上应载明的信息	招标人地址：A 市城郊镇卫生院 招标人名称：A 市城郊镇卫生院 A 市城郊镇卫生院门诊大楼建设项目 （项目名称）投标文件 在 2016 年 12 月 17 日 09 时 00 分前不得开启
4.2.2	递交投标文件地点	A 市公共资源交易中心
4.2.3	是否退还投标文件	√□否 □是
5.1	开标时间和地点	开标时间：同投标截止时间 开标地点：A 市公共资源交易中心
5.2	开标程序	密封情况检查： 开标顺序：递交投标文件逆顺序开标
6.1.1	评标委员会的组建	评标委员构成：__5__ 人，其中招标人代表__1__ 人，专家__4__ 人； 评标专家确定方式：
7.1	是否授权评标委员会确定中标人	□是 √□否，推荐的中标候选人数：3
7.2	中标候选人公示媒介	中国招标与采购网、A 市公共资源交易中心及网站
7.4.1	履约担保	履约担保的形式：履约担保可以以电汇或转账或现金的方式提交 履约担保的金额：为合同总额的 10%
9	需要补充的其他内容	
10	电子招标投标	√□否 □是，具体要求：
……		……

（2）经评审的最低投标价法，适用于投标人普遍掌握招标项目的施工技术和施工工艺，招标人单一追求投资效益最大化的施工招标项目；其他项目，则可以采用综合评估法。从工程投资角度来看，本项目宜选择经评审的最低投标价法。

本项目为 A 市城郊镇卫生院门诊大楼，造价仅约 300 万元，潜在投标人普遍掌握其施工技术和施工工艺，采用经评审最低投标价法。经评审最低投标价法是对满足招标文件实质要求的投标文件，按照招标文件公布的量化标准，对投标报价进行价格量化、折算，计算出评标价，然后按照由低到高的顺序推荐中标候选人或确定中标人的方法。经评审最低投标价法评标标准由初步评审和详细评审两部分组成，其中初步评审包括形式评审、资格评审、响应性评审和施工组织设计评审四个部分；详细评审标准为价格折算标准。

1）初步评审

① 形式评审。形式评审标准见形式评审标准表（表2-17）。

形式评审标准表 表 2-17

条款号		评审因素	评审标准
2.1.1	形式评审标准	投标人名称	与营业执照、资质证书、安全生产许可证一致
		投标函签字盖章	有法定代表人或其委托代理人签字或加盖单位章
		投标文件格式	符合"投标文件格式"的要求
		报价唯一	只能有一个有效报价
		其他	法律法规规定的其他要求

② 资格评审。资格评审标准见资格评审标准表（表2-18）。

资格评审标准表 表 2-18

条款号		评审因素	评审标准
2.1.2	资格评审标准	营业执照	具备有效的营业执照
		安全生产许可证	具备有效的安全生产许可证
		资质等级	具备建设行政主管部门核发有效的房屋建筑工程施工总承包三级及以上资质
		项目经理	具备有效的不低于二级房屋建筑工程（专业）注册建造师（含延续注册的临时注册建造师）执业资格，并持有安全生产考核合格证书 B 证
		财务要求	投标人未被责令停业、未被暂停或取消投标资格、未存在财产被冻结或接管
		业绩要求	无
		其他要求	企业法人、拟派出主要施工管理人员未处在县级以上建设行政主管部门按照《关于建立建设市场法人和自然人违法违规档案制度试行办法》的规定作出的从业限制期内

③ 响应性评审。响应性评审见响应性评审标准表（表2-19）。

响应性评审标准表 表 2-19

条款号		评审因素	评审标准
2.1.3	响应性评审标准	投标报价	招标控制价为 2897687 元人民币
		投标内容	A市城郊镇卫生院门诊大楼建设项目，具体范围和内容以招标人提供的工程量清单为准，招标人提供的施工图纸为依据
		工期	计划工期：<u>155</u> 日历天 计划开工日期：<u>2017</u> 年 <u>1</u> 月 <u>17</u> 日 计划竣工日期：<u>2017</u> 年 <u>6</u> 月 <u>22</u> 日

续表

条款号		评审因素	评审标准
2.1.3	响应性评审标准	工程质量	达到《建筑工程施工质量验收统一标准》GB 50300—2013合格标准
		投标有效期	投标截止期后 90 日历天
		投标保证金	□不要求递交投标保证金 √□要求递交投标保证金 投标保证金的形式：银行转账或电汇 投标保证金的金额：壹万元整
		权利义务	符合"合同条款及格式"规定
		已标价工程量清单	符合"工程量清单"给出的范围及数量
		技术标准和要求	符合"技术标准和要求"规定
		其他	法律法规规定的其他实质性要求

④ 施工组织设计评审。施工组织设计评审见施工组织设计评审标准表（表 2-20）。

施工组织设计评审标准表　　　　表 2-20

条款号		评审因素	评审标准
2.1.4	施工组织设计评审标准	质量管理体系与措施	管理体系健全，措施对实现质量目标有保障
		安全管理体系与措施	管理体系健全，措施对实现安全目标有保障
		环境保护管理体系与措施	管理体系健全，措施对实现环境目标有保障
		工程进度计划与措施	进度计划符合招标文件要求，措施对实现进度计划有保障
		资源配备计划	资源配备有齐全，为实现项目目标提供保障
		施工总平面图	布局满足施工组织和文明施工要求

2）详细评审

详细评审是指评标委员会按招标文件规定的量化因素和标准进行价格折算，计算出评标价，并编制价格比较一览表。

评标委员会发现投标人的报价明显低于其他投标报价，或者在设有标底时明显低于标底，使得其投标报价可能低于其成本的，应当要求该投标人作出书面说明并提供相应的证明材料。投标人不能合理说明或者不能提供相应证明材料的，评标委员会应当认定该投标人以低于成本报价竞标，否决其投标。

详细评审标准见详细评审标准表（表 2-21）。

详细评审标准表　　　　表 2-21

条款号		量化因素	量化标准
2.2	详细评审标准	工期	在计划工期基础上，每提前或推后 5 日调减或调整投标报价 3 万元
		预付款额度	在预付款 20%额度基础上，每少 1%调减投标报价 3 万元，每增加 1%调整投标报价 6 万元
		工程进度款	在进度款 85%基础上，每少 1%调减投标报价 1 万元，每增加 1%调整投标报价 2 万元
		综合单价遗漏	调增其他投标人该遗漏项最高报价
		综合单价	每偏离有效投标人该子项目综合单价平均的 1%，调增该子项目价格的 0.2%
		保修期	工程保修期每延长 1 个月调减 2 万元

案例 7：建设工程施工评标定标的审定

【背景】

某大型工程，由于技术难度大，对施工单位的施工设备和同类工程施工经验要求高，而且对工期的要求也比较紧迫。招标人采用资格预审的方式组织招标。该工程采用两阶段评标法评标，要求投标人将技术标和商务标分别装订报送。招标文件中规定采用综合评分法进行评标。

（1）第一阶段评技术标

技术标共 30 分，其中施工方案 10 分、施工总工期 10 分、工程质量 10 分。施工方案内容完整和编制水平高得 8 至 10 分，内容完整和编制水平一般得 4 至 7 分，内容不完整者为废标；满足招标人总工期要求（30 个月）者得 4 分，每提前 1 个月加 1 分，不满足者为废标；招标人希望该工程今后能被评为省优秀工程，自报工程合格者得 4 分，承诺将该工程建成省优秀工程者得 6 分（若该工程未被评为省优秀工程将扣罚合同价款的1.5%，该项款在竣工结算时暂不支付给施工单位），近三年内获鲁班工程奖的每项加 2 分，获省优秀工程奖的每项加 1 分。

（2）第二阶段评商务标

商务标共 70 分。报价不超过标底（30000 万元）的 ±5% 者为有效标，超过者为废标。报价为标底的 98% 者为满分（70 分），在此基础上，报价比标底每下降 1%，扣 1分，每上升 1%，扣 2 分（计分按四舍五入取整）。

【问题】

要求根据以上内容所制定出的评分标准完善《评标办法前附表》。

《评标办法前附表》表格形式可参考本教材任务 2.2 表 2-8。

【分析结果】

本案例中招标人采用资格预审方式组织招标，根据资格预审流程可知，进入招标程序的投标人均已经通过资格审查，故在评标办法前附表资格审查的部分需做调整；本工程采用两个阶段评标法评标，评标办法前附表需按具体表述技术标和商务标两方面评审内容（表 2-22）。

评标办法前附表　　　　　　　　　　　　表 2-22

条款号		评审因素	评审标准
2.1.1	形式评审标准	投标人名称	与营业执照、资质证书、安全生产许可证一致
		投标函签字盖章	有法定代表人或其委托代理人签字或加盖单位章
		投标文件格式	符合"投标文件格式"的要求
		报价唯一	只能有一个有效报价
		……	……
2.2.1		分值构成 （总分 100 分）	技术标：__30__ 分 其中：施工方案 10 分、施工总工期 10 分、工程质量 10 分 商务标：__70__ 分
2.2.2		标底价	30000 万元人民币

续表

条款号	评审因素	评审标准
2.2.3	投标报价的偏差率计算公式	偏差率＝100％×（投标人报价－标底价）/标底价
条款号	评分因素	评分标准
2.2.4（1）	施工方案	施工方案内容完整和编制水平高得 8 至 10 分，内容完整和编制水平一般得 4 至 7 分，内容不完整者为废标
2.2.4（2）	施工总工期	满足招标人总工期要求（30 个月）者得 4 分，每提前 1 个月加 1 分，不满足者为废标
2.2.4（3）	工程质量	自报工程合格者得 4 分，承诺将该工程建成省优秀工程者得 6 分（若该工程未被评为省优秀工程将扣罚合同价款的 1.5％，该项款在竣工结算时暂不支付给施工单位），近三年内获鲁班工程奖的每项加 2 分，获省优秀工程奖的每项加 1 分
2.2.5	投标报价评分标准	报价不超过标底（30000 万元）的 ±5％者为有效标，超过者为废标。报价为标底的 98％者为满分（70 分），在此基础上，报价比标底每下降 1％，扣 1 分，每上升 1％，扣 2 分（计分按四舍五入取整）

课堂活动

角色扮演

目标：

通过小型建设工程项目案例，帮助学生进一步掌握资格预审文件和招标文件的内容。

步骤：

（1）按任务 2.1 课堂活动所安排小组进行活动。

（2）教师给出相关案例，各小组讨论在编制资格预审文件和招标文件时需要注意的事项，并以小组为单位就注意事项进行发言并说明理由，其他小组对发言进行评价，老师对错误或存在不足的内容进行纠正和补充。

（3）各小组以《中华人民共和国房屋建筑和市政工程标准施工招标资格预审文件》（2010 版）和《中华人民共和国简明标准施工招标文件》（2012 年版）为模板完善资格预审文件和招标文件的内容。

（4）师生共同对资格预审文件和招标文件编制过程中遇到的问题进行交流、讨论和总结。

项目 3
建设工程施工投标

项目概述

> 建设工程施工投标，是具有合法资格和能力的投标人根据招标条件，经过初步研究和估算，在指定期限内填写标书，提出报价，并等候开标，决定能否中标的经济活动。建设工程施工投标是建设工程招标投标活动中不可缺少的一个重要环节，通过本项目的学习，学生能够了解工程投标人的资质条件；知道建设工程投标的方式和类型；掌握建设工程投标报价的构成和建设工程投标文件的内容；记住建设工程投标的组织和程序、投标中常见的基本策略和技巧、建设工程投标文件的编制步骤；知道投标文件递交的过程和要求；并会编制投标报价及投标文件；知道实际工程案例投标文件的作法。

任务 3.1　建设工程施工投标程序

任务描述

建设工程投标是建设工程招标响应发包方的招标条件，按招标文件的要求和条件填写投标文件，编制投标报价。通过本任务的学习，要求学生了解工程投标人的资质条件，记住建设工程投标的组织和程序，知道建设工程施工投标步骤的主要内容，为编制投标文件打下基础。

知识构成

3.1.1　建设工程施工投标程序

1. 建设工程投标

建设工程投标是建设工程招标的对称概念，指具有相应资质的建设工程施工承包单位即投标人，响应发包方的招标条件并购买招标文件，按招标文件的要求和条件填写投标文件，编制投标报价，在招标文件限定的时间内送达指定地点，争取得到项目承包权的活动。建设工程投标是建筑企业取得工程施工合同的主要途径，又是建筑企业经营决策的重要组成部分。它是针对招标的工程项目，力求实现决策最优化的活动。

我国法学界一般认为，工程招标是要约邀请，而投标是要约，中标通知书是承诺。《中华人民共和国合同法》明确规定，招标公告是要约邀请。也就是说，招标实际上是邀请投标人对其提出要约（即报价），属于要约邀请。投标则是一种要约，它符合要约的所有条件，如具有缔结合同的主观目的。一旦中标，投标人将受投标书的约束。投标书的内容具有足以使合同成立的主要条件等。招标人在收到多个投标人的投标文件之后进行评标，择优选择投标人并发出中标通知书属于承诺，承发包人即可签订施工合同。

知识拓展

建设工程投标人的投标资质

建设工程投标人的投标资质（又称投标资格），是指建设工程投标人参加投标所必须具备的条件和素质，包括企业资历、业绩、人员素质、管理水平、资金数量、技术力量、技术装备、社会信誉等几个方面的因素。2015年1月1日起施行住房和城乡建设部《建筑业企业资质标准》：

（1）资质分类

建筑业企业资质分为施工总承包、专业承包和施工劳务三个序列。其中施工总承包序列设有12个类别，一般分为4个等级（特级、一级、二级、三级）；专业承包序列设有36个类别，一般分为3个等级（一级、二级、三级）；施工劳务序列不分类别和等级。本标准包括建筑业企业资质各个序列、类别和等级的资质标准。

（2）基本条件

具有法人资格的企业申请建筑业企业资质应具备下列基本条件：

1）具有满足本标准要求的资产；

2）具有满足本标准要求的注册建造师及其他注册人员、工程技术人员、施工现场管理人员和技术工人；

3）具有满足本标准要求的工程业绩；

4）具有必要的技术装备。

（3）业务范围

1）施工总承包工程应由取得相应施工总承包资质的企业承担。取得施工总承包资质的企业可以对所承接的施工总承包工程内各专业工程全部自行施工，也可以将专业工程依法进行分包。对设有资质的专业工程进行分包时，应分包给具有相应专业承包资质的企业。施工总承包企业将劳务作业分包时，应分包给具有施工劳务资质的企业。

2）设有专业承包资质的专业工程单独发包时，应由取得相应专业承包资质的企业承担。取得专业承包资质的企业可以承接具有施工总承包资质的企业依法分包的专业工程或建设单位依法发包的专业工程。取得专业承包资质的企业应对所承接的专业工程全部自行组织施工，劳务作业可以分包，但应分包给具有施工劳务资质的企业。

3）取得施工劳务资质的企业可以承接具有施工总承包资质或专业承包资质的企业分包的劳务作业。

4）取得施工总承包资质的企业，可以从事资质证书许可范围内的相应工程总承包、工程项目管理等业务。

（4）建筑工程施工总承包资质标准

建筑工程施工总承包企业资质又分为特级、一级、二级、三级。特级资质标准：施工总承包特级资质标准另行制定。

1）企业资产

一级资质标准：净资产1亿元以上；

二级资质标准：净资产4000万元以上；

三级资质标准：净资产800万元以上。

2）企业主要人员

一级资质标准：

① 建筑工程、机电工程专业一级注册建造师合计不少于12人，其中建筑工程专业一级注册建造师不少于9人。

② 技术负责人具有10年以上从事工程施工技术管理工作经历，且具有结构专业高级职称；建筑工程相关专业中级以上职称人员不少于30人，且结构、给排水、暖通、电气等专业齐全。

③ 持有岗位证书的施工现场管理人员不少于50人，且施工员、质量员、安全员、机械员、造价员、劳务员等人员齐全。

④ 经考核或培训合格的中级工以上技术工人不少于150人。

二级资质标准：

① 建筑工程、机电工程专业注册建造师合计不少于12人，其中建筑工程专业注册建造师不少于9人。

② 技术负责人具有8年以上从事工程施工技术管理工作经历，且具有结构专业高级职称或建筑工程专业一级注册建造师执业资格；建筑工程相关专业中级以上职称人员不少于15人，且结构、给排水、暖通、电气等专业齐全。

③ 持有岗位证书的施工现场管理人员不少于30人，且施工员、质量员、安全员、机械员、造价员、劳务员等人员齐全。

④ 经考核或培训合格的中级工以上技术工人不少于75人。

三级资质标准：

① 建筑工程、机电工程专业注册建造师合计不少于5人，其中建筑工程专业注册建造师不少于4人。

② 技术负责人具有5年以上从事工程施工技术管理工作经历，且具有结构专业中级以上职称或建筑工程专业注册建造师执业资格；建筑工程相关专业中级以上职称人员不少于6人，且结构、给排水、电气等专业齐全。

③ 持有岗位证书的施工现场管理人员不少于15人，且施工员、质量员、安全员、机械员、造价员、劳务员等人员齐全。

④ 经考核或培训合格的中级工以上技术工人不少于 30 人。

⑤ 技术负责人（或注册建造师）主持完成过本类别资质二级以上标准要求的工程业绩不少于 2 项。

3）企业工程业绩及承包工程范围如下（表 3-1）。

房屋建筑工程施工总承包企业资质等级对应的企业工程业绩及承包范围表　表 3-1

施工总承包企业资质等级	企业工程业绩	承包工程范围
特级资质企业	标准另行制定	标准另行制定
一级资质企业	近 5 年承担过下列 4 类中的 2 类工程的施工总承包或主体工程承包，工程质量合格。 ① 地上 25 层以上的民用建筑工程 1 项或地上 18～24 层的民用建筑工程 2 项； ② 高度 100m 以上的构筑物工程 1 项或高度 80～100m（不含）的构筑物工程 2 项； ③ 建筑面积 3 万 m² 以上的单体工业、民用建筑工程 1 项或建筑面积 2 万～3 万 m²（不含）的单体工业、民用建筑工程 2 项； ④ 钢筋混凝土结构单跨 30m 以上（钢结构单跨 36m 以上）的建筑工程 1 项或钢筋混凝土结构单跨 27～30m（不含）（或钢结构单跨 30～36m（不含））的建筑工程 2 项	可承担单项合同额 3000 万元以上的下列建筑工程的施工： ① 高度 200m 以下的工业、民用建筑工程； ② 高度 240m 以下的构筑物工程
二级资质企业	近 5 年承担过下列 4 类中的 2 类工程的施工总承包或主体工程承包，工程质量合格。 ① 地上 12 层以上的民用建筑工程 1 项或地上 8～11 层的民用建筑工程 2 项； ② 高度 50m 以上的构筑物工程 1 项或高度 35～50m（不含）的构筑物工程 2 项； ③ 建筑面积 1 万 m² 以上的单体工业、民用建筑工程 1 项或建筑面积 0.6 万～1 万 m²（不含）的单体工业、民用建筑工程 2 项； ④ 钢筋混凝土结构单跨 21m 以上（或钢结构单跨 24m 以上）的建筑工程 1 项或钢筋混凝土结构单跨 18～21m（不含）（或钢结构单跨 21～24m（不含））的建筑工程 2 项	① 高度 100m 以下的工业、民用建筑工程； ② 高度 120m 以下的构筑物工程； ③ 建筑面积 4 万 m² 以下的单体工业、民用建筑工程； ④ 单跨跨度 39m 以下的建筑工程
三级资质企业	没要求	① 高度 50m 以下的工业、民用建筑工程； ② 高度 70m 以下的构筑物工程；建筑面积 1.2 万 m² 以下的单体工业、民用建筑工程； ③ 单跨跨度 27m 以下的建筑工程

注：① 建筑工程是指各类结构形式的民用建筑工程、工业建筑工程、构筑物工程及相配套的道路、通信、管网管线等设施工程。工程内容包括地基与基础、主体结构、建筑屋面、装修装饰、建筑幕墙、附建人防工程、给水排水及供暖、通风与空调、电气、消防、防雷等配套工程。
　　② 建筑工程相关专业职称包括结构、给排水、暖通、电气等专业职称。
　　③ 单项合同额 3000 万元以下且超出建筑工程施工总承包二级资质承包工程范围的建筑工程的施工，应由建筑工程施工总承包一级资质企业承担。

2. 建设工程施工投标程序

建设工程施工投标是指具有合法资格和能力的施工企业根据招标条件，依照投标特定的程序，经过初步研究和估算，在指定期限内填写标书，提出报价，并等候开标，决定能否中标的经济活动。投标过程是从填写资格预审调查表开始，到将正式投标文件送交招标人为止所进行的全部工作。投标工作程序流程图及其各个步骤如下（图 3-1）。

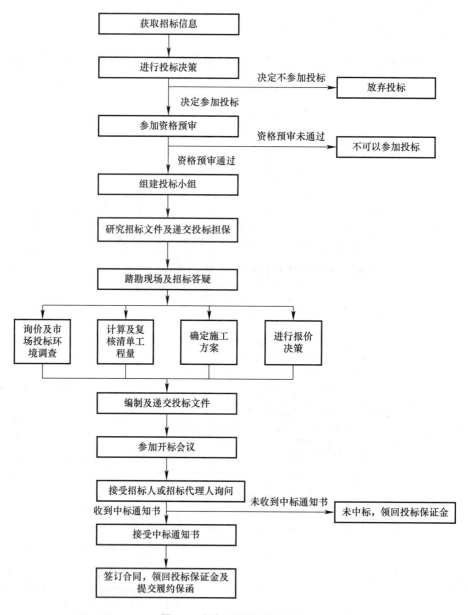

图 3-1 投标工作程序流程图

3.1.2 建设工程施工投标步骤的主要内容

1. 获取招标信息

获取工程招标信息是施工企业承揽工程的第一步，也是最关键的一步。目前市场竞争日趋激烈，谁先迅速、准确地获得第一手信息，谁就最可能成为竞争的优胜者。对于公开招标的施工项目，在各地政府的公共资源交易网、报纸、杂志、各地方的招标投标网站会经常公布拟招标的工程项目信息，需要施工企业时常关注。对于邀请招标的施工项目，建设单位往往是有目标地选择一些施工企业，这需要施工企业在平时的工程施工中建立良好的形象，在社会上有一定的影响力。

2. 进行投标决策

施工企业进行投标、承揽工程施工的目的是为了赢利，是为了保证企业的生存和发展。投标是一项耗费人力、物力、财力的经济活动，如果不能中标，投入的资源被白白浪费，得不偿失；如果招标单位条件苛刻，即使中标也无利可图，搞不好还要亏损，则更不划算。投标人在通过各种途径获取的招标项目信息或接到招标人发出投标邀请书后，就要进行前期投标决策阶段的工作。主要的工作内容就是对是否参加项目的投标进行分析、论证，并作出前期投标决策。因此，对施工企业而言，并不是每标必投，而是需要研究投标的决策问题。当得知某一工程进行招标，投标人就要获取各种信息及自身因素，来决定是否参加该项目的投标。

3. 参加资格审查（采用资格预审的建设项目）

采用资格预审的建设项目，在前期投标决策阶段施工企业决定进行投标并组建投标小组后，就应当按照招标公告或投标邀请书中所提出的资格预审要求，向招标人申领资格预审文件，参加资格预审。作为投标人，应熟悉资格预审程序，主要把握好获得资格预审文件、准备资格预审文件、报送资格预审文件等几个环节的工作。

根据住房和城乡建设部颁布的《房屋建筑和市政工程标准施工招标资格预审文件》（2010 年版）规定，参加资格预审的潜在投标申请人，应按照招标资格预审文件的要求和格式提供如下资料：

（1）资格预审申请函；

（2）法定代表人身份证明和授权委托书；

（3）联合体协议书（不接受联合体投标的，则没有该项）；

（4）申请人基本情况表；

（5）近年财务状况表；

（6）近年完成的类似项目情况表；

（7）正在施工的和新承接的项目情况表；

（8）近年发生的诉讼和仲裁情况；

（9）其他材料：

1）其他企业信誉情况表（年份同诉讼及仲裁情况年份要求）；

2）拟投入主要施工机械设备情况表；

3）拟投入项目管理人员情况表；

4）其他。

知识拓展

联合体投标

联合体投标承包工程是相对一家承包商独立承包工程而言的承包方式。当一个承包商不能自己独立地完成一个建设工程项目时，由一个国籍或不同国籍的两家或两家以上具有法人资格的承包商以协议方式组成联合体，以联合体名义共同参加某项工程的资格预审、投标签约并共同完成承包合同的一种承包方式。但在联合体投标时应注意以下几个问题：

1）要看招标人是否在资格预审公告、招标公告或者投标邀请书中载明是否接受联合体投标。如不接受，一般不宜采用。

2）招标人接受联合体投标并进行资格预审的，联合体应当在提交资格预审申请文件前组成。资格预审后联合体增减、更换成员的，其投标无效。

3）联合体各方在同一招标项目中以自己名义单独投标或者参加其他联合体投标的，相关投标均无效。

4）联合体各方均应当具备承担招标项目的相应能力；国家有关规定或者招标文件对投标人资格条件有规定的，联合体各方均应当具备规定的相应资格条件。

5）由同一专业的单位组成的联合体，按照资质等级较低的单位确定联合体的资质等级。

6）联合体各方应当签订共同投标协议，明确约定各方拟承担的工作和责任，并将共同投标协议连同投标文件一并提交招标人。联合体中标的，联合体各方应当共同与招标人签订合同，就中标项目向招标人承担连带责任。

7）招标人不得强制投标人组成联合体共同投标，不得限制投标人之间的竞争。

4. 组建投标小组

在确定参加投标活动后，为了确保在投标竞争中获得胜利，施工企业在投标前必须精心挑选精干且富有经验的人员建立专门的投标小组，负责投标事宜。该投标小组应能及时掌握市场动态，了解价格行情，能基本判断拟投标项目的竞争态势，注意收集和积累有关资料，熟悉工程招投标的基本程序，认真研究招标文件和图纸，并能合理运用投标竞争策略和投标技巧，针对投标项目的具体特点制定出合理的投标报价策略。

投标小组的组成通常由企业法人代表亲自领导，并且与部门经理或副经理担任决策人；由总工程师或主任工程师担任技术负责人制订施工方案和各种技术措施；投标报价人员由经营部门的主管技术人员、造价师担任。投标小组成员，应配备经营管理类、工程技术类、财务金融类等专业人才。

5. 研究招标文件及递交投标担保

投标人在参加招标人规定的资格预审并通过后，就可以按招标公告规定的时间和地点购买招标人已经提前编制好的招标文件及其他相关资料。

（1）仔细阅读招标文件

招标文件是投标的主要依据，投标人在编写投标文件时，一定要按照招标文件的要求和格式进行编写。如出现问题，投标文件可能会按废标处理。因此投标人应该逐字逐句地阅读、分析研究招标文件，重点应放在投标人须知、发包范围、发包方式、评标方法、合同条件、设计图纸、开工竣工时间、主要材料的供应办法、价款结算方式及工程量清单上，注意投标过程中各项活动的时间安排，明确招标文件中对投标报价、工期、质量等的要求，同时应对无效标书及废标的条件进行认真分析，最好有专人或者专门小组研究技术规范和设计图纸，弄清其特殊要求。对招标文件含糊不清或相互矛盾的地方需要招标人予以澄清和解答的，可在投标截止日之前以书面形式向招标人提问或在之后的投标答疑会上提问，招标人应当给予解答。

（2）研究评标方法

评标办法是招标文件的组成部分，投标人中标与否是按评标办法的要求进行评定的。目前，招投标一般采用评标的办法有：综合评估法、平均值法、经评审的最低投标价法、商务综合诚信法、性价比法、两阶段评标法。复杂和大型工程项目可选用综合评估法，其他建设工程应采用除综合评估法外的其余评标办法。

1）综合评估法（综合评分法）。中标人的投标应当能够最大限度地满足招标文件中规定的各项综合评价标准。招标人应当根据工程的技术要求和施工难度，结合招标投标监管部门的指导性意见，合理设置商务标、技术标、综合诚信评价得分的分值权重。

2）平均值法。中标人的投标应当能够满足招标文件的实质性要求，并且经评审的投标价格最接近投标人投标报价的平均值下浮一定的百分比（0%～3%）。

3）经评审的最低投标价法。采用经评审的最低投标价法的，中标人的投标应当能够满足招标文件的实质性要求，并且经评审的投标价格最低，但是投标价格低于成本的除外。经评审的投标价格是指投标人的投标报价和投标文件细微偏差所折算价格的总价。

4）商务综合诚信法。中标人的投标应当能够满足招标文件的实质性要求，并且综合评审得分最高。综合评审得分由商务报价得分和投标人的综合诚信评价得分两部分组成。综合诚信评价得分由最新公示的建筑企业综合诚信评价排名榜得分折算。招标人应当结合招标投标监管部门的指导性意见，合理设置商务报价得分和综合诚信评价得分的分值权重。

5）性价比法。中标人的投标应当能够满足招标文件的实质性要求，综合诚信评价得分居前列，并且性价比最高。性价比为综合诚信评价得分与投标人投标报价之比。

6）采用两阶段评标法。第一阶段由业绩部分、报价部分和诚信部分的得分计算，计算第一阶段投标人总得分（投标人总得分＝报价得分×报价分权重＋业绩得分＋综合诚信评价排名得分×综合诚信分权重）。综合诚信评价排名得分由开标当天公布的建筑企业综合诚信评价排名榜中的 60 日诚信分折算，综合诚信分权重按市建委的规定；第二阶段由投标报价和计算参考数据来计算各投标人得分排名次序，评标参考价的下浮率 X 从 0.5%、1%、1.5%、2%、2.5%、3%、3.5%中通过摇珠机随机抽取。

（3）研究合同条款

条款是招标文件的组成部分，双方的最终法律制约作用就体现在合同上，履约价格的体现形式主要是依靠合同。要研究合同首先得知道合同的构成及主要条款，主要从以下几个方面进行分析：

1）注意合同是属于单价合同、总价合同或成本加酬金合同，不同的合同类型，承包人的责任和风险不同；

2）关于保函或担保的有关规定，保函或担保的种类，保函额或担保额的要求和有效期等；

3）关于物价调整条款，搞清对于材料、设备和人工的价格调整规定，其限制条件和调整公式如何；

4）关于误期赔偿费的金额和最高限额的规定，提前竣工奖励的有关规定；

5）关于工程保险和现场人员事故保险等的规定，如保险种类、最低保险金额、保期和免赔额等；

6）注意合同工期及工期拖延罚款、维修期的长短和维修保证金的额度；

7）关于付款条件（支付时间、支付方法、支付保证）、工程预付款、材料预付款的支付规定、货币种类、违约责任等条款；

8）研究不可抗力、中途停工、合同有效期、工程变更、合同终止、保险、争端解决方式等条款。

（4）研究招标文件工程量清单

工程量清单是招标文件的重要组成部分，是招标人提供的投标人用以报价的工程量，也是编制招标控制价、投标报价、计算或调整工程量、索赔等的依据之一。所以必须分析招标文件的工程量清单，包括的清单具体内容、项目特征和工程量，研究各工程量在施工过程中及最终结算时是否会出现工程变更等情况。只有这样，投标人才能准确把握每一清单项目的内容范围，才能认真落实要求投标的报价范围，并做出合理的报价。总之，应将工程量清单与投标人须知、合同条件、技术规范、图纸等共同认真核对，以保证在投标报价中不"错报"和不"漏报"。

（5）递交投标担保

投标担保是指由担保人为投标人向招标人提供的保证投标人按照招标文件的规定参加招标活动的担保，是为了避免投标人在投标过程中擅自撤回投标或中标后不与招标人签订合同而设立的一种保证措施。投标人应保证其投标被接受后对其投标书中规定的责任不得撤销或者反悔，否则，招标人将对投标保证金予以没收。招标人在招标文件中要求投标人提交投标保证金的，投标保证金不得超过招标项目估算价的 2%。投标人应当按照招标文件的要求提交规定金额的投标保证金，并作为其投标书的一部分。也就是说如果投标人不按招标文件要求提交投标保证金，投标人就属于实质上不响应招标文件的要求，投标文件按废标处理。

6. 踏勘现场及招标答疑

招标人在招标文件中已经标明现场踏勘及投标预备会这两项活动的时间及地点。投标人应当按照招标人规定的时间及地点参加活动。

（1）现场踏勘。现场踏勘即实地勘察，投标人对招标的工程建设进行现场踏勘可以了解项目实施现场和周边环境情况，以获取有用的信息并据此做出关于投标策略、投标报价和施工方案的决定，对投标业务成败关系极大。投标人在拿到招标文件后对项目实施现场进行勘察，还要针对招标文件中的有关规定和数据通过现场勘察进行详细核对，询问招标人，以使投标文件更加符合招标文件的要求。

（2）投标预备会。投标预备会一般安排在踏勘现场后的 1～2 天。投标预备会由招标人组织并主持召开，在预备会上对招标文件和现场情况作介绍或解释，并解答投标人提出的问题，包括书面提出的和口头提出的询问。

7. 询价及市场投标环境调查

询价及市场调查是投标报价的基础。为了能够准确地确定投标报价，在投标报价之前，投标人应当通过各种渠道，采用各种方式对工程所需的各种材料和设备等的价格、工资标准、质量、供应时间、供应数量等与报价有关的市场价格信息进行调查，为准确报价提供依据。

8. 计算及复核清单工程量

为了使建筑市场形成有序价格竞争，在工程招投标中采用工程量清单计价是国际上较为通行的做法。在施工招投标过程中，我国现已大力推行工程量清单计价模式。招标人或委托具有工程造价咨询资质的中介机构按照工程量清单计价办法和招标文件的有关规定，根据施工图纸及施工现场实际情况编制反映工程实体消耗和措施性消耗的工程量清单，并作为招标文件的一部分提供给投标人，由投标人依据工程量清单自主报价。

对于招标文件中的工程量清单，投标者一定要进行校核，复核工程量要与招标文件中所给的工程量进行对比。因为这直接影响到投标报价及中标机会。

9. 确定施工方案

施工方案是投标内容中的一个重要部分，是投标报价的一个前提条件，也是投标单位评标时要考虑的因素之一。反映了投标人的施工技术、管理、机械装备等水平。施工方案应由投标单位的技术专家负责主持制定，主要考虑施工方法、主要施工机具的配置、各工种劳动力需用量计划及现场施工人员的平衡、施工进度计划（横道图与网络图）、施工质量保证体系、安全及环境保护和现场平面布置图等。投标单位对拟定的施工方案进行费用和成本的计算，以此作为报价的重要依据。

10. 进行报价决策

投标报价决策和技巧，是建筑工程投标活动中的另一个重要工作，是指投标人在投标竞争中的系统工作部署及其参与投标竞争的方式和手段。报价是否得当是影响投标成败的关键。采用一定的策略和技巧，进行合理报价，不仅要求对业主有足够的吸引力，增加投标的中标率，而且应使承包商获得一定的利益。因此，只有结合投标环境，在分析企业自身的竞争优势和劣势的基础上，制定正确的报价策略才有可能得到一个合理而有竞争力的报价。

11. 编制及递交投标文件

经过上述的准备工作后，投标人就要开始着手编制投标文件。投标人在编制投标文件时，一定要按照招标文件的要求和格式进行编写，如不按要求编制投标文件，按废标处理。投标文件编制结束后，按招标文件的要求进行密封，并按招标文件中规定的时间、地点递交投标文件。

12. 参加开标会议

开标会议是招标人主持召开一个会议，主要目的是为了体现招投标过程的公开、公正、公平原则。投标人在递交投标文件之后，应按招标文件中规定的时间、地点参加开标会议。按照惯例，投标人不参加开标会议的，视为弃标，其投标文件将不予启封，不予唱标，不允许参加评标。开标会议主要有以下内容：

（1）宣布开标纪律；

（2）公布在投标截止时间前递交投标文件的投标人名称，并点名确认投标人是否派人到场；

（3）宣布开标人、唱标人、记录人、监标人等有关人员姓名；

（4）按照投标人须知前附表规定检查投标文件的密封情况；

（5）按照投标人须知前附表的规定确定并宣布投标文件开标顺序；

（6）按照宣布的开标顺序当众开标，公布投标人名称、标段名称、投标保证金的递交情况、投标报价、质量目标、工期及其他内容，并记录在案；

（7）投标人代表、招标人代表、监标人、记录人等有关人员在开票记录上签字确认；

（8）开标结束。

13. 接受招标人或招标代理人询问

投标人在参加完开标会议后，招投标活动进入到评标阶段。在评标期间，评标委员会要求澄清投标文件中不清楚问题的，投标人应积极予以说明、解释、澄清。澄清投标文件一般可以采用向投标人发出书面询问，由投标人书面作出说明或澄清的方式，也可以采用如开澄清会的方式。

14. 接受中标通知书

经评标，投标人被确定为中标人后，应接受招标人发出的中标通知书。中标人收到中标通知书后，应在规定的时间和地点与招标人签订施工合同。

15. 签订合同，领回投标保证金及提交履约保函

招标人和中标人应当自中标通知书发出之日起的 30 天内根据相关法律规定，依据招标文件、投标文件的要求签订合同。同时，按照招标文件的要求提交履约保证金或履约保函，招标人同时退还中标人的投标保证金。中标人与招标人正式签订合同后，应按要求将合同副本分送有关主管部门备案。未中标的投标人有权要求招标人退还其投标保证金。

至此，投标程序结束。实际上，招标程序与投标程序是两个相对应的工作程序，具体见图 3-2。

知识拓展

电子化的招标投标

1）推行电子化的招标投标

随着推行工程量清单招标投标，借助电子计算机技术制作软件，既可生成具有统一数据规范的招标和投标电子标书，又可进一步开发基于同一数据规范的计算机辅助评标系统，使单纯的人工评标转向计算机辅助评标。目前，电子化招标投标系统已经在全国各地招标投标市场开始推广。

2）制定电子化招标投标的招标文件范本

为了规范电子招标投标活动，促进电子招标投标健康发展，国家发展改革委、工业和信息化部、监察部、住房和城乡建设部、交通运输部、铁道部、水利部、商务部联合制定并发布了第 20 号令《电子招标投标办法》及相关附件，自 2013 年 5 月 1 日起施行。目前，全国各地工程造价管理部门制定了相应的落实政策。以广东省建设工程电子化招标投标的情况为例，编制了适用于资格后审及电子评标的施工招标项目和适用于非资格后审及电子评标的施工招标项目的招标文件范本。招标文件范本规定：

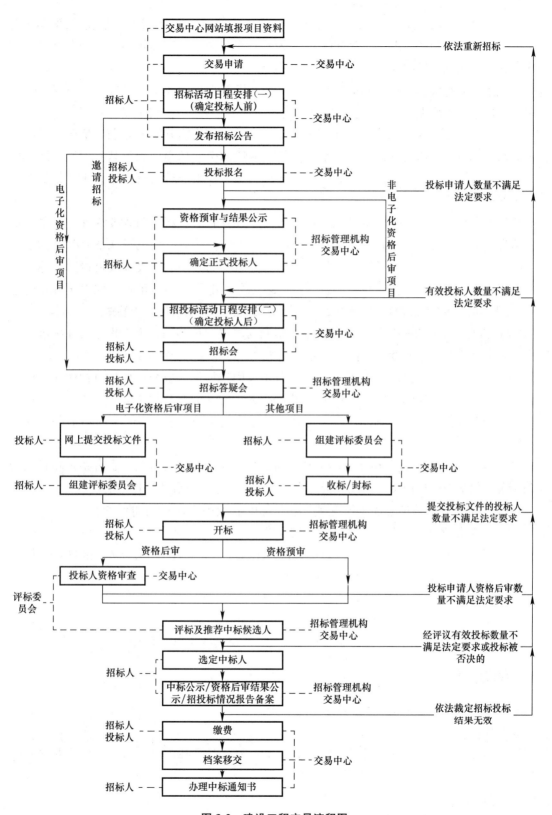

图 3-2 建设工程交易流程图

① 参加投标之前，投标人应查询企业 IC 卡、拟报项目负责人的使用状态及预存报名费账户中的存款额度，以免出现企业 IC 卡及拟报项目负责人不能被使用或预存报名费账户中的存款额度不足的问题。

上述情况有可能导致投标信息无法录入公共资源交易中心信息系统。如出现上述情况，投标人有可能失去投标机会，因其可能所引起的一切后果由投标人承担。

② 评标委员会对投标人资格审查的大部分资料直接取自投标人在公共资源交易中心企业库资料信息，请投标人及时维护、更新企业库的资料信息，确保其有效性。因投标人未及时维护、更新公共资源交易中心企业库的信息，而导致其资格审查不合格的，后果由投标人承担。

③ 电子评标的项目，投标文件一律不接受纸质文件，投标人将被要求递交具备法律效力的电子投标文件。为此，投标人应当使用在本地依法设立的电子认证服务机构发放的电子签名认证证书对电子投标文件进行电子签名及电子签章。投标人可以到上述电子认证服务机构在公共资源交易中心设立的办理点办理电子签名认证证书和电子签章（已经办理过电子签名证书的可携带电子签名证书到上述办理点增加电子签章）。

④ 为规范电子评标项目工程量清单的编制与填报，请各招标人、投标人在编制与填报工程量清单时认真阅读公共资源交易中心网站"服务指南"栏目的相关内容。

⑤ 实施资格后审的招标项目，在中标公示期间，招标人或招标代理机构应在单位内设置查询点，接受投标单位关于资格审查和否决性条款审查及相关情况的查询。招标人或招标代理机构的查询联系人，应保持其通信方式的有效性和畅通性。投诉时须提交相关的查询资料。

⑥ 招标代理单位接受投标资审情况查询的主持人及经办人应熟悉了解招标项目的相关情况，包括投标单位资审情况、资审不合格的具体原因及合法依据。

⑦ 招标代理单位的上述工作情况，将列入其综合诚信评价排名的考核。

⑧ 招标控制价的内容与招标公告同时发布。

⑨ 投标人录入投标信息时，如投标人为联合体的，须将联合体所有成员单位的全称录入。

3）电子化招标投标的主要评标办法

① 非资格后审及电子评标的施工招标项目开标评标办法。

② 资格后审及电子评标的施工招标项目开标评标办法。

电子评标，投标文件一律不接受纸质文件，递交具备法律效力的电子投标文件。

课堂活动

简述建设工程施工投标步骤的主要内容：

目标：

体验建设工程施工投标过程中的投标步骤，加深对投标过程中投标步骤主要内容的理解

步骤：

（1）听从老师的安排，划分学习小组。

（2）成立小组，每个小组 4 至 6 人，在整体课程中不再调整分组。

（3）根据自愿或随机抽签方式，分配每个小组所担任投标过程中的投标步骤所需的不同角色。

（4）每组推荐出一名组长（如推选时间过长，可以用"指定"法来指定）。

（5）以小组为单位，各小组选取代表就自己所扮演角色进行发言，描述投标步骤中所扮演角色任务的主要内容。

（6）师生共同对各小组发言进行评价、讨论。

思考与练习

1. 什么是建设工程投标？

2. 试述建设工程投标人的投标资质各个序列、类别和等级的资质标准。

3. 试述建设工程施工投标步骤的主要内容。

4. 参加资格预审的潜在投标申请人，应按照招标资格预审文件的要求和格式提供哪些资料？

5. 联合体投标时应注意什么？

讨论分析

试述建设工程交易流程。

任务 3.2　建设工程施工投标文件编制

任务描述

本任务由投标文件的组成、投标文件编制的要点、投标文件编制的主要内容、编制投标文件应注意的问题和投标文件的递交共 5 个知识点构成。通过本任务的学习，使学生了解投标文件一般由投标函部分、商务标部分和技术标部分的组成，记住投标文件应按招标文件规定的要求进行编制，知道建设工程施工投标文件的内容，会进行投标文件的递交，具备参加建设工程施工投标的基本能力。

知识构成

建设工程投标文件是投标活动的一个书面成果，是招标人判断投标人是否愿意参加投标的依据，是投标人能否通过评标、决标、进而签订合同的依据，也是评标委员会进行评审和比较的对象，中标的投标文件还和招标文件一起成为施工合同的组成部分。投标文件的编写要完全符合招标文件要求，也要对招标文件做出实质性响应，否则会导致废标。因此，投标人必须高度重视建设工程投标文件的编制工作。

3.2.1　投标文件的组成

根据《工程建设项目施工招标投标办法》的规定，投标人应当按照招标文件的要求编制投标文件。建设工程投标文件，是建设工程投标人单方面阐述自己响应招标文件要求，旨在向招标人提出愿意订立合同的意思表示，是投标人确定、修改和解释有关招标事项的各种书面表达形式的统称。从合同订立过程来分析，投标人按招标文件要求编制的投标文件属于要约，即向招标人发出的希望与对方订立合同的意思表示，必须符合下列条件：

① 应当明确向招标人表示愿以招标文件的内容要求编制投标文件，订立合同的意思；

② 应当对招标文件中的有关工期、投标有效期、质量要求、技术标准和要求、招标范围等要求和条件作出实质上的响应，并不得以低于成本报价竞标；

③ 应当按照规定的时间、地点递交给招标人。

建设工程投标文件是由一系列有关投标方面的书面资料组成的。根据《简明标准施工招标文件》（2012 年版），投标文件应一般由以下几个内容组成：

① 投标函及投标函附录；

② 法定代表人身份证明或附有法定代表人身份证明的授权委托书；

③ 投标保证金；

④ 已标价工程量清单；

⑤ 施工组织设计；

⑥ 项目管理机构；

⑦ 资格审查资料；

⑧ 投标人须知前附表规定的其他材料。

实际上，投标文件最主要是三个部分，分别是投标函、商务标部分和技术标部分。

3.2.2　投标文件编制的要点

编制投标文件，应按招标文件规定的要求进行编制，一般不能带有任何附加条件，否则可能导致废标，编制要点如下：

（1）对招标文件要研究透彻，重点是投标须知、合同条件、技术规范、工程量清单及图纸等。

（2）为编制好投标文件和投标报价，应收集现行定额标准、取费标准及各类标准图集，收集掌握政策性调价文件及材料和设备价格情况等。

（3）在投标文件编制中，投标单位应依据招标文件和工程技术规范要求，并根据施工现场情况编制施工方案或施工组织设计。

（4）按照招标文件中规定的各种因素和依据计算报价，并仔细核对，确保准确，在此基础上正确运用报价技巧和策略，并用科学方法作出报价决策。

（5）填写各种投标表格。招标文件所要求的每一种表格都要认真填写，尤其是需要签章的一定要按要求完成，否则有可能会导致废标。

（6）投标文件的封装。投标文件编写完成后要按招标文件要求的方式分装、贴封、签章。

3.2.3　投标文件编制的主要内容

1. 投标函及其附录

投标函及其附录是指投标人按照招标文件的条件和要求，向招标人提交的有关报价质量目标等承诺和说明的函件，是投标人为响应招标文件相关要求所作的概括性函件，一般位于投标文件的首要部分，其内容和格式必须符合招标文件的规定。

（1）投标函

工程投标函包括投标人告知招标人本次所投的项目具体名称和具体标段，及本次投标的报价、承诺工期和达到的质量目标等，投标函内容格式如下（表3-2）。

<table>
<tr><td>投标函表</td><td>表 3-2</td></tr>
</table>

投标函
（招标人名称）：
1. 我方已仔细研究了（项目名称）招标文件的全部内容，愿意以人民币（大写）（￥）的投标总报价，工期__日历天，按合同约定实施和完成承包工程，修补工程中的任何缺陷，工程质量达到要求。
2. 我方承诺在招标文件规定的投标有效期内不修改、撤销投标文件。
3. 随同本投标函提交投标保证金一份，金额为人民币（大写）（￥）。
4. 如我方中标：
（1）我方承诺在收到中标通知书后，在中标通知书规定期限内与你方签订合同。
（2）随同本投标函递交的投标函附录属于合同文件的组成部分。
（3）我方承诺按照招标文件规定向你方递交履约担保。
（4）我方承诺在合同约定的期限内完成并移交全部合同工程。
5. 我方在此声明，所递交的投标文件及有关资料内容完整、真实和准确，且不存在第二章"投标人须知"第1.4.2项和第1.4.3项规定的任何一种情形。
6. （其他补充说明）。
投 标 人：（盖单位章） 　　　　　　　　　　　　　　　　　　　　法定代表人或其委托代理人：（签字） 　　　　　　　　　　　　　　　　　　　　地址： 　　　　　　　　　　　　　　　　　　　　网址： 　　　　　　　　　　　　　　　　　　　　电话： 　　　　　　　　　　　　　　　　　　　　传真： 　　　　　　　　　　　　　　　　　　　　邮政编码： 　　　　　　　　　　　　　　　　　　　　　　　　年　　月　　日

（2）投标函附录

投标函附录一般附于投标函之后，共同构成合同文件的重要组成部分，主要内容是对投标文件中涉及关键性或实质性的内容条款进行说明或强调。

投标人填报投标函附录时，在满足招标文件实质性要求的基础上，可以提出比招标文件要求更有利于招标人的承诺。一般以表格形式摘录列举如下（表3-3）。其中"序号"一般是根据所列条款名称在招标文件合同条款中的先后顺序进行排列；"条款名称"为所摘录条款的关键词；"合同条款号"为所摘录条款名称在招标文件合同条款中的条款号；"约定内容"是投标人投标时填写的承诺内容。

工程投标函附录所约定的合同重点条款应包括工程缺陷责任期、履约担保金额、发出开工通知期限、逾期竣工违约金、逾期竣工违约金限额、提前竣工的奖金、提前竣工的奖金限额、价格调整的差额计算、工程预付款、材料、设备预付款等对于合同执行中需投标人引起重视的关键数据。

表 3-3
投标函附录表

投标函附录
工程名称：（项目名称）标段

序号	条款内容	合同条款号	约定内容	备注
1	项目经理	1.1.2.4	姓名：_____	
2	工期	1.1.4.3	_____日历天	
3	缺陷责任期	1.1.4.5		
4	承包人履约担保金额	4.2		
5	分包	4.3.4	见分包项目情况表	
6	逾期竣工违约金	11.5	_____元/天	
7	逾期竣工违约金最高限额	11.5		
8	质量标准	13.1		
9	价格调整的差额计算	16.1.1	见价格指数权重表	
10	预付款额度	17.2.1		
11	预付款保函金额	17.2.2		
12	质量保证金扣留百分比	17.4.1		
	质量保证金额度	17.4.1		

备注：投标人在响应招标文件中规定的实质性要求和条件的基础上，可做出其他有利于招标人的承诺。此类承诺可在本表中予以补充填写。

投标人（盖章）：
法人代表或委托代理人（签字或盖章）：
日期：_____年_____月_____日

投标函附录除对以上合同重点条款摘录外，也可以根据项目的特点、需要，并结合合同执行者重视的内容进行摘录，这有助于投标人仔细阅读并深刻理解招标文件重要的条款和内容。如采用价格指数进行价格调整时，可增加价格指数和权重表等合同条款由投标人填报。

2. 法定代表人身份证明或其授权委托书

（1）法定代表人身份证明

在招标投标活动中，法定代表人代表法人的利益行使职权，全权处理一切民事活动。因此，法定代表人身份证明十分重要，用以证明投标文件签字的有效性和真实性。

投标文件中的法定代表人身份证明见表 3-4。一般应包括：投标人名称、单位性质、地址、成立时间、经营期限等投标人的一般资料，除此之外还应有法定代表人的姓名、性别、年龄、职务等有关法定代表人的相关信息和资料。法定代表人身份证明应加盖投标人的法人印章。

表 3-4
法定代表人身份证明表

法定代表人身份证明

投标人名称：
单位性质：
地址：
成立时间： 年 月 日
经营期限：
姓名： 性别： 年龄： 职务：
系（投标人名称）的法定代表人。
　　　　　　特此证明。
投标人：（盖单位章）

　　　　　　　　　　　　　　　　　年　　　月　　　日

（2）法人授权委托书

若投标人的法定代表人不能亲自签署投标文件进行投标，则法定代表人需授权代理人全权代表其在投标过程和签订合同中执行一切与此有关的事项。

授权委托书中应写明投标人名称、法定代表人姓名、代理人姓名、授权权限和期限等，表 3-5 中，授权委托书一般规定代理人不能再次委托，即代理人无转委托权。法定代表人应在授权委托书上亲笔签名。根据招标项目的特点和需要，也可以要求投标人对授权委托书进行公证。

授权委托书表　　　　　　　　　　　　　　　　　　　　　　　　表 3-5

授权委托书
本人（姓名）系（投标人名称）的法定代表人，现委托（姓名）为我方代理人。代理人根据授权，以我方名义签署、澄清、说明、补正、递交、撤回、修改（项目名称）投标文件、签订合同和处理有关事宜，其法律后果由我方承担。 委托期限： 　　代理人无转委托权。 　　附：法定代表人身份证明 投标人：（盖单位章） 法定代表人：（签字） 身份证号码： 委托代理人：（签字） 身份证号码： <div align="right">年　　　月　　　日</div>

3. 投标保证金

投标保证金是指投标人按照招标文件的要求向招标人出具的，以一定金额表示的投标责任担保。招标人为了防止因投标人撤销或者反悔投标的不正当行为而使其蒙受损失，因此要求投标人按规定形式和金额提交投标保证金，并作为投标文件的组成部分。投标人不按招标文件要求提交投标保证金的，其投标文件作废标处理。投标保证金表见表 3-6。

投标保证金表　　　　　　　　　　　　　　　　　　　　　　　　表 3-6

投标保证金
＿＿＿＿＿（招标人名称）： 　　鉴于（投标人名称）（以下称"投标人"）于年月日参加（项目名称）的投标，（担保人名称，以下简称"我方"）保证：投标人在规定的投标文件有效期内撤销或修改其投标文件的，或者投标人在收到中标通知书后无正当理由拒签合同或拒交规定履约担保的，我方承担保证责任。收到你方书面通知后，在 7 日内向你方支付人民币（大写）。 　　本保函在投标有效期内保持有效。要求我方承担保证责任的通知应在投标有效期内送达我方。 　　　　　　　　　　　担保人名称：（盖单位章） 　　　　　　　　　　　法定代表人或其委托代理人：（签字） 　　　　　　　　　　　地址：＿＿＿＿＿＿＿ 　　　　　　　　　　　邮政编码：＿＿＿＿＿＿ 　　　　　　　　　　　电话： 　　　　　　　　　　　传真： <div align="right">年　　　月　　　日</div>

（1）投标保证金的形式

投标保证金的形式一般有：现金、银行保函、银行汇票、银行电汇、信用证、支票或招标文件规定的其他形式。投标保证金具体提交的形式由招标人在招标文件中确定。

《招投标法实施条例》第二十六条规定：依法必须进行招标的项目的境内投标单位，以现金或者支票形式提交的投标保证金应当从其基本账户转出。招标人不得挪用投标保证金。

1）现金

对于数额较小的投标保证金而言，采用现金方式提交是一个不错的选择。但对于数额较大的采用现金方式提交就不太合适。因为现金不易携带，不方便递交，在开标会上清点大量的现金不仅浪费时间，操作手段也比较原始，既不符合我国的财务制度，也不符合现代的交易支付习惯。

2）银行保函

开具保函的银行性质及级别应满足招标文件的规定，并采用招标文件提供的格式。投标人应根据招标文件要求单独提交银行保函正本，并在投标文件中附上复印件或将银行保函正本装订在投标文件正本中。一般，招标人会在招标文件中给出银行保函的格式和内容，且要求保函主要内容不能改变，否则将以不符合招标文件的要求作废标处理。

3）银行汇票

银行汇票是汇款人将款项存入当地出票银行，由出票银行签发的票据，交由汇款人转交给异地收款人，异地收款人再凭银行汇票在当地银行兑取汇款。投标人应在投标文件中附上银行汇票复印件，作为评标时对投标保证金评审的依据。

4）支票

支票是出票人签发的，委托办理支票存款业务的银行或者其他金融机构在见票时无条件支付确定的金额给收款人或者持票人的票据。投标保证金采用支票形式，投标人应确保招标人收到支票后在招标文件规定的截止时间之前，将投标保证金划拨到招标人指定账户，否则，投标保证金无效。投标人应在投标文件中附上支票复印件，作为评标时对投标保证金评审的依据。

（2）投标保证金的额度

投标保证金金额通常有相对比例金额和固定金额两种方式。相对比例是以投标总价作为计算基数，投标保证金金额与投标报价有关；固定金额是招标文件规定投标人提交统一金额的投标保证金，投标保证金与报价无关。为避免招标人设置过高的投标保证金额度，《招投标法实施条例》第二十六条规定：招标人在招标文件中要求投标人提交投标保证金的，投标保证金不得超过招标项目估算价的2%。

（3）投标有效期与投标保证金的有效期

投标有效期是以递交投标文件的截止时间为起点，以招标文件中规定的时间为终点的一段时间。在这段时间内，投标人必须对其递交的投标文件负责，受其约束。而在投标有效期开始生效之前（即递交投标文件截止时间之前），投标人（潜在投标人）可以自主决定是否投标、对投标文件进行补充修改，甚至撤回已递交的投标文件；在投标有效期届满之后，投标人可以拒绝招标人的中标通知而不受任何约束或惩罚。

如果在招标投标过程中出现特殊情况，在招标文件规定的投标有效期内，招标人无法完成评标并与中标人签订合同，则在原投标有效期期满之前招标人可以以书面形式要求所有投标人延长投标有效期。投标人同意延长的，不得要求或被允许修改其投标文件，但应当相应延长其投标保证金的有效期；投标人拒绝延长的，其投标在原投标有效期期满之后失效，投标人有权收回其投标保证金。

投标保证金本身也有一个有效期的问题。如银行一般都会在投标保函中明确该保函在什么时间内保持有效，《招投标法实施条例》第二十六条规定：投标保证金有效期应当与投标有效期一致。《工程建设项目货物招标投标办法》规定，投标保证金有效期应当与投标有效期一致。

（4）投标保证金的作用

1）对投标人的投标行为产生约束作用，保证招标投标活动的严肃性

招标投标是一项严肃的法律活动，投标人的投标是一种要约行为，投标人作为要约人，向招标人（受要约人）递交投标文件之后，即意味着向招标人发出了要约。在投标文件递交截止时间至招标人确定中标人的这段时间内，投标人不能要求退出竞标或者修改投标文件；而一旦招标人发出中标通知书，做出承诺，则合同即告成立，中标的投标人必须接受，并受到约束。否则，投标人就要承担合同订立过程中的缔约过失责任，就要承担投标保证金被招标人没收的法律后果。这实际上是对投标人违背诚实信用原则的一种惩罚。所以，投标保证金能够对投标人的投标行为产生约束作用，这是投标保证金最基本的功能。

2）在特殊情况下，可以弥补招标人的损失

投标保证金一般定为投标报价的2%，这是个经验数字。因为通过对实践中大量的工程招标投标的统计数据表明，通常最低标与次低标的价格相差在2%左右。因此，如果发生最低标的投标人反悔而退出投标的情形，则招标人可以没收其投标保证金并授标给投标报价次低的投标人，用该投标保证金弥补最低价与次低价两者之间的价差，从而在一定程度上可以弥补或减少招标人所遭受的经济损失。

3）督促招标人尽快定标

投标保证金对投标人的约束作用是有一定时间限制的，这一时间即是投标有效期。如果超出了投标有效期，则投标人不对其投标的法律后果承担任何义务。所以，投标保证金只是在一个明确的期限内保持有效，从而可以防止招标人无限期地延长定标时间，影响投标人的经营决策和合理调配自己的资源。

4）从一个侧面反映和考察投标人的实力

投标保证金采用现金、支票、汇票等形式，实际上是对投标人流动资金的直接考验。投标保证金采用银行保函的形式，银行在出具投标保函之前一般都要对投标人的资信状况进行考察，信誉欠佳或资不抵债的投标人很难从银行获得经济担保。由于银行一般都对投标人进行动态的资信评价，掌握着大量投标人的资信信息，因此，投标人若能获得银行保函，能够获得多大额度的银行保函，这也可以从一个侧面反映投标人的实力。

5）投标保证金的退还

《招投标法实施条例》第五十七条规定：招标人最迟应当在书面合同签订后5日内向中标人和未中标的投标人退还投标保证金及银行同期存款利息。第三十五条规定：投标人撤回已提交的投标文件，应当在投标截止时间前书面通知招标人。招标人已收取投标保证金的，应当自收到投标人书面撤回通知之日起5日内退还。投标截止后投标人撤销投标文件的，招标人可以不退还投标保证金。第七十四条规定：中标人无正当理由不与招标人订立合同，在签订合同时向招标人提出附加条件，或者不按照招标文件要求提交履

约保证金的，取消其中标资格，投标保证金不予退还。

4. 已标价工程量清单

投标人根据招标文件中工程量清单以及计价要求，结合施工现场实际情况及施工组织设计，按照企业工程施工定额或参照政府工程造价管理机构发布的工程定额，结合市场人工、材料、机械等要素价格信息进行投标报价。

投标人应按招标人提供的工程量清单填报价格。填写的项目编码、项目名称、项目特征、计量单位、工程量必须与招标人提供的一致。投标价由投标人自主确定，但不得低于工程成本。投标价应由投标人或受其委托具有相应资质的工程造价咨询人编制。

工程量清单投标报价的编制依据：

(1)《建设工程工程量清单计价规范》GB 50500；

(2) 国家或省级、行业建设主管部门颁发的计价办法；

(3) 企业定额，国家或省级、行业建设主管部门颁发的计价定额和计价办法；

(4) 招标文件、招标工程量清单及其补充通知、答疑纪要；

(5) 建设工程设计文件及相关资料；

(6) 施工现场情况、工程特点及拟定的投标施工组织设计或施工方案；

(7) 与建设项目相关的标准、规范等技术资料；

(8) 市场价格信息或工程造价管理机构发布的工程造价信息；

(9) 其他相关资料。

知识拓展

工程量清单计价格式由下列内容组成

按照《建设工程工程量清单计价规范》GB 50500—2013 的要求，工程量清单计价表主要包括：封面、总说明、单项工程汇总表、单位工程汇总表、分部分项工程和单价措施项目清单与计价表、总价措施项目清单与计价表、其他项目清单与计价表、规费、税金项目清单与计价表组成。工程量清单计价应采用统一的格式，工程量清单计价格式随招标文件发至投标人，由投标人填写。工程量清单计价格式由下列内容组成。

(1) 投标总价封面

封面由投标人按规定的内容填写、签字、盖章。封面格式见表 3-7。

封　面　　　　　　　　　　　　　　　　　　　　　表 3-7

封　面
<u>某小区 5 号楼</u>　工程
投标总价
投标人<u>某建筑工程有限公司</u> （单位盖章）
2015 年 3 月 10 日

（2）投标总价

投标总价应按工程项目总价表合计金额填写。投标人盖单位公章，法定代表人或其授权人签字或盖章，编制的造价人员（造价工程师或造价员）签字盖执业专用章。投标总价见表 3-8。

投标总价表 表 3-8

投标总价
招 标 人：某投资有限公司
工程名称：某小区 5 号楼
投标总价（小写）：24383645.51 元
（大写）：贰仟肆佰叁拾捌万叁仟陆佰肆拾伍元伍角壹分
投 标 人：某建筑工程有限公司
（单位盖章）
法定代表人
或其授权人： 谢一
（签字或盖章）
编 制 人：李二
（造价人员签字盖专用章）
编制时间：2015 年 3 月 10 日

（3）投标报价总说明

总说明的内容包括：采用的计价依据；采用的施工组织设计；综合单价中包含的风险因素、风险范围（幅度）；措施项目的依据；其他有关内容的说明等。

（4）工程项目总价表

工程项目总价表应按各单项工程费汇总表的合计金额填写。投标报价汇总表与投标函中投标报价金额应当一致。就投标文件的各个组成部分而言，投标函是最重要的文件，其他组成部分都是投标函的支持性文件，投标函是必须经过投标人签字盖章，并且在开标会上必须当众宣读的文件。如果投标报价汇总表的投标总价与投标函填报的投标总价不一致，应当以投标函中填写的大写金额为准。工程项目总价表格式见表 3-9。

建设项目投标报价汇总表 表 3-9

工程名称：某小区 5 号楼工程 第 1 页共 1 页

序号	单项工程名称	金额（元）	其中		
			暂估价（元）	安全文明施工费（元）	规费（元）
1	某小区 5 号楼工程	24383645.51	600000.00	785132.09	813245.98

（5）单项工程投标报价汇总表

单项工程投标报价汇总表应按各单位工程投标报价汇总表的合计金额填写。单项工程投标报价汇总表格式见表 3-10。

单项工程投标报价汇总表 表 3-10

工程名称：某小区 5 号楼工程 第 1 页共 1 页

序号	单项工程名称	金额（元）	其中		
			暂估价（元）	安全文明施工费（元）	规费（元）
1	某小区 5 号楼工程	24383645.51	600000.00	785132.09	813245.98

（6）单位工程投标报价汇总表

单位工程投标报价汇总表根据分部分项工程量清单与计价表、措施项目清单与计价表、其他项目清单与计价汇总表、规费、税金项目清单与计价表的合计填写。单位工程投标报价汇总表见表3-11。

单位工程投标报价汇总表　　　　　　表3-11

工程名称：某小区5号楼工程　　　　　　　　　　　　　　　　第1页共1页

序号	汇总内容	金额（元）	其中：暂估价（元）
1	分部分项工程	15761302.83	
0101	土石方工程	1256785.32	
0105	钢筋及混凝土工程	9013871.78	600000.00
0111	楼地面装饰工程	1201131.09	
2	措施项目	2105432.72	
2.1	安全文明施工费	785132.09	
3	其他项目	1970000.00	
3.1	暂列金额	1000000.00	
3.2	专业工程暂估价	800000.00	
3.3	计日工	70000.00	
3.4	总承包服务费	100000.00	
4	规费	813245.98	
5	税金	978532.89	
投标报价合计=1+2+3+4+5		24383645.51	

（7）分部分项工程和单价措施项目清单与计价表

分部分项工程量清单与计价表是根据招标人提供的工程量清单填写单价与合价得到的分部分项工程费，应依据综合单价的组成内容，按招标文件中分部分项工程量清单项目的特征描述确定综合单价计算。投标人对招标工程量清单中的"项目编码、项目名称、项目特征、计量单位、工程量"均不能改动，"综合单价、合价"可以自主决定填写，招标文件中提供了估单价的材料，按暂估的单价计入综合单价，并应计算出暂估单价的材料在"综合单价"及其"合价"中的具体数额。

综合单价是完成一个规定计量单位的分部分项工程量清单项目所需的人工费、材料费、施工机械使用费和企业管理费与利润，综合单价中应考虑招标文件中要求投标人承担的风险费用。分部分项工程量清单与计价表格式见表3-12。

分部分项工程和单价措施项目清单与计价表　　　　　　表3-12

工程名称：某小区5号楼工程　　　　　　　　　　　　　　　　第1页共1页

序号	项目编码	项目名称	项目特征描述	计量单位	工程量	综合单价	合价	其中：暂估价
6	010515001001	现浇构件钢筋	三级螺纹钢	t	200	3610.29	722058.00	600000
27	011407001001	外墙乳胶漆	基层抹灰面满刮成品耐水腻子三遍磨平，乳胶漆一底二面	m²	12001.35	46.00	552062.10	
38	011701001001	综合脚手架	框架，檐高31.2m	m²	14580	21.32	310845.60	

（8）总价措施项目清单与计价表

措施项目清单计价应根据拟建工程的施工组织设计，可以计算工程量的措施项目，应按分部分项工程量清单的方式采用综合单价计价（见"分部分项工程和单价措施项目清单与计价表"中的"综合脚手架"子目）；其余的措施项目可以"项"为单位的方式计价，列入"总价措施项目计价表"，除"安全文明施工费"必须按强制性规定，按省级或行业建设主管部门的规定计取外，其他措施项目均可依据投标施工组织设计自主报价。其格式见表 3-13。

总价措施项目计价表　　　　　　　　　　　　　　　　表 3-13

工程名称：某小区 5 号楼工程　　　　　　　　　　　　　　　　　　第 1 页共 1 页

序号	项目编码	项目名称	计算基础	费率（%）	金额（元）	调整费率（%）	调整后金额（元）	备注
1	011707001001	安全文明施工费	人工费	25	785132.09			
2	011707002001	夜间施工增加费	人工费	1.5	47107.93			
3	011707004001	二次搬运费	人工费	1	31405.28			
4	011707005001	冬雨季施工增加费	定额人工费	0.6	18843.17			

（9）其他项目清单与计价表

1）暂列金额应按招标人在其他项目清单中列出的金额填写；

2）材料暂估价应按招标人在其他项目清单中列出的单价计入综合单价；专业工程暂估价应按招标人在其他项目清单中列出的金额填写；

3）计日工按招标人在其他项目清单中列出的项目和数量，自主确定综合单价并计算计日工费用；

4）总承包服务费根据招标文件中列出的内容和提出的要求自主确定。其他项目清单与计价表的格式见表 3-14。

其他项目清单与计价汇总表　　　　　　　　　　　　　　　　表 3-14

工程名称：某小区 5 号楼工程　　　　　　　　　　　　　　　　　　第 1 页共 1 页

序号	项目名称	金额（元）	结算金额（元）	备注
1	暂列金额	1000000.00		
2	暂估价	800000.00		
2.1	材料暂估价			
2.2	专业工程暂估价	800000.00		
3	计日工	70000.00		
4	总承包服务费	100000.00		
	合计	1970000.00		

（10）规费、税金项目清单与计价表

规费和税金应按国家或省级、行业建设主管部门的规定计算，不得作为竞争性费用。即这部分费用是强制性的费用，不可竞争。规费、税金项目清单与计价表格式见表 3-15。

规费、税金项目计价表　　　　　　　　　　　　　　　表 3-15

工程名称：某小区 5 号楼工程　　　　　　　　　　　　　　　第 1 页共 1 页

序号	项目名称	计算基础	计算基数	计算费率（%）	金额（元）
1	规费	人工费			813245.98
1.1	社会保险费	人工费		22.5	580889.99
1.2	住房公积金	人工费		6	154904.00
1.3	工程排污费	人工费	按地市规定	3	77452.00
2	税金			3.48	978532.89
	合计				1791778.87

5. 施工组织设计

施工组织设计主要包含在技术标中，是投标文件的重要组成部分，是编制投标报价的基础，是反映投标企业施工技术水平和施工能力的重要标志，在投标文件中具有举足轻重的地位。施工组织设计是指导拟建工程施工全过程各项活动的技术、经济和组织的综合性文件。它分为招投标阶段编制的施工组织设计和接到施工任务后编制的施工组织设计。前者深度和范围都比不上后者，是初步的施工组织设计；如中标再行编制详细而全面的施工组织设计。初步的施工组织设计一般包括进度计划和施工方案等。

投标人应结合招标项目特点、难点和需求，研究项目技术方案，并根据招标文件统一格式和要求编制。方案编制必须层次分明，具有逻辑性，突出项目特点及招标人需求点，并能体现投标人的技术水平和能力特长。

投标人编制施工组织设计的要求：

（1）编制时应简明扼要地说明施工方法，工程质量、安全生产、文明施工、环境保护、冬雨季施工、工程进度、技术组织等主要措施。

（2）用图表形式阐明本项目的施工总平面、进度计划及拟投入主要施工设备、劳动力、项目管理机构等。

（3）图表及格式要求

附表一　拟投入的主要施工设备表（表 3-16）。

附表二　劳动力计划表（表 3-17）。

附表三　进度计划（略）。

附表四　施工总平面图（略）。

附表一　拟投入本项目的主要施工设备表　　　　　　　　表 3-16

序号	设备名称	型号规格	数量	国别产地	制造年份	额定功率（kW）	生产能力	用于施工部位	备注

附表二　劳动力计划表　　　　　　　　　　　　　　　　表 3-17

单位：人

工种	按工程施工阶段投入劳动力情况							

附表三 进度计划

（1）投标人应递交施工进度网络图或施工进度表，说明按招标文件要求的计划工期进行施工的各个关键日期。

（2）施工进度表可采用网络图或横道图表示。

附表四 施工总平面图

投标人应递交一份施工总平面图，绘出现场临时设施布置图表，并注明临时设施、加工车间、现场办公、设备及仓储、供电、供水、卫生、生活、道路、消防等设施的情况和布置。

6. 项目管理机构

（1）项目管理机构组成见表3-18。

项目管理机构组成表　　　　　　　　　　表3-18

职务	姓名	职称	执业或职业资格证明					备注
			证书名称	级别	证号	专业	养老保险	

（2）项目经理简历表

应附注册建造师执业资格证书、身份证、职称证、学历证、养老保险复印件，管理过的项目业绩须附合同协议书复印件见表3-19。

项目经理简历表　　　　　　　　　　表3-19

姓名		年龄		学历		
职称		职务		拟在本合同任职		
毕业学校	年毕业于		学校		专业	
主要工作经历						
时间	参加过的类似项目		担任职务		发包人及联系电话	

7. 资格审查资料

（1）投标人基本情况表（表3-20）。

（2）近年财务状况表（略）。

（3）近年完成的类似项目情况表（表 3-21）。

（4）正在实施的和新承接的项目情况表（表 3-22）。

（5）其他资格审查资料（略）。

投标人基本情况表　　　　　　　　　　　　　　　　　　　表 3-20

投标人名称					
注册地址			邮政编码		
联系方式	联系人		电话		
	传真		网址		
组织结构					
法定代表人	姓名	技术职称		电话	
技术负责人	姓名	技术职称		电话	
成立时间		员工总人数：			
企业资质等级		其中	项目经理		
营业执照号			高级职称人员		
注册资金			中级职称人员		
开户银行			初级职称人员		
账号			技工		
经营范围					
备注					

近年完成的类似项目情况表　　　　　　　　　　　　　　　表 3-21

项目名称	
项目所在地	
发包人名称	
发包人地址	
发包人电话	
合同价格	
开工日期	
竣工日期	
承担的工作	
工程质量	
项目经理	
技术负责人	
项目描述	
备注	

正在实施的和新承接的项目情况表　　　　　　　　　　　　表 3-22

项目名称	
项目所在地	
发包人名称	
发包人地址	
发包人电话	

续表

签约合同价	
开工日期	
计划竣工日期	
承担的工作	
工程质量	
项目经理	
技术负责人	
项目描述	
备注	

3.2.4　编制投标文件应注意的问题

（1）对招标人的特别要求，了解清楚特别要求后再决定是否投标。如招标人在业绩上要求投标人必须有几个业绩；如土建标，要求几级以上的施工资质；要求投标人资金在多少金额以上等。

（2）应认真领会的要点。前附表格要点；招标文件各要点；投标文件部分，尤其是组成和格式；保证金应注意开户银行级别、金额、币种及时间；文件递交方式时间地点及密封签字要求；几个造成废标的条件；参加开标仪式及做好澄清工作。

（3）投标文件应严格按规定格式制作。如开标一览表、投标函、投标报价表、授权书等，包括银行保函格式亦有统一规定，不能自己随便写。

（4）技术规格的响应。投标人应认真制作技术规格响应表，主要指标有一个偏离即会导致废标。次要指标亦应作出响应；认真填写技术规格偏离表。

（5）编制要点。注意签字与加盖公章；正本与副本的数量；有效期的计算等。

（6）应核对报价数据，消除计算错误。各分项分部工程的报价及单方造价、全员劳动生产率、单位工程一般用料、用工指标是否正常等，应根据现有指标和企业内部数据进行宏观审核，防止出现大的错误和漏项。

（7）编制投标文件的过程中，投标人必须考虑开标后如果成为评标对象，其在评标过程中应采取的对策。比如在我国鲁布革引水工程招标中，日本大成公司在这方面做了很好的准备，决策及时，因而在评标中获胜，获得了合同。如果情况允许，投标人也可以向业主致函，表明投送投标文件后考虑同业主长期合作的诚意，可以提出一些优惠措施或备选方案。

（8）根据2014年2月1日起施行的《建筑工程施工发包与承包计价管理办法》第十条的规定：投标报价不得低于工程成本，不得高于最高投标限价。投标报价应当依据工程量清单、工程计价有关规定、企业定额和市场价格信息等编制。第十一条规定：投标报价低于工程成本或者高于最高投标限价总价的，评标委员会应当否决投标人的投标。在编制投标报价时尤其要注意这两条规定。

3.2.5　投标文件的递交

投标人应当在招标文件中前附表规定的投标截止时间之前、规定的地点将投标文件递交给招标人。招标人可以按招标文件中投标人须知规定的方式，酌情延长递交投标文件的截止日期，如延长了投标截止日期，招标人与投标人以前在投标截止期方面的全部权利、责任和义务，将适用于延长后新的投标截止期。在投标截止期以后送达的投标文件，招标人应当拒绝接收。

投标人可以在递交投标文件以后，在规定的投标截止时间之前，采用书面形式向招标人递交补充、修改或撤回其投标文件的通知。在投标截止日期之后的投标有效期内，投标人不能修改、撤回投标文件，可以澄清、说明投标文件，因为在评标时，投标文件中有含义不明确的内容、明显文字或者计算错误，评标委员会认为需要投标人作出必要澄清、说明的，应当书面通知该投标人，投标人的澄清、说明应当采用书面形式，并不得超出投标文件的范围或者改变投标文件的实质性内容，澄清、说明材料为投标文件的组成部分。在投标截止时间与规定的投标有效期终止日之间的这段时间内，投标人不能撤回、撤销或修改其投标文件，否则其投标保证金将不予退回。

课堂活动

简述投标文件编制的主要内容：

目标：

加深对投标函及其附录、法定代表人身份证明或其授权委托书、投标保证金、已标价工程量清单、资格和审查资料等内容的认识，了解建设工程施工投标文件的编制要点。

步骤：

（1）以小组为单位，各小组对投标文件编制的要点和主要内容，进行小组讨论；

（2）以小组为单位，各小组选取代表分别对投标文件编制的要点和主要内容描述，并学会投标文件的常规资料。

（3）师生共同对各小组发言进行评价、讨论。

思考与练习

1. 投标文件由哪些内容组成？

2. 投标文件编制的要点是什么？

3. 投标文件编制的主要内容有哪些？

4. 投标保证金有哪些形式，其作用是什么？

5. 工程量清单投标报价的编制依据有哪些？

6. 编制投标文件应注意哪些问题？

讨论分析

工程量清单计价格式由哪些内容组成？

任务 3.3　建设工程施工投标报价

任务描述

通过本任务的学习，要求学生了解投标报价的主要原则和依据，知道投标报价的编制方法及编制程序，了解工程投标报价的分析与策略，记住投标中常见基本策略和技巧，知道投标中的主要风险与防范。

通过本任务的学习，学生能够：根据投标报价的原则，运用投标报价的主要依据，采用工程量清单计价进行报价。

知识构成

3.3.1　投标报价的主要原则与依据

1. 投标报价的主要原则

投标报价的编制主要是投标单位对承建招标工程所要发生的各种费用的计算。在进行投标计算时，必须首先根据招标文件进一步复核工程量。作为投标计算的必要条件，应预先确定施工方案和施工进度，此外，投标计算还必须与采用的合同形式相协调。报价是投标的关键性工作，报价是否合理直接关系投标的成败。因此，正确编制建设工程投标报价十分重要。我国现在主要采用工程量清单计价模式投标报价。

（1）以招标文件中设定的发承包双方责任划分，作为考虑投标报价费用项目和费用计算的基础，投标报价的计算必须与采用的合同形式相协调。合同计价方式一般分为单价合同、总价合同、成本加酬金合同。计算时应根据工程承包方式不同考虑投标报价的费用内容和细目的计算深度。

（2）依据招标人提供的工程量清单、施工图纸、施工现场情况，及拟定的施工方案、技术措施等作为投标报价计算的基本条件。

（3）以反映企业技术和管理水平的企业定额作为计算人工、材料和机械台班消耗量的基本依据。

（4）充分利用现场考察、调研成果、市场价格信息和行情资料，在考虑风险因素、成本因素、企业发展战略等因素的条件下编制的参加建设项目投标竞争的价格，确定调价方法。

（5）报价计算方法必须严格按照招标文件的要求和格式，不得改动，科学严谨，简明实用。

2. 投标报价的主要依据

（1）《建设工程工程量清单计价规范》GB 50500—2013。

（2）各专业工程工程量计算规范，如《房屋建筑与装饰工程工程量计算规范》GB 50854—2013，《通用安装工程工程量计算规范》GB 50856—2013，《市政工程工程量计算规范》GB 50857—2013 等。

（3）国家或省级、行业建设主管部门颁发的计价定额、计价方法及与之相配套执行的各种费用定额规定等。

（4）企业定额及企业内部制定的有关取费、价格等的规定及标准。

（5）其他与报价计算有关的各项政策、规定及调整系数等。

（6）招标单位提供招标文件、招标工程量清单。

（7）建设工程设计文件、技术说明书及相关资料。

（8）施工现场情况、工程特点及投标时拟定的投标施工组织设计或施工方案。

（9）与建设项目相关的标准、规范等技术资料。

（10）因招标文件及设计图纸等不明确，经咨询后由招标单位书面答复的补充通知及答疑纪要。

（11）地方市场现行材料价格信息或工程造价管理机构发布的工程造价信息。

（12）其他相关资料。

在标价的计算过程中，对于不可预见费用的计算必须慎重考虑，不要遗漏。

3.3.2 投标报价的编制方法及编制程序

1. 投标报价的编制方法

根据我国目前工程计价方式现状，与招标文件的计价方式相对应，投标报价的编制方法可以分为定额计价模式和工程量清单计价模式。

（1）工程量清单计价

工程量清单计价采用综合单价法。综合单价法是指分部分项工程量的单价采用全费用单价或部分费用单价的一种计价方法。工程量清单计价应采用综合单价法。

工程量清单计价模式计算投标报价时，投标人填入工程量清单中的单价是综合单价，应包括人工费、材料费、机械费、管理费、利润及风险金等全部费用，将工程量与该单价相乘得出分部分项工程费，然后根据计价依据、招标文件规定，结合市场行情，计算出措施项目费、其他项目费、规费和税金，汇总求和后即得出投标报价。分部分项工程费、措施项目费和其他项目费用均可采用综合单价计价。工程量清单计价模式的投标报价，由分部分项工程费、措施项目费、其他项目费用、规费和税金构成：

1）分部分项工程费是指完成"分部分项工程量清单"项目所需的费用。投标人负责填写分部分项工程量清单中的综合单价一项。分部分项工程费等于工程数量和综合单价的乘积。

2）措施项目费是指分部分项工程费以外，为完成该工程项目施工，发生于工程施工前和施工过程中技术、生活、安全等方面的非工程实体项目所需的费用。投标人负责填写措施项目清单中的金额。措施项目清单中的金额也是一个综合单价，包括人工费、材料费、机械费、管理费、利润及风险金等全部费用。

3）其他项目费是指分部分项工程费和措施项目费用以外，该工程项目施工中可能发生的其他费用。其他项目清单包括的项目，分为招标人和投标人两部分项目。

4) 规费和税金是指政府机关按照有关规定应收取的费用，是工程造价的组成部分。

根据国家标准《建设工程工程量清单计价规范》GB 50500—2013、《房屋建筑与装饰工程工程量计算规范》GB 50854—2013 或其他相关专业工程工程量计算规范的规定，工程量清单计价模式的投标报价构成，具体组成见图 3-3。

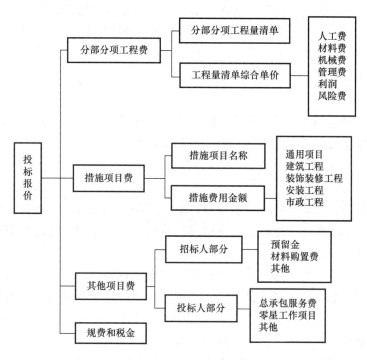

图 3-3　工程量清单计价模式的投标报价构成

（2）定额计价

定额计价采用工料单价法，工料单价法是指分部分项工程量单价由人工费、材料费、施工机械使用费组成，施工组织措施费、企业管理费、利润、规费、税金等按规定程序另行计算的一种计价方法。

定额计价模式计算投标报价时，一般是依照定额规定的分部分项工程子目逐项计算工程量，套用定额基价，并参考工程造价管理机构发布的工料机价格调整价差，计算利润，确定分部分项工程费；然后根据计价依据，招标文件规定，结合市场行情，计算出措施项目费、其他项目费、规费和税金，汇总求和后即得出投标报价。

知识拓展

工程量清单计价模式投标报价的特点

推行工程量清单计价模式的投标报价是适应建设市场运行机制和施工发承包活动的需要，是与国际惯例接轨的必然要求，建设工程招标投标中的工程量清单计价模式与传统的定额计价模式相比有以下几个特点：

（1）采用工程量清单计价，把过去传统的以定额为基础的静态价格模式改变为将各种经济、技术、质量、进度、市场等因素充分细化到单价中的"动态价格"形式，更能反映工程的个别成本。这种"动态价格"形式最终把价格的决定权逐步交给投标人。

（2）采用工程量清单计价，将有利于工程的"质"与"量"紧密结合。

（3）采用工程量清单计价，有利于实现风险的合理分担。

（4）采用工程量清单计价，可以强化工程实施阶段结算与合同价的管理。

（5）采用工程量清单计价可以消除以前标底价给招标投标活动带来的负面影响，促使投标人把主要精力放在加强企业内部管理、考虑市场各种因素及竞争对手中去。

2. 投标报价的编制程序

不论采用何种投标报价模式，一般计算过程是：

（1）计算工程量

工程招标文件中若提供有工程量清单，投标价格计算之前，要对工程量进行校核。若招标文件中没有提供工程量清单，则必须根据图纸计算全部工程量。如招标文件对工程量的计算方法有规定，应按照规定的方法进行计算。

（2）确定单价，计算合价

在投标报价中，计算分部分项工程量以后，就需要确定每一个分部分项工程项目的单价，并按照招标文件中工程量表的格式填写报价，一般是按照分部分项工程量内容和项目名称填写单价与合价。

计算单价时，应将构成分部分项工程的所有费用项目都归入其中。人工、材料、机械费用应该是根据分部分项工程的人工、材料、机械消耗量及其相应的市场价格计算而得。一般来说，承包企业应建立自己的标准价格数据库，并据此计算工程的投标价格。在应用单价数据库针对某一具体工程进行投标报价时，需要对选用的单价进行审核评价与调整，使之符合拟投标工程的实际情况，反映市场价格的变化。

在投标价格编制的各个阶段，投标价格一般以表格的形式进行计算。

（3）确定分包工程费

来自分包人的工程分包费用是投标价格的一个重要组成部分，有时总承包人投标价格中的相当部分来自于分包工程费。因此，在编制投标价格时需要有一个合适的价格来衡量分包人的价格，需要熟悉分包工程的范围，对分包人的能力进行评估。

（4）确定利润

利润指的是承包人的预期利润，确定利润取值的目标是考虑既可以获得最大的利润，又要保证投标价格具有一定的竞争性。投标报价时承包人应根据市场竞争情况确定在该工程上的利润率。

（5）确定风险金

风险金对承包商来说是一个未知数，如果预计的风险没有全部发生，则可能预计的风险金有剩余，这部分剩余和利润加在一起就是盈余；如果风险金估计不足，则由盈利来补贴。在投标时应该根据该工程规模及工程所在地的实际情况，由有经验的专业人员对可能的风险因素进行逐项分析后确定一个比较合理的费用比率。

（6）确定投标价格

如前所述，根据不同报价模式，将所有费用汇总求和后就可以得到工程的投标报价，但是这样计算的工程投标报价还不能作为投标价格，因为计算出来的价格可能重复也可能会漏算，也有可能某些费用的预估有偏差等，因而必须对计算出来的工程投标报价作某些必要的调整。调整投标报价应当建立在对工程盈亏分析的基础上，盈亏预测应用多种方法从多角度进行，找出计算中的问题及分析可以通过采取哪些措施降低成本、增加盈利，从而确定最后的投标报价。工程投标报价的编制程序见图3-4。

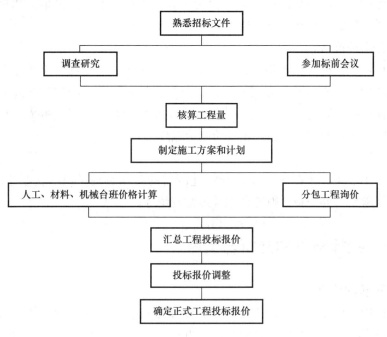

图 3-4　工程投标报价编制程序

知识拓展

企业定额的制订与应用

　　工程量清单计价模式的投标报价，是投标人（施工企业）按照国家有关部门计价的规定和招标文件的有关规定，依据招标人提供的工程量清单、施工设计图纸、施工现场情况、拟定的施工方案、企业定额及市场价格，再考虑风险因素、成本因素、企业发展战略管理等因素的条件下编制的参加项目投标竞争的价格。因此，不同的投标人的投标报价反映了各个企业的个别成本。如果说，政府颁发的消耗量定额是反映社会平均成本，那么企业个别成本只有用企业定额来衡量。

　　企业定额应该是施工企业根据自身的技术专长、施工设备配备情况、材料来源渠道及管理水平等所规定的为完成工程项目所消耗的各种人工、机械、材料和其他费用的标准，它应该包括量、价两部分。企业定额是什么模式，目前全国并没有一个统一标准，实际上也并不需要一个统一的模式，企业定额本身决定了它必须有各个施工企业的特点。

　　要注意企业定额不等同于施工定额。施工定额是以人工、材料、机械台班实物消耗量为编制内容，它的主要作用是企业内部生产管理和经济核算，是消耗量定额编制的基础。企业定额是施工企业生产经营的基础，也是施工企业现代化管理的重要手段。它是施工企业编制投标报价的依据，是编制施工组织设计的依据，也是企业内部核算的依据。

企业定额的制订应考虑以下几部分：

（1）工程消耗量

它应该包括实体消耗量和措施性消耗量两部分。实体消耗量就是构成工程实体的人工、材料、机械的消耗量，其中材料消耗量应该包括施工的材料损耗率，机械消耗量应该考虑机械摊销量。措施性消耗量就是指为保证工程正常施工所采取的措施性消耗，包括模板的选择、配置与周转，脚手架的合理使用与搭拆等。

（2）各种消耗价格

即人工单价、各种材料价格、机械设备价格应该建立详细的价格数据库，如人工单价可按照工种分类，材料可分为实体消耗材料和周转材料。消耗性材料建立市场价格数据库，周转性材料同时建立市场购买价格数据库和市场租赁价格数据库；机械设备也需要建立市场购买价格数据库和市场租赁价格数据库。

（3）各种费用标准

它是为施工准备、组织施工生产和管理所需的各项费用。包括企业管理人员工资、各种基金、保险费、办公费、财务费用、经常费用等。

3.3.3　投标报价的分析与策略

1. 投标报价的分析

对初步报价进行分析的目的是探讨这个初步报价的盈利和风险，从而做出最终报价的决策。在研究投标报价、确定利润时，应当坚持"既能够中标，又有利可图"的原则，既考虑第一次投标成败的得失，同时又应着眼于长远的发展。分析的方法可以从静态分析和动态分析两方面进行。

（1）报价的静态分析

假定初步报价是合理的，应分析报价的各项组成和其合理性。分析步骤如下：

1）分项统计计算书中的汇总数字，并计算其比例指标。以一般房屋建筑工程为例：①统计总建筑面积及各单项建筑物面积；②统计材料费总价及各主要材料数量和分类总价，计算单位面积的总材料费用指标和各主要材料消耗指标和费用指标，计算材料费占报价的比重；③统计劳务费总价及主要工人、辅助工人和管理人员的数量，按报价、工期、建筑面积及统计的工日总数算出单位面积的用工数（生产用工和全员用工数）、单位面积的劳务费。并算出按规定工期完成工程时，生产工人和全员的平均人月产值和人年产值。计算劳务费占总报价的比重；④统计临时工程费用、机械设备使用费、机械设备购置费及模板、脚手架和工具等费用，计算它们占总报价的比重，及分别占购置费的比例（即拟摊入本工程的价值比例）；⑤统计各类管理费汇总数，计算它们占总报价的比重；⑥计算利润、贷款利息的总数和所占比例；如果标价人有意地分别增加了某些风险系数，可以列为潜在利润或隐匿利润提出，以便研讨；⑦统计分包工程的总价及各分包商的分包价，计算其占总报价和承包人自己施工的工程费的比例。

2）分析报价结构的合理性。通过分析各部分报价的比例关系，判断报价的构成是否基本合理。如果发现有不够合理的部分，应该初步探索其原因。首先是研究本工程与其他类似工程是否存在某些不可比因素；如果扣掉不可比因素的影响后，仍然存在报价结构不合理的情况，就应当深入探索其原因，并考虑适当调整某些基价、定额或分摊系数的可能性。

3）探讨工期与报价的关系。根据进度计划与报价，计算出月产值、年产值。如果从承包人的实践经验角度判断这一指标过高或者过低，就应当考虑工期的合理性。从而调整各项报价。

4）分析单位面积价格和用工量、用料量的合理性。参照实施同类工程的经验，如果本工程与用来类比的工程有某些不可比因素，可以扣除不可比因素后进行分析比较；还可以在当地搜索类似工程的资料，排除某些不可比因素后进行分析对比，并探讨本报价的合理性。

5）对明显不合理的报价构成部分进行微观方面的分析。重点是从提高工效、改变实施方案、调整工期、压低供应商和分包商的价格、节约管理费用等方面提出可行措施，并修正初步报价，测算出另一个低报价方案。再结合计算利润和各种潜在利润及投标企业所能承受的风险，根据定量分析方法可以测算出基础最优报价。

6）将原初步报价方案、低报价方案、基础最优报价方案整理成对比分析资料，提交内部的报价决策人或决策小组研讨。

（2）报价的动态分析

报价的动态分析是通过假定某些因素发生变化，测算报价的变化幅度，特别是这些变化对计划利润的影响。

工程建设过程中可能发生的不确定因素引起的风险很多，比如工期延误的影响、物价和工资上涨的影响、贷款利率的变化、政策法规的变化等，都会造成工程项目造价的不正常变动。由于这些不确定性因素的存在，工程项目的造价一般都会有三种不同成分：确定性造价、风险性造价、完全不确定性造价。这三部分不同性质的造价合在一起，就构成了一个工程项目的总造价。这就要求在工程项目的造价管理中必须同时考虑对确定性造价、风险性造价和完全不确定性造价的管理，以实现对于工程项目的全面造价管理。

知识拓展

投标的主要风险来源与防范

1）投标的主要风险来源

要实现对于工程项目风险造价管理，首先要识别一个工程项目中存在的各种风险并且定出风险性造价，其次是要通过控制风险事件的发生与发展，直接或间接地控制工程项目的全风险造价。投标的主要风险来源有：

①政治风险；②经济风险；③技术风险；④公共关系风险；⑤管理风险。

2）承包商可以采用的风险防范措施

工程风险的防范与管理应该是全过程的，针对不同的风险，风险防范措施有：

① 回避风险，包括有：A. 拒绝承担风险；B. 承担小风险躲避大风险；C. 损失利益而回避风险。

② 转移风险，包括有：A. 转移给分包商；B. 购买保险。

③ 自留风险；

④ 利用风险。

2. 投标报价的策略

投标策略是指承包商在投标竞争中的指导思想与系统工作部署及其参与投标竞争的方式和手段。投标策略作为投标取胜的方式、手段和艺术，贯穿于投标竞争的始终。投标策略与投标决策是相互联系的不同的范畴。投标策略贯穿在投标决策之中；投标决策包含对投标策略的选择。投标策略包括报价策略和一些辅助策略，如背景策略、谈判策略等，其中最主要的是投标报价策略。

（1）投标策略的类型

不同类型的承包商所处的环境中的机会与威胁、自身优势和劣势都不相同，因此其投标报价决策选择的策略也会不同。

1）生存型

报价策略是生存型的，投标报价以克服生存危机为目标，争取中标可以不考虑各种利益，只要求为生存渡过难关，以求东山再起。

2）竞争型

报价策略是竞争型的，投标报价以竞争为手段，以开拓市场、低盈利为目标，在精确计算成本的基础上，充分估计各种竞争对手的报价目标，以有竞争力的报价达到中标的目的。当承包商出于以下几种情况可以采取竞争性报价策略：经营状况不景气、近期接受的投标邀请较少、试图打入新的地区、开拓新的工程施工类型、投标项目风险小、施工工艺简单、工程量大、社会效益好的项目和附近有本企业其他正在施工的项目。

3）盈利型

报价策略是盈利型的，投标报价充分发挥自己的优势，以实现最佳盈利为目标，对效益较小的项目热情不高，对盈利大的项目充满信心。如果承包商在该地区已经打开局面、施工能力饱和、信誉度高、竞争对手少，具有技术优势并对业主有较强的名牌效应，投标目标主要是扩大影响，或者施工条件差、难度高、资金支付条件不好，工期质量要求苛刻，为联合伙伴陪标的项目可以采取盈利型报价策略。

（2）投标报价的主要策略

承包商对工程投标报价时，主要应该在先进合理的技术方案和较低的投标价格上下功夫，以争取中标。但是下面还有一些投标技巧对中标有辅助性的作用，分别介绍如下：

1）不同招标项目不同报价法

投标报价时，既要考虑自身的优势和劣势，也要分析招标项目的特点。按照工程项目的不同特点、类别、施工条件等来选择报价策略。

① 遇到如下情况报价可高一些：施工条件差的工程；专业要求高的技术密集型工程，而本公司在这方面又有专长，声望也较高；总价低的小工程，及自己不愿做、又不方便不投标的工程；特殊的工程；工期要求急的工程；投标对手少的工程；支付条件不理想的工程。

② 遇到如下情况报价可低一些：施工条件好的工程；工作简单、工程量大而一般公司都可以做的工程；本公司目前急于打入某一市场、某一地区，或在该地区面临工程结

束，机械设备等无工地转移时；本公司在附近有工程，而本项目又可利用该工程的设备、劳务，或有条件短期内突击完成的工程；投标对手多，竞争激烈的工程；非急需工程；支付条件好的工程。

2）不平衡报价法

不平衡报价法是指一个工程项目的投标报价，在总价基本确定后，如何调整内部各个项目的报价，既不提高总价，不影响中标，又能在结算时得到更理想的经济利益。常见的不平衡报价法见表 3-23。

常见的不平衡报价法　　　　　　　　　　　　　　　　表 3-23

序号	信息类型	变动趋势	不平衡结果
1	资金收入的时间	晚	单价高
		早	单价低
2	工程量估算不准确	增加	单价高
		减少	单价低
3	报价图纸不明确	增加工程量	单价高
		减少工程量	单价低
4	单价和包干混合制的项目	固定包干价格项目	单价高
		单价项目	单价低
5	单价组成分析表	人工费和机械费	单价高
		材料费	单价低
6	议标时业主要求压低单价	工程量大的项目	单价小幅度降低
		工程量小的项目	单价较大幅度降低
7	报单价的项目	有假定的工程量	单价适中
		没有工程量	单价高

采用不平衡报价一定要建立在对工程量仔细研究和对风险的分析基础上，特别是对于报低单价的项目，如果工程量一旦增多将造成承包商的重大损失，同时一定要控制在合理幅度内（一般可在 10% 左右），以免引起业主反感，甚至导致废标。

3）计日工单价报价法

如果是单纯报计日工单价，而且不计入总价中，可以报高些，以便在业主额外用工或使用施工机械时可多盈利。但如果计日工单价要计入总报价时，则需具体分析是否报高价，以免抬高总报价。总之，要分析业主在开工后可能使用的计日工数量，再来确定报价方针。

4）可供选择项目报价法

有些工程项目的分项工程，业主可能要求按某一方案报价，而后再提供几种可供选择方案的比较报价，例如某住房工程的地面釉面砖，工程量表中要求按 25cm×25cm×2cm 的规格报价；另外，还要求投标人用更小规格砖 20cm×20cm×2cm 和更大规格砖 30cm×30cm×3cm 作为可供选择项目报价。投标时，除对几种地面釉面砖调查询价外，还应对当地习惯用砖情况进行调查。对于将来有可能被选择使用的地面砖铺砌应适当提高其报价；对于当地难以供货的某些规格地面砖，可将价格有意抬高得更多一些，以阻挠业主选用。但是，所谓"可供选择项目"并非由承包商任意选择，而是业主才有权进行选择。因此，我们虽然适当提高了可供选择项目的报价，并不意味着肯定可以取得较好的利润，只是提供了一种可能性，一旦业主今后选用，承包商即可得到额外加价的利益。

5）多方案报价法

对于一些招标文件，如果发现工程范围不很明确，条款不清楚或很不公正，或技术规范要求过于苛刻时，则要在充分估计投标风险的基础上，按多方案报价法处理。即按原招标文件报一个价，然后再提出，如某某条款作某些变动，报价可降低多少，由此可报出一个较低的价。这样可以降低总价，吸引业主。

6）增加建议方案报价法

有时招标文件中规定，可以提一个建议方案，即可以修改原设计方案，提出投标者的方案。投标者这时应抓住机会，组织一批有经验的设计和施工工程师，对原招标文件的设计和施工方案仔细研究，提出更为合理的方案以吸引业主，促成自己的方案中标。这种新建议方案可以降低总造价或是缩短工期，或使工程运用更为合理。但要注意对原招标方案一定也要报价。建议方案不要写得太具体，要保留方案的技术关键，防止业主将此方案交给其他承包商。同时要强调的是，建议方案一定要比较成熟，有很好的可操作性。

7）确定分包商报价法

由于现代工程的综合性和复杂性，总承包商不可能将全部工程内容完全独家包揽，特别是有些专业性较强的工程内容，须分包给其他专业工程公司施工，还有些招标项目，业主规定某些工程内容必须由其指定的几家分包商承担。因此，总承包商通常应在投标前先取得分包商的报价，并增加总承包商摊入的一定的管理费，而后作为自己投标总价的一个组成部分一并列入报价单中。应当注意，分包商在投标前可能同意接受总承包商压低其报价的要求，但等到总承包商得标后，他们常以种种理由要求提高分包价格，这将使总承包商处于十分被动的地位。解决的办法是，总承包商在投标前找2、3家分包商分别报价，而后选择其中一家信誉较好、实力较强和报价合理的分包商签订协议，同意该分包商作为本分包工程的唯一合作者，并将分包商的姓名列到投标文件中，但要求该分包商相应地提交投标保函。如果该分包商认为这家总承包商确实有可能中标，其也许愿意接受这一条件。这种把分包商的利益同投标人捆在一起的做法，不但可以防止分包商事后反悔和涨价，还可能迫使分包时报出较合理的价格，以便共同争取中标。

8）无利润报价法

缺乏竞争优势的承包商，在不得已的情况下，只好在报价中根本不考虑利润去夺标。这种办法一般是处于以下条件时采用：

① 有可能在得标后，将大部分工程分包给索价较低的一些分包商；

② 对于分期建设的项目，先以低价获得首期工程，而后赢得机会创造第二期工程中的竞争优势，并在以后的实施中赚得利润；

③ 较长时期内，承包商没有在建的工程项目，如果再不得标，就难以维持生存。因此，虽然本工程无利可图，只要能有一定的管理费维持公司的日常运转，就可设法渡过

暂时的困难，以图将来东山再起。但是以上做法不宜提倡，不利于企业发展，不利于建立正常的建设市场秩序。

课堂活动

简述工程项目施工投标报价的编制方法及编制程序：

目标：加深对投标报价的主要原则与依据内容的认识，熟悉投标报价编制依据的工作内容，并了解目前工程投标报价中采用工程量清单计价模式的方法。

要求：以学习小组为单位，讨论并根据下列问题派代表进行发言。

步骤：

（1）以小组为单位，各小组对投标报价编制依据的工作内容进行小组讨论；

（2）以小组为单位，各小组选取代表对投标报价编制依据的工作内容进行描述；

（3）师生共同对各小组发言进行评价、讨论。

技能拓展

结合小型建设工程项目的工程实例分析该投标报价的编制依据和编制方法。

思考与练习

1. 阐述投标报价的主要原则与依据。

2. 工程量清单计价模式的投标报价由哪些内容构成？

3. 与传统的定额计价模式相比，工程量清单计价模式有哪些特点？

4. 试述工程投标报价的编制程序。

5. 什么是不平衡报价法？常见的不平衡报价法有哪些？

任务 3.4　建设工程施工投标案例

任务描述

本任务是通过案例的展示使学生进一步了解建设工程施工招标文件的投标须知中有关投标须知前附表、投标须知修改表、投标须知通用条款的相关内容。

通过本工作任务的学习，学生能够知道实际工程案例投标文件的各组成部分，能通过阅读与理解实际工程案例的招标文件，会填写投标文件的常规资料。能基本具备编制小型建设工程项目的投标报价及投标文件的能力。

知识构成

案例：广州市某经济联社对某综合楼工程施工总承包公开招标拟选定承包人，现广州某建筑集团有限公司计划参与该工程的投标。以下为相关招标文件及投标文件的相关内容：

某综合楼工程施工总承包

招标文件

招　标　单　位：广州市天河区某经济联社

招标代理单位：广州某工程造价咨询事务所有限公司

日　　　　期：2017 年 ＿＿＿ 月

目　录

第一章　投标须知

一、投标须知前附表

声明：本投标须知前附表使用 GZZB2010-007-1 招标文件范本，与范本不同之处均以下划线标明，所有标明下划线部分属于本表的组成部分，同其他部分具有同样的效力。对范本《投标须知通用条款》和《开标、评标和定标办法通用条款》可选择部分的选择使用，均已在本表中注明，通用条款可选择部分中未被本投标须知前附表选择的部分无效。

项目	条款号	内容	说明与要求
1	1	定义	招标人（即发包人）：广州市天河区某经济联社 项目建设管理单位：/ 招标代理：广州某工程造价咨询事务所有限公司 设计单位：广州市城市规划勘测设计研究院 监理单位：广东某建设工程监理有限公司
2	2.2	工程名称	某综合楼工程施工总承包
3	2.2	建设地点	××××
4	2.2	建设规模	一栋地上 15 层（部分 5、14 层，另设地下室 3 层），总建筑面积 46357m²，其中地上建筑面积 30466m²，地下面积 15891m²（含机动车库建筑面积 11809m²，车位 257 个）。深基坑工程最大开挖深度约 14m。
5	2.2	承包方式	包工、包料、包工期、包质量、包安全、包文明施工。综合单价包干、项目措施费包干
6	2.2	质量标准	符合国家有关施工质量验收标准的合格工程
7	2.2	招标范围	按招标文件、招标图纸及有关资料及说明，承包具体内容如下（包括但不限于）：基坑支护、土方、地基与基础、主体结构、建筑装饰装修、建筑屋面、建筑给水、排水及暖通、建筑电气、动力、节能分部、红线范围内配套的市政道路及给水排水工程、园林绿化等基础配套设施
8	2.2	工期要求	年　　月　　日计划开工，施工总期：720 日历天
9	3.1	资金来源	自筹
10	4.1	投标人资质等级及项目负责人等级要求	详见本工程招标公告
11		资格审查方式	详见本工程招标公告
12	13.1	报价以及单价和总价计算方式	工程量清单计价。纳入年度审计项目计划的政府投资项目，审计机关出具的审计结果应当作为该政府投资项目价款结算的依据（适用于纳入年度审计项目计划的项目）
13	15.1	投标有效期	90 日历天（从投标截止之日计起）
14	16.1	投标担保	10 万元人民币投标保证金，缴纳时间在投标截止时间之前。投标人可缴纳年度投标保证金；也可缴纳单个项目投标保证金
15	5	踏勘现场	投标人在发标会后参加招标人组织的现场踏勘
16	8	投标答疑	疑问提交时间：2017 年　　月　　日12 时00 分前，传真电话：020-8332××× 答疑时间：2017 年　　月　　日时分。 地点：广州建设工程交易中心，具体地点另行通知。 答疑须经招标投标监管机构备案后，方可在交易中心网站发布。 答疑会前一个工作日12：00 时前，须提交答疑问题的电子文件至招标代理的电子邮箱：JCZXGZ@126.com。 答疑问题原件须在答疑会上递交给招标代理单位

续表

项目	条款号	内容	说明与要求
17	11	投标文件的组成	组成二（不要求编制技术标书）
18	17.1	投标文件份数	办法二（不要求编制技术标）： 不要求编制技术标投标文件，经济标投标文件：1 份正本（含经济标报价套价软件版、XML 版和 Microsoft Excel 软件版等电子文件一套），4 份副本。独自分开的封包数共为 2 包。 （中标单位中标后向招标人提供 5 份书面版投标文件的单价分析；提供 4 份经济标书面版投标文件（含单价分析）及 1 张经济标报价套价软件版、XML 版和 Microsoft Excel 软件版电子文件光盘）
19	19.1	投标文件提交及截止地点和时间	收件人：　广州市天河区某经济联社 地点：广州建设工程交易中心，具体地点另行通知 开始接收投标文件时间：2017 年　月　日　时　分 截止时间：2017 年　月　日　时　分
20	20.1	开标开始时间	方式二（不要求编制技术标，或采用综合评估法技术标与经济标同时开启）： 开标开始时间：2017 年　月　日　时　分，地点：广州建设工程交易中心室
21	26	开标评标办法	办法二（平均值评标法，不要求编制技术标的）
22	29.1	履约担保	方式一：中标人提供的履约保证金为中标价款的10%
23		招标控制价	本项目招标控制价为人民币×××× 元，其中安全文明施工费为××× ×× 元，渣土运输与排放费为×××× 元，投标价超过招标控制价的投标文件将被拒绝
24		保修期	按照《建设工程质量管理条例》规定
25		评标参考价的下浮率	计算评标参考价的下浮率 X 从 0、0.5%、1%、1.5%、2%、2.5%、3%中通过摇珠机随机抽取
26		评标委员会人数	组成人数：标书的评审由综合评标委员会负责，该评标委员会由　5　人组成，综合评标委员会可全部由经济评委组成
27		企业综合诚信评价排名计分	本项目的企业综合诚信评价排名得分，以施工-房建排名为准。①同一资质组成联合体投标的，企业综合诚信评价排名得分以组成联合体各成员的企业综合诚信评价排名得分的平均值计算；②同时具有招标要求专业资质的投标人，专业企业综合诚信评价排名得分以其承接该工程所需专业的最高分为准；③采用专业企业资质进行招标的，如属8 个专业综合诚信排名（地基与基础工程专业、建筑幕墙专业、建筑智能化专业、建筑装饰装修专业、桥梁工程专业、消防设施工程专业、城市及道路照明工程专业、机电安装工程施工企业）之内的专业承包企业，分别按照相应的专业综合诚信排名分数计算投标人得分；如无专业诚信排名的，计算其施工企业排名
28	13.4、13.5.2	合同价款的调整办法	按合同专用条款的约定调整

注：企业综合诚信评价排名得分即企业综合诚信评价 60 日诚信分，以下同。

二、投标须知修改表

声明：本投标须知使用 GZZB2010-007-1 招标文件范本的投标须知通用条款，与该通用条款不同之处，均在本表中列明，并以现文为准，原文不再有效。本招标文件中不再转录投标须知通用条款，请投标人自行到广州市建设工程招标管理办公室网站（网址：http://www.gzzbb.gz.cn）下载查阅。

条款号：11.2.10　修改类型：增加

现文：11.2.10 联合体工作协议书（适用于以联合体投标的需要递交）。

条款号：31.2　修改类型：增加

现文：根据《建设工程质量检测管理办法》（建设部令第 141 号）第十二条规定，建设工程质量、安全检测业务应由建设单位依法委托，不列入本次招标范围。招标文件中与此条不一致的，以此条为准。

条款号：　　　　修改类型：删除

原文：＿＿＿＿＿＿＿＿＿＿＿＿＿＿＿＿＿＿＿＿＿＿＿＿

条款号：11.2.5……11.2.7　　修改类型：修改

原文：11.2.5 工程量清单计价表。工程量清单的组成、编制、计价、格式、项目编码、项目名称、工程内容、计量单位和工程量计算规则按照招标人给出的工程量清单及中华人民共和国国家标准《建设工程工程量清单计价规范》GB 50500—2013 及广东省相关定额及清单规范执行。

（1）投标报价说明；

（2）工程量清单报价表（渣土运输与排放费用按招标文件规定单列，并且不得浮动或改变）；其中列表明细如下：

√工程总价；

√编制说明；

√工程概况；

√工程项目投标价汇总表；

√单项工程投标价汇总表；

√单位工程投标价汇总表；

√分部分项工程报价表；

√措施项目清单与计价表（一）；

√措施项目清单与计价表（二）；

√其他项目清单与计价表；

√暂列金额明细表；

√材料设备暂估价明细表；

√专业工程暂估价明细表；

√计日工计价表；

√总承包服务计价表；

√规费和税金项目计算表；

√人工、主要材料设备、机械台班价格表。

（3）综合单价分析表

11.2.6 电子文件，包括用 Microsoft Excel 软件或广州市建设工程交易中心提供的投标书制作软件制作的工程量清单报价表和单价分析表，用 Microsoft Word 软件或广州市建设工程交易中心提供的投标书制作软件制作的投标文件其他部分。电子文件介质使用 CD-R 光盘，所有电子文件不能采用压缩处理。其内容应与投标人打印产生的纸质投标文件内容一致，如有不同，以纸质投标文件为准。

11.2.7 响应招标文件所附施工组织设计要点或施工方案的承诺书。

现文：11.2.5 工程量清单计价表。工程量清单的组成、编制、计价、格式、项目编码、项目名称、工程内容、计量单位和工程量计算规则按照招标人给出的工程量清单及中华人民共和国国家标准《建设工程工程量清单计价规范》GB 50500—2013 及广东省相关定额及清单规范执行。

（1）投标报价说明；

（2）工程量清单报价表（余泥渣土运输与排放费用按招标文件规定单列，并且不得浮动或改变）；其中列表明细如下：

√工程总价；

√编制说明；

√工程概况；

√工程项目投标价汇总表；

√单项工程投标价汇总表；

√单位工程投标价汇总表；

√分部分项工程报价表；

√措施项目清单与计价表（一）；

√措施项目清单与计价表（二）；

√其他项目清单与计价表；

√暂列金额明细表；

√材料设备暂估价明细表；

√专业工程暂估价明细表；

√计日工计价表；

√总承包服务计价表；

√规费和税金项目计算表；

√人工、主要材料设备、机械台班价格表。

（3）综合单价分析表。（投标时无需提供综合单价分析表书面版，但需提供综合单价分析表软件版和 Microsoft Excel 软件版的光盘，中标人在中标通知书发出之日起三天内，向招标人提供与电子文件完全一致的书面的综合单价分析表，份数与投标文件一致）。

11.2.6 电子文件，包括用 Microsoft Excel 软件或广州市建设工程交易中心提供的投标书制作软件制作的工程量清单报价表和单价分析表，用 Microsoft Word 软件或广州市建设工程交易中心提供的投标书制作软件制作的投标文件其他部分。电子文件介质使用 CD-R 光盘，所有电子文件不能采用压缩处理。其内容应与投标人打印产生的纸质投标文件内容一致，如有不同，以纸质投标文件为准。（含经济标报价的套价软件版、XML 版和 Microsoft Excel 软件版等）

11.2.7 响应招标文件所附施工组织设计要点或施工方案的承诺书。（按附件三格式）

条款号：18.1.1　　　修改类型：修改

原文：经济标投标文件正本（1 本）、经济标电子文件光盘（先独自封好）一起包封为一包；

现文：经济标投标文件正本（1本）、经济标电子文件光盘（含计价软件版、XML版和 Microsoft Excel 软件版电子文件，先独自封好）一起包封为一包；

条款号：19.1　　　　修改类型：修改

原文：投标人代表应按投标须知前附表第19项所规定的时间和地点向招标人提交投标文件，投标人代表应由投标人法定代表人或法定代表人书面授权的委托代理人担任。法定代表人应凭本人身份证和法定代表人证明书原件提交投标文件，委托代理人应凭本人身份证、法定代表人证明书原件和法定代表人授权委托证明书原件提交投标文件。

现文：投标人代表应按投标须知前附表第19项所规定的时间和地点向招标人提交投标文件，投标人代表应由投标人法定代表人或法定代表人书面授权的委托代理人担任。法定代表人应凭本人身份证和法定代表人证明书原件和投标保证金收据原件（或有效企业年度投标保证金收据原件）提交投标文件，委托代理人应凭本人身份证、法定代表人证明书原件、投标保证金收据原件（或有效企业年度投标保证金收据原件）和法定代表人授权委托证明书原件提交投标文件。

注：以上修改，仅限于本范本中有可供选择条款的情形。

（以下无正文）

三、投标须知通用条款

（一）总则

1. 定义

本招标文件使用的下列词语具有如下规定的意义：

（1）"招标人"（即发包人）、"项目建设管理单位"（或称"项目代建单位"）、"招标代理"、"设计单位"、"监理单位"均已在投标须知前附表中列明。

（2）"投标人"指向招标人提交投标文件的当事人。

（3）"承包人"指其投标被招标人接受并与其签订承包合同的当事人。

（4）"招标文件"指由招标代理发出的本文件（包括全部章节、附件）及招标答疑会会议纪要和招标文件的澄清与修改文件。

（5）"投标文件"指投标人根据本项目招标文件向招标人提交的全部文件。

（6）"书面文件"指打字或印刷的文件，包括电传、电报和传真。

2. 招标说明

2.1　本招标工程项目按照《中华人民共和国招标投标法》等有关法律、行政法规、规章和规范性文件，通过招标方式选定承包人。

2.2　工程名称、建设地点、建设规模、承包方式、质量标准、招标范围、工期要求等均在投标须知前附表中列明。

2.3　设计说明：详见招标图纸。

2.4　工程施工特点：详见招标图纸。

3. 资金来源

3.1　本招标工程项目资金来源见投标须知前附表第9项。

4. 合格投标人的条件

4.1　详见本项目招标公告。

5. 踏勘现场

5.1　投标人应按本投标须知前附表第 15 项所述时间和要求对工程现场及周围环境进行踏勘，投标人应充分重视和仔细地进行这种考察，以便投标人获取那些须投标人自己负责的有关编制投标文件和签署合同所涉及现场所有的资料。一旦中标，这种考察即被认为其结果已在中标文件中得到充分反映。考察现场的费用由投标人自己承担。

5.2　招标人向投标人提供的有关现场的数据和资料，是招标人现有的能被投标人利用的资料，招标人对投标人做出的任何推论、理解和结论均不负责任。

5.3　经招标人允许，投标人可为踏勘目的进入招标人的项目现场。在考察过程中，投标人及其代表必须承担那些进入现场后，由于他们的行为所造成的人身伤害（不管是否致命）、财产损失或损坏，及其他任何原因造成的损失、损坏或费用，投标人不得因此使招标人承担有关的责任和蒙受损失。

6. 投标费用

6.1　不论投标结果如何，投标人应承担自身因投标文件编制、递交及其他参加本招标活动所涉及的一切费用，招标人对上述费用不负任何责任。

（二）招标文件

7. 招标文件的组成

7.1　本招标文件包括下列文件，及所有按本须知第 8 条发出的招标答疑会会议纪要和按本须知第 9 条发出的澄清或修改：

第一章　投标须知

第二章　开标、评标及定标办法

第三章　合同条款

第四章　投标文件格式

第五章　技术条件（工程建设标准）（另册）

第六章　图纸及勘察资料（另册）

第七章　工程量清单（另册）

第八章　招标控制价

（三）投标文件的编制

10. 投标文件的语言及度量衡单位

10.1　投标文件和与投标有关的所有文件均应使用中文。

10.2　除工程规范另有规定外，投标文件使用的度量衡单位，均采用中华人民共和国法定计量单位。

11. 投标文件的组成

投标文件采用以下何种组成方式在投标须知前附表第 17 项列明。

可选择组成二（适合不要求编制技术标书的情形）。

11.1　投标文件只包含经济标投标文件。

11.2　投标文件主要包括下列内容（除注明原件外，均为复印件即可）：

11.2.1　经济标投标书（按招标文件的要求填写）。

11.2.2　企业资质证书、营业执照。

11.2.3 法人代表证明书、法人代表签署的本投标文件授权委托证明书。

11.2.4 余泥渣土运输与排放方案。应包含以下内容：

(1) 施工总承包单位的专职安全员兼任工地的余泥渣土运输与排放管理员（适用于施工总承包招标项目）或施工专业承包单位的专职安全员兼任工地的余泥渣土运输与排放管理员（适用于施工专业承包招标且没有施工总承包单位的项目）；

(2)《施工总承包单位安全总责承诺书》（适用于施工总承包招标项目）或遵守《施工总承包单位安全总责承诺书》的承诺书（适用于有施工总承包单位的施工专业承包招标项目）。相关承诺书须包含以下内容：严格遵守建设工程余泥渣土运输与排放管理制度，执行"一不准进、三不准出"规定。选择合法的余泥渣土运输单位及排放点。承诺如违反建设工程余泥渣土运输与排放管理制度，将自愿接受：通报批评，记录不良行为，列入黑名单，并暂停责任企业投标报名一年，对责任项目负责人暂停投标报名二年。多次违规的，暂停投标报名二至三年，并提请资质审批部门降低或吊销企业资质、项目经理的建造师从业资格和专职安全员安全培训考核证书。

11.2.5 工程量清单计价表。工程量清单的组成、编制、计价、格式、项目编码、项目名称、工程内容、计量单位和工程量计算规则按照招标人给出的工程量清单及中华人民共和国国家标准《建设工程工程量清单计价规范》GB 50500—2013 及广东省相关定额及清单规范执行。

(1) 投标报价说明；

(2) 工程量清单报价表（余泥渣土运输与排放费用按招标文件规定单列，并且不得浮动或改变）；其中列表明细如下：

√ 工程总价；

√ 编制说明；

√ 工程概况；

√ 工程项目投标价汇总表；

√ 单项工程投标价汇总表；

√ 单位工程投标价汇总表；

√ 分部分项工程报价表；

√ 措施项目清单与计价表（一）；

√ 措施项目清单与计价表（二）；

√ 其他项目清单与计价表；

√ 暂列金额明细表；

√ 材料设备暂估价明细表；

√ 专业工程暂估价明细表；

√ 计日工计价表；

√ 总承包服务计价表；

√ 规费和税金项目计算表；

√ 人工、主要材料设备、机械台班价格表。

(3) 综合单价分析表（投标时无需提供综合单价分析表书面版，但需提供综合单价分析表软件版和 Microsoft Excel 软件版的光盘，中标人在中标通知书发出之日起三天内，向招标人提供与电子文件完全一致的书面的综合单价分析表，份数与投标文件一致）。

11.2.6　电子文件，包括用 Microsoft Excel 软件或广州市建设工程交易中心提供的投标书制作软件制作的工程量清单报价表和单价分析表，用 Microsoft Word 软件或广州市建设工程交易中心提供的投标书制作软件制作的投标文件其他部分。电子文件介质使用 CD-R 光盘，所有电子文件不能采用压缩处理。其内容应与投标人打印产生的纸质投标文件内容一致，如有不同，以纸质投标文件为准。（含经济标报价的套价软件版、XML 版和 Microsoft Excel 软件版等）

11.2.7　响应招标文件所附施工组织设计要点或施工方案的承诺书。（按附件三格式）

11.2.8　其他辅助说明资料。

11.2.9　按照招标文件要求填写的《参与编制经济标投标文件人员名单》。

11.2.10　联合体工作协议书（适用于以联合体投标的需要递交）。

12. 投标文件格式

12.1　投标文件包括本须知第 11 条中规定的内容，投标人提交的投标文件应当使用招标文件所提供的投标文件全部格式（表格可以按同样格式扩展）。

13. 投标报价及造价承包和变更结算方式

13.1　本工程的投标报价采用投标须知前附表第 12 项所规定的方式。

13.2　招标人按照招标图纸制定工程量清单，该清单载于本招标文件第七章中，投标人按照招标人提供的工程量清单中列出的工程项目和工程量填报单价和合价。每一项目只允许有一个报价。任何有选择的报价将不予接受。投标人未填报单价或合价的工程项目，视为完成该工程项目所需费用已包含在其他有价款的竞争性报价内，在实施后，招标人将不予支付。

13.3　投标人的投标报价，应是按照投标须知前附表第 8 项的工期要求，在投标须知前附表第 3 项的建设地点，完成投标须知前附表第 7 项的招标范围内已由招标人制定的工程量清单列明工作的全部费用，包括但不限于完成工作的成本、利润、税金、技术措施费、大型机械进出场费、风险费及政策性文件规定费用等，不得以任何理由予以重复计算。招标人提供的工程量清单或招标文件其他部分中有关规费、暂列金额、暂估价、安全文明施工费等非竞争性项目明列了单价或合价的金额的，投标人应按照明列的单价或合价的金额报价，未按照规定金额报价的，由评标委员会按照招标文件规定的金额进行修正。

13.4　投标人一旦中标，投标人对招标人提供的工程量清单中列出的工程项目所报出的综合单价和措施项目费（措施项目费必须单列，没有单独列出的，视为已经包含在投标报价中），在工程结算时将不得变更，即在施工过程中即使工程量清单项目的工程量发生变更，中标投标文件列出的综合单价和措施项目费也不发生改变。但施工招标项目工期超过 12 个月的，招标人应在招标文件及合同中明确在人工、材料、设备或机械台班市场价格发生异常变动情况时合同价款的调整办法。调整原则按照《广州市建设工程招标投标管理办法》第二十四条的规定。

13.5　工程项目实施期间和结算时，招标文件工程量清单中漏列而由监理单位和招标人现场签证确认的工程项目、原设计没有而由招标人批准设计变更产生的工程项目，视为新增项目，按以下顺序确定价格：

13.5.1 中标的投标文件工程量清单中已有相同项目的适用综合单价，则沿用；

13.5.2 中标的投标文件工程量清单中已有类似项目的综合单价，则按类似项目的综合单价对相应子目、消耗量、单价等进行调整换算，原管理费、利润水平不变。如中标的投标文件工程量清单中类似项目的综合单价有两个以上，则由招标人按消耗量最少、管理费和利润取费最低的优先顺序选择类似项目综合单价进行换算。如换算时出现类似项目中没有的材料单价，按广州市造价管理站同期《广州地区建设工程常用材料综合价格》计算，《广州地区建设工程常用材料综合价格》没有的材料单价，由招标人在招标文件中依法确定计价方式。

13.5.3 中标的投标文件工程量清单中没有相同项目或类似项目的，如可套取相关定额，则以相关定额为基数下浮计算单价，下浮率为中标价相对于招标控制价的下浮率（下浮率＝（招标控制价－中标价）／招标控制价）。

13.5.4 如相关定额没有相应子目的，其计价方式由招标人在本招标文件第三章中另行规定。未规定的，中标后双方协商约定。

13.6 暂列金额、暂估价

13.6.1 暂列金额指招标人在工程量清单中暂定并包括在合同价款中的一笔款项。用于施工合同签订时尚未确定或者不可预见的所需材料、设备、服务的采购，施工中可能发生的工程量变更、合同约定调整因素出现时的工程价款调整以及发生的索赔、现场签证等费用。

暂估价是指招标人在工程量清单中提供的用于支付必然发生但暂时不能确定价格的材料的单价以及专业工程的金额。

13.6.2 在工程实施中，暂列金额、暂估价所包含的工作范围和图纸、标准深化固定后，按照工程专业、设备、材料类别等分类汇总的金额，达到法定招标范围标准的，应由招标人同中标人联合招标，确定承包人和承包价格。

13.6.3 在工程实施中，暂列金额、暂估价所包含的工作范围和图纸、标准深化固定后，按照工程专业、设备、材料类别等分类汇总的金额，未达到法定招标范围标准但适用政府采购规定的，应按照政府采购规定确定承包人和承包价格。

13.6.4 在工程实施中，暂列金额、暂估价所包含的工作范围和图纸、标准深化固定后，按照工程专业、设备、材料类别等分类汇总的金额，未达到法定招标范围标准也不适用政府采购规定，承包人有法定的承包资格的，由承包人承包，承包人无法定的承包资格但有法定的分包权的，由承包人分包，招标人同承包人结算的价格按本投标须知13.5款规定确定。

13.6.5 在工程实施中，暂列金额、暂估价所包含的工作范围和图纸、标准深化固定后，按照工程专业、设备、材料类别等分类汇总的金额，未达到法定招标范围标准也不适用政府采购规定，承包人既无法定的承包资格又无法定的分包权的，由招标人另行发包。

13.6.6 在工程实施中，暂列金额、暂估价所包含的工作范围由其他承包人承包的，纳入本项目承包人的管理和协调范围，由其他承包人向本项目承包人承担质量、安全、文明施工、工期责任，本项目承包人向招标人承担责任。投标人应当充分考虑此项管理和协调所发生的费用，并将其纳入招标人提供的工程量清单中的适当项目报价中。招标人将视为此项管理和协调所发生的费用已包含在其他有价款的竞争性报价内，在实施后，招标人将不予支付。

13.7　投标人可先到工地踏勘以充分了解工地位置、情况、道路、储存空间、装卸限制及任何其他足以影响承包价的情况，任何因忽视或误解工地情况而导致的索赔或工期延长申请将不被批准。

13.8　属于承包人自行采购的主要材料、设备，招标人应当在招标文件中提出材料、设备的技术标准或者质量要求，或者以事先公开征集的方式提出不少于3个同等档次品牌或分包商供投标人报价时选择，凡招标人在招标文件中提出参考品牌的，必须在参考品牌后面加上"或相当于"字样。投标人在投标文件中应明确所选用主要材料、设备的品牌、厂家及质量等级，并且应当符合招标文件的要求。

13.9　施工期一年以上的工程，招标人应在招标文件及合同中明确招标工程的主要材料（如钢材、水泥、铜材、沥青等）市场价格发生异常变动时，合同价款的调整办法；并明确主要材料的名称、材料价格变动时限、幅度及相应的合同价款调整方法。

13.10　纳入年度审计项目计划的政府投资项目，审计机关出具的审计结果应当作为该政府投资项目价款结算的依据（适用于纳入年度审计项目计划的项目）。

14. 投标货币

14.1　本工程投标报价采用的币种为人民币。

15. 投标有效期

15.1　投标有效期见投标须知前附表第13项所规定的期限，在此期限内，凡符合本招标文件要求的投标文件均保持有效。

15.2　在特殊情况下，招标人在原定投标有效期内，可以根据需要以书面形式向投标人提出延长投标有效期的要求，对此要求投标人须以书面形式予以答复。投标人可以拒绝招标人这种要求，而不被没收投标担保。同意延长投标有效期的投标人既不能要求也不允许修改其投标文件，但需要相应的延长投标担保的有效期，在延长的投标有效期内，本须知第16条关于投标担保的退还与没收的规定仍然适用。

16. 投标担保

16.1　投标人应按投标须知前附表第14项所述金额和时间，向广州建设工程交易中心递交投标保证金，其他有关递交事宜，请自行咨询广州建设工程交易中心。

16.2　开标时投标人没有按要求提供投标担保的，其投标文件不予开启并由招标人作废标处理。

16.3　未中标的投标担保将尽快退还（不计算利息），最迟不超过招标人与中标人签订合同后的5个工作日。

16.4　中标人的投标担保，在签署合同并按要求提供了履约担保后予以退还（不计算利息）。

16.5　如有下列情况之一的，将没收投标担保：

16.5.1 投标人在投标有效期内撤回投标标书；

16.5.2 中标人未能在规定期限内按要求提交履约担保；

16.5.3 中标人未能在规定期限内签署合同协议。

17. 投标文件的份数和签署

17.1 投标人应按投标须知前附表第 18 项规定的份数提交投标文件。

17.2 投标文件的正本需打印，副本需打印或复印，并应在投标文件封面的右上角清楚地注明"正本"或"副本"。正本和副本如有不一致之处，以正本为准。

17.3 各册独立装订的投标书封面必须加盖投标人单位法定印章并经投标人代表签署。投标人代表可由法定代表人或其委托代理人担任。由委托代理人签署的投标文件中，须同时提交由法定代表人签署的有效的授权委托书。

17.4 如投标文件有修改，修改处应由投标人代表签署并加盖单位法定印章。

17.5 投标文件的规格：统一 A4 印刷本，纸质封面，封面标明文件题名、投标人单位名称、编制时间，右上角标明正本（或副本），使用书式装订。

17.6 投标人投标递交印刷的投标文件时，同时递交内容与投标人打印产生的纸质投标文件一致的电子文件光盘一套。

（四）投标文件的提交

18. 投标文件的包封、密封和标志

18.1 投标文件的包封要求：投标人应按以下规定分别独立包封投标文件，独自分开的封包数列于投标须知前附表第 18 项：

18.1.1 经济标投标文件正本（1 本）、经济标电子文件光盘（含计价软件版、XML版和 Microsoft Excel 软件版电子文件，先独自封好）一起包封为一包。

18.1.2 经济标投标文件所有副本一起包封为一包。

18.1.3 本投标须知前附表第 17 项要求编制技术标书的，技术标投标文件正本（1 本）、技术标电子文件（先独自包好）一起包封为一包。

18.1.4 本投标须知前附表第 17 项要求编制技术标书的，技术标投标文件所有副本一起包封为一包。

18.2 投标文件的密封要求：投标人应确保投标文件密闭封装，外包装材料不应留有可在包封后添加或抽取投标文件的空隙。

18.3 投标文件的标志要求：每个包上应具有以下标志（中括号中内容已在本投标须知前附表中列明，由投标人自行填入）：

18.3.1 招标人的名称；

18.3.2 "［工程名称］项目［技术或经济］标投标文件［正本或副本］"字样、投标人名称及加盖投标人公章。

18.4 接收投标文件时，如果包封上没有按上述规定密封或加写标志，招标人予以拒绝，并退还给投标人。

19. 投标文件的提交和接收

19.1 投标人代表应按投标须知前附表第 19 项所规定的时间和地点向招标人提交投标文件，投标人代表应由投标人法定代表人或法定代表人书面授权的委托代理人担任。

法定代表人应凭本人身份证和法定代表人证明书原件和投标保证金收据原件（或有效企业年度投标保证金收据原件）提交投标文件，委托代理人应凭本人身份证、法定代表人证明书原件和法定代表人授权委托证明书原件、投标保证金收据原件（或有效企业年度投标保证金收据原件）提交投标文件。

19.2　若出现以下情况，招标人将拒绝接收投标文件：

19.2.1　在投标截止期后逾期或未在指定地点递交投标文件的。

19.2.2　投标文件未按招标文件要求密封和标志的。

19.2.3　投标人代表未准时出席技术标开标会或未按要求签到的。

19.2.4　在投标截止期前，法定代表人提交投标文件，未同时提交本人身份证和法定代表人证明书原件，或委托代理人提交投标文件，未同时提交本人身份证、法定代表人证明书原件和法定代表人授权委托证明书原件的。

19.2.5　开标时投标人没有按要求提供投标担保的。

19.2.6　开标开始时间（具体见投标须知前附表第20.1款）前两小时（含开标开始时间），项目负责人须到广州建设工程交易中心事先确定的开标室凭身份证签到。项目负责人凡未凭身份证按时到达开标室的或签到的项目负责人与报名时不一致的，其投标文件由招标人作废标处理。

19.3　投标截止前，招标人拒绝接收符合条件的投标文件，投标人可向招标监督机构投诉。

19.4　如技术标和经济标先后分别开启，经济标投标文件将按机密件集中封存在广州建设工程交易中心封标室里，在经济标开标前，在广州建设工程交易中心见证下，再由招标人或招标代理取出。

20.投标文件提交的截止时间

20.1　投标人应在投标须知前附表第20项所述的时间前提交投标文件。

20.2　招标人可按本须知第9条规定以招标文件修改的方式，酌情延长提交投标文件的截止时间。在此情况下，投标人的所有权利和义务以及投标人受制约的截止时间，均以延长后新的投标截止时间为准。

20.3　到投标截止时间止，招标人收到的投标文件少于3家的，招标人将依法重新组织招标。

21.迟交的投标文件

21.1　招标人在本须知前附表第19项规定的投标截止时间以后收到的投标文件，将被拒绝并退回给投标人。

22.投标文件的补充、修改与撤回

22.1　投标人在提交投标文件以后，在规定的投标截止时间之前，可以以书面形式补充、修改已提交的投标文件，或以书面形式通知招标人撤回已提交的投标文件。补充、修改的内容为投标文件的组成部分。

22.2　投标人对投标文件的补充、修改，应按本须知第18条有关规定密封和标记，按本须知第19条有关规定提交，并在投标文件密封袋上清楚标明"补充、修改"字样。

22.3　在投标截止时间之后，投标人不得补充、修改和更换投标文件。

22.4 在投标截止后，投标人在投标文件格式中规定的有效期终止日前，投标人不能撤回投标文件，否则其投标担保将被没收，且招标人有权就其撤回行为报告政府主管部门载入不良信用记录。

四、投标文件格式

注：本章由招标人自行制定。

附件一

广州建设工程施工招标投标书

工程名称		
投标总报价（元）	大写：	
	小写：	
其中：人工费（元）	大写：	
	小写：	
其中：安全文明施工费（元）	大写：	
	小写：	
其中：余泥渣土运输与排放费（元）	大写：	
	小写：	
投标总工期		
工程质量标准		
保修期限		
委派的项目负责人	姓名	
	建造师的注册编号或小型项目负责人的证书编号	
委派的安全员	姓名	
	安全生产考核合格证（C类）编号	

附件二

参与编制经济标投标文件人员名单：

标书编制人员名单

投标单位名称				
姓名	职务	所承担工作	身份证号码	本人签名栏

注：参与编制标书所有人员名单应包括如编制各种专业工程量清单投标报价、负责清样校对、负责打印及复印等所有人员在内的人员名单。

附件三

响应招标文件所附施工组织设计要点承诺书

_____（招标人）：

我方承诺，如中标承建_____（项目名称），将按招标文件所附的本工程施工组织设计要点进行响应的基础上自行组织施工。并承诺在中标后按招标文件所附的施工组织设计要点基础上编制详细的施工组织设计，并报经监理单位和建设单位审批后实施。

投标人名称（盖法人公章）：

法定代表人或授权委托人（签字或盖章）：

日期： 年 月 日

正 本

某工程施工总承包

经济标投标文件

投 标 人：广州某建筑集团有限公司（盖章）

法定代表人或被授权代表：

日 期：二〇一七年三月十八日

目 录

广州建设工程施工招标投标书

工程名称	某综合楼工程施工总承包	
投标总报价（元）	大写：贰亿叁仟肆佰零叁万玖仟零壹拾叁元贰角捌分	
	小写：234039013.28	
其中：人工费（元）	大写：叁仟肆佰壹拾玖万零贰拾元整	
	小写：34190020.00	
其中：安全文明施工费（元）	大写：捌佰叁拾万肆仟伍佰壹拾柒元壹角	
	小写：8304517.10	
其中：余泥渣土运输与排放费（元）	大写：捌佰壹拾万伍仟柒佰零捌元伍角叁分	
	小写：8105708.53	
投标总工期	750 日历天	
工程质量标准	验收标准按国家颁发的《建筑工程施工质量验收统一标准》GB 50300—2013 执行，必须达到新竣工备案制的合格标准	
保修期限	按照《建设工程质量管理条例》规定	
委派的项目负责人	姓名	××××
	建造师的注册编号或小型项目负责人的证书编号	粤 144000800××××
委派的安全员	姓名	××××
	安全生产考核合格证（C 类）编号	粤建安 C（2016）0002××××

附件四

余泥渣土运输与排放方案

一、施工总承包单位的专职安全员兼任工地的余泥渣土运输与排放管理员

本工程拟安排专职安全员××××兼任工地的余泥渣土运输与排放管理员。

二、《施工总承包单位安全总责承诺书》

我司郑重承诺如下：

本项目实施期间，我司承诺严格遵守建设工程余泥渣土运输与排放管理制度，执行"一不准进、三不准出"规定。选择合法的余泥渣土运输单位及排放点。承诺如违反建设工程余泥渣土运输与排放管理制度，将自愿接受：通报批评，记录不良行为，列入黑名单，并暂停责任企业投标报名一年，对责任项目负责人暂停投标报名二年。多次违规的，暂停投标报名二至三年，并提请资质审批部门降低或吊销企业资质、项目经理的建造师从业资格和专职安全员安全培训考核证书。

特此承诺。

投标人：广州某建筑集团有限公司（盖章）

日　　期：二〇一七年三月十八日

附件五

投标报价说明

1. 本投标报价依据招标人提供的招标文件、工程量清单、招标图纸、答疑纪要等规定和要求编制。

2. 计价参考套用《建设工程工程量清单计价规范》GB 50500—2013、《广东省建设工程计价通则》(2010)、《广东省建筑与装饰工程综合定额》(2010)、《广东省安装工程综合定额》(2010)、《广东省园林绿化工程综合定额》(2010)。

3. 材料价格参照 2016 年第四季度广州地区建设工程常用材料（设备）厂商价格信息及市场价格。

广州某建筑集团有限公司

2017 年 3 月 18 日

附件六

工程总价

招　　标　　人：	广州市天河区某经济联社
工　程　名　称：	某工程施工总承包
投标总价(小写)：	234039013.28 元
(大写)：	贰亿叁仟肆佰零叁万玖仟零壹拾叁元贰角捌分
投　　标　　人：	广州某建筑集团有限公司
	（单位盖章）
法定代表人	
或　其　授　权　人：	（签字盖章）
编　制　时　间：	2017 年 3 月 18 日

编制说明

1. 本投标报价是依据招标人提供的招标文件、工程量清单、招标图纸、答疑纪要等规定和要求编制的。

2. 计价参考套用《建设工程工程量清单计价规范》GB 50500—2013、《广东省建设工程计价通则》(2010)、《广东省建筑与装饰工程综合定额》(2010)、《广东省安装工程综合定额》(2010)、《广东省园林绿化工程综合定额》(2010)。

3. 材料价格参照 2016 年第四季度广州地区建设工程常用材料（设备）厂商价格信息及市场价格。

广州某建筑集团有限公司

2017 年 3 月 18 日

工程概况

工程名称	某工程施工总承包
建设地点	××××
建设规模	一栋地上 15 层（部分 5、14 层，另设地下室 3 层），总建筑面积 46357m²，其中地上建筑面积 30466m²，地下面积 15891m²（含机动车库建筑面积 11809m²，车位 257 个）。深基坑工程最大开挖深度约 14m。施工总期：750 日历天
承包方式	包工、包料、包工期、包质量、包安全、包文明施工。综合单价包干、项目措施费包干
质量标准	验收标准按国家颁发的《建筑工程施工质量验收统一标准》GB 50300—2013 执行，必须达到新竣工备案制的合格标准
招标范围	按招标文件、招标图纸及有关资料及说明，承包具体内容如下（包括但不限于）：基坑支护、土方、地基与基础、主体结构、建筑装饰装修、建筑屋面、建筑给水、排水及暖通、建筑电气、动力、节能分部、红线范围内配套的市政道路及给水排水工程、园林绿化等基础配套设施

附件七

响应招标文件所附施工组织设计要点承诺书

广州市天河区某经济联社（招标人）：

我方承诺，如中标承建某综合楼工程施工总承包（项目名称），将按招标文件所附的本工程施工组织设计要点进行响应的基础上自行组织施工。并承诺在中标后按招标文件所附的施工组织设计要点基础上编制详细的施工组织设计，并报经监理单位和建设单位审批后实施。

投标人名称（盖法人公章）：广州某建筑集团有限公司

法定代表人或授权委托人（签字或盖章）：

日　　　期：2017 年 3 月 18 日

附件八

参与编制经济标投标文件人员名单：

标书编制人员名单

投标单位名称：广州某建筑集团有限公司				
姓名	职务	所承担工作	身份证号码	本人签名栏
××××	工程师	编制土建专业工程量清单投标报价	××××××××	
××××	高级工程师	编制安装专业工程量清单投标报价	××××××××	
××××	助理工程师	清样校对、打印及复印等	××××××××	

注：参与编制标书所有人员名单应包括如编制各种专业工程量清单投标报价、负责清样校对、负责打印及复印等所有人员在内的人员名单

案例评析

为规范招标文件的内容和格式，节约招标文件编写的时间，提高招标文件的质量，国家有关部门多年来编制了各种招标文件范本。住房和城乡建设部《房屋建筑和市政工

程标准施工招标文件》（2010 年版）是《标准施工招标文件》的配套文件，分别适用于各等级公路、桥梁、隧道、水利水电、房屋建筑和市政工程的建设工程施工招标。本案例结合了当地造价管理部门与《标准施工招标文件》（2010 年版）编制出符合当地招标投标的招标文件范本。

招标文件范本的使用，在推进我国招标投标工作中起了重要作用。但需强调的是这些示范文本主要是"示范性"的规范招标人行为，而非必须"强制性"使用。在使用"范本"编制具体项目的招标文件时，范本体例结构不能变，不允许修改的地方不得修改，允许细化和补充的内容不得与范本原文相抵触。其中，通用文件和标准条款不需做任何改动，例如"投标人须知"（投标人须知前附表和其他附表除外）、"评标办法"（评标办法前附表除外）、"通用合同条款"应当不加修改地加以引用。只需根据招标项目的具体情况，对投标人须知资料表（或前附表）、专用条款、协议条款及技术规范、工程量清单、投标文件附表等部分中的具体内容重新进行编写，加上招标图纸即构成一套完整的招标文件。

招标文件范本的使用，也规范了投标文件的编写。从而施工企业能够按照招标文件的要求，结合本企业的实际来编写相对应的投标文件。本例明确了投标文件由资格审查文件、《投标函》、《建设工程施工招标投标书》、用于评标的业绩、《响应招标文件所附施工组织设计要点或施工方案的承诺书》、余泥渣土运输与排放方案、《对投标文件编制的承诺》投标报价文件等组成。明确了资格审查文件主要包括的内容、投标报价列表明细、投标文件格式和投标文件的递交等要求。

课堂活动

简述投标文件的主要内容：

目标：加深对投标文件内容的认识，熟悉编制投标文件的工作内容。

要求：以学习小组为单位，讨论并根据下列问题派代表进行发言。

（1）以小组为单位，各小组对投标文件的组成内容进行小组讨论；

（2）以小组为单位，各小组选取代表对投标文件的组成内容进行描述；

（3）师生共同对各小组发言进行评价、讨论。

技能拓展

结合中小型建设工程项目的工程实例，运用投标报价的策略与技巧，进行投标报价决策，编制投标文件，并完成投标文件的递交。

1. 活动目的

投标文件是工程项目施工招标过程中最重要、最基本的技术文件，编制施工投标相关文件是学生学习本门课程需要掌握的基本技能之一。国家对施工投标文件的内容、格式均有特殊规定，通过本实训活动，进一步提高学生对投标文件内容与格式的基本认识，提高学生编制投标文件的能力。基本做到能代表施工方编制资格预审文件，能够在原有编制施工组织设计与工程预算的基础上编制工程投标技术标、商务标与综合标，能进行工程报价与合同谈判。

2. 实训准备

（1）完成在建工程和已完工工程完整施工图工程量。

（2）施工图预算书。

（3）有条件的可提供实训室和可利用的软件。

3. 实训内容

（1）资格预审表编写训练。

（2）根据招标文件内容、格式和本工程招标要求编写投标文件。

4. 步骤

（1）学生分成若干投标组织机构，明确各自分工，由团队完成实训任务。

（2）按照公开招标程序进行投标过程模拟。

（3）编制投标文件。

（4）提交投标文件。

项目 4
建设工程开标、评标与定标

项目概述

> 通过本项目的学习，让学生能够知道开标的时间、地点和参与人员，开标的程序，评标委员会的组建，评标的常用方法及如何推荐中标候选人等内容；掌握评标的原则及评标的程序，定标的程序和主要工作内容；知道开标、评标、定标案例的分析，并能学以致用；要求学生掌握建设工程在开标、评标与定标过程中纠纷问题的解决办法。

任务 4.1　建设工程开标的主要工作内容和工作步骤

任务描述

通过本任务的学习要求掌握开标的时间、地点的确定方法，掌握开标参与人员的组成，了解开标的程序。

知识构成

开标是指招标人在招标文件规定的时间、地点，在招标投标管理机构监督下，由招标单位主持当众启封所有投标文件及补充函件，公布投标文件的主要内容。开标一般以开标会议的形式进行。从开标日到签订合同这一期间即为决标成交阶段，这一阶段的主要工作是开标、评标和定标，是对各投标书进行评审比较，最后确定中标人的过程。

4.1.1　建设工程开标及其要求

1. 开标的概念

开标是指投标截止后，招标人按招标文件所规定的时间和地点，开启投标人提交的投标文件，公开宣布投标人的名称、投标价格及投标文件中的其他主要内容的活动。

2. 开标的时间和地点

开标时间应当为招标文件规定的投标截止时间的同一时间，招标文件截止时间即是开标时间，一般精确至某年某月某时某分；开标地点通常为工程所在地的建设工程交易中心（或公共资源交易网）。开标的时间和地点应在招标文件中明确规定，有利于投标人准时参加开标，从而更好地维护了其合法利益。

3. 开标的主持人和参加人

主持人可以是招标人，也可以是招标人的代理人（招标代理机构的负责人）。开标人员至少由主持人、开标人、监标人、唱标人、记录人组成，上述人员对开标负责。归纳起来可总结为：建设单位自行招标的自行主持；委托代理招标的可由代理机构主持；行政主管部门可派人参加以监督开标的合法进行。

4. 开标应遵守的纪律及程序

宣布开标纪律；公布投标人名称；宣布开标人、唱标人、记录人和监标人；由投标人或其推选的代表检查投标文件的密封情况，也可以由招标人委托的公证机构检查并公证。

4.1.2　建设工程开标程序

1. 开标的前期准备工作

（1）开标会议的监督申请；

（2）选择开标地点；

（3）专家评委的邀请。

2. 资格后审

采取资格后审的项目，招标人应当在招标文件中载明对投标人资格要求的条件、标准和方法。资格后审一般在评标过程中的初步评审开始时进行，是作为招标评标的一个重要内容在组织评标时由评标委员会负责一并进行的，审查的内容与资格预审的内容是一致的，只是所处的时间和阶段不同。评标委员会是按照招标文件规定的评审标准和方法进行资格后审的。对资格后审不合格的投标人，评标委员会应当对其投标作废标处理，不再进行详细评审。

3. 接收投标文件

投标文件的接收应严格按招标文件中关于投标文件外封装的规定，不符合要求的投标文件不得接收。以下两种情形的投标文件不得接收：

（1）逾期送达的或未送达到指定地点的；

（2）未按照招标文件要求密封的。

4. 召开开标会议

标前会议也称为投标预备会或者招标文件交底会，是招标人按投标须知规定的时间和地点召开的会议。这里所说的标前会，是指招标人在招标公告发布后、潜在投标人开始投标前召开的信息发布会。

召开标前会的主要目的除了向潜在投标人详细介绍工程概况，还要介绍招标人对招标、投标、开标、评标、定标的具体要求和做法，使投标人全面了解招标项目的特点、招标人的需要和招标文件的要求，及对招标文件中的某些内容加以修改或补充说明，对投标人书面提出的问题和会议上即席提出的问题给予解答。会议结束后，招标人应将会议纪要用书面通知的形式发给每一个投标人。一个成功的标前会，可以沟通招标人、招标代理机构和投标人之间的联系，加深投标人对招标文件的理解，减少投标人对招标文件提出的澄清要求，提高招标投标活动的工作效率，具体应做好以下几方面的工作：

（1）主持人介绍参加开标会议的单位、人员及工程项目的有关情况；宣布开标人员名单、招标文件规定的评标定标办法。

（2）确认投标人法定代表人或授权人是否在场，检验各投标单位法定代表人或其指定代理人的证件、委托书，确认无误。

（3）宣布投标文件开启顺序（一般是以投标文件递交的先后顺序，后交先开，先交后开）。

5. 检验并开启投标书

（1）检验各标书的密封情况。由投标人或其推选的代表检查各标书的密封情况，也可以由公证人员检查并公证。

（2）唱标。经检验确认各标书的密封无异常情况后，按投递标书的先后顺序，当众拆封投标文件，宣读投标人名称、投标价格和标书的其他主要内容。

（3）开标过程记录。开标过程应当做好记录，并存档备查。投标人也应做好记录，以收集竞争对手的信息资料。

6. 综合评标，确定中标方

综合评标，确定中标方。评标委员会所有成员在听取投标人所作的投标书介绍、施工组织设计介绍，并进行质疑询问后，应按照招标文件的评分细则，逐项对投标文件进行评分，为体现评标的公平公正性，一般评分应公开进行。各评委所评分数进行平均，所得分数最高者即为中标方。当然，也有以单项成绩作为中标依据的评标办法。

7. 接受中标通知书，签订合同，提供履约担保

接受中标通知书，签订合同，提供履约担保。经过评标，投标人被确定为中标人后，应接受招标人发出的中标通知书。中标人在收到中标通知书后，应在规定的时间和地点与招标人签订合同。招标文件要求中标人提交履约保证金的，中标人应按招标人的要求提供。合同正式签订之后，应按要求将合同副本分送有关主管部门备案。

4.1.3 建设工程开标注意事项

根据《招标投标法》规定："第三十四条开标应当在招标文件确定的提交投标文件截止时间的同一时间公开进行；开标地点应当为招标文件中预先确定的地点，按国家规定，一般应为当地建设工程交易中心"。投标截止时间的绝对同时进行开标不可能，一般投标截止时间和开标是连续进行的，即投标截止时间一过，马上进行开标程序，开标的细则如下：

（1）开标由招标人主持；

（2）由招标人或其推选的代表检查投标文件的包封、标记和密封情况，也可以由招标人委托的公证机构检查并公证；

（3）投标截止期前，各投标人递交投标文件（包括技术标投标文件、经济标投标文件）至招标文件规定的建设工程交易中心投标地点。有关投标文件提交的事项详见投标须知。

（4）先开技术标，经济标封存在建设工程交易中心封标室；

（5）在开启经济标时，对通过技术标有效性审查的投标人开启其经济标投标文件；经济标开标时，投标单位代表有权出席经济标开标会，也可以自主决定不参加经济标开标会，若投标人代表对开标过程提出异议，该投标人代表须同时出示本人身份证原件。

（6）经确认无误后，由招标人或招标代理机构在交易中心见证下当众拆封、宣读并予以记录，记录提交评标委员会评审。

4.1.4　开标的程序流程

开标的程序流程应包括：宣布开标纪律；公布投标人名称；宣布开标人、唱标人、记录人和监标人；由投标人或其推选的代表检查投标文件的密封情况，也可以由招标人委托的公证机构检查并公证。经确认无误的投标文件，由工作人员当众拆封；宣读投标人名称、投标价格和投标文件的其他主要内容，并记录在案；提交投标文件的截止时间以后收到的投标文件，则应不予开启，原封不动的退回；相关人员签字；开标结束。开标的程序见图 4-1。

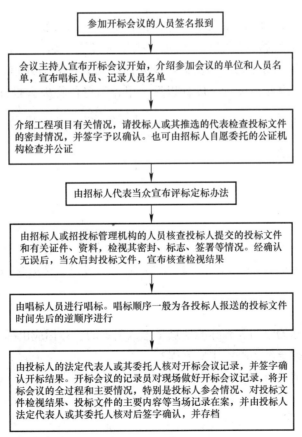

图 4-1　开标的程序

4.1.5 案例分析

【案例】背景资料：某商业办公楼的招标大会上，共有 8 家单位投标，在开标大会上共有两家单位按废标处理，甲单位因为交通堵塞在规定投标截止时间截止后 2 分钟送达，禁止入场，不接收投标文件；乙单位因为投标书中综合报表中缺少"质量等级"一栏，投标文件上加盖有投标单位公章，但是没有负责人签字，被评标委员会查出，当场退出开标大会现场。剩余 6 家经过激烈竞争，最后一家单位胜出中标。

【问题】

（1）投标文件中一般包括哪些内容？

（2）什么是废标？这两家单位因何原因被废标，后果如何？

【问题分析】

问题（1）：

投标文件组成：①投标书；②投标书附件；③投标保证金；④法定代表人资格证明书；⑤授权委托书；⑥具有标价的工程量清单与报价表；⑦施工组织设计；⑧辅助资料表；⑨资格审查表（经资格预审时，此表略）；⑩对招标文件中的合同协议条款内容的确认和响应；⑪按招标文件规定提交的其他资料。

问题（2）：

废标又称作无效标书，是指投标书失去投标资格，无权参加开标大会的标书。依据《评标委员会和评标办法暂行规定》中规定：投标文件逾期送达，未按规定的格式填写，内容不全或关键字迹模糊、无法辨认的，作废标或无效投标书处理。甲、乙单位分别违背了以上两条规定，因此被废标。废标以后，甲、乙单位将失去投标资格，同时也失去了竞标的机会。

课堂活动

分组模拟开标。

技能拓展

《中华人民共和国招标投标法实施条例》已经 2011 年 11 月 30 日国务院第 183 次常务会议通过并公布，自 2012 年 2 月 1 日起施行，同学们可自己课后查阅学习。

思考与练习

1. 建设工程开标的时间和开标的地点是怎么确定的？开标应由哪些人员参加？

2. 建设工程开标要经历哪些主要流程？

3. 投标无效的情形有哪些？

讨论分析

1. 招标人能否在开标前确定投标无效？具体哪些情形可以确定投标无效？

2. 在收取投标文件的过程中，招标人可以做些什么？

任务 4. 2 建设工程评标的主要工作内容和工作步骤

任务描述

通过本任务的学习，要求学生知道评标委员会是如何组建及人员的构成，掌握评标的原则和评标的程序，知道评标的常用方法。

知识构成

所谓评标，就是依据招标文件的规定和要求，对投标文件所进行的审查、评审和比较，评标由招标人组建的评标委员会负责。

4. 2. 1 评标的标准

《招投标法》规定，中标人的投标应当符合下列条件之一：

1）中标人的投标，能够最大限度地满足招标文件规定的各项综合评价标准。

2）中标人的投标，能够满足招标文件的实质性要求，并且经评审的投标价格最低，但是低于成本的投标价格除外。

评标的标准有价格标准和非价格标准两个方面。

4. 2. 2 评标委员会的组成、工作内容及要求

评标委员会由招标人负责依法组建，负责评标活动，向招标人推荐中标候选人或者根据招标人的授权直接确定中标人，评标委员会成员名单一般应于开标前确定。评标委员会成员名单在中标结果确定前应当保密。住房和城乡建设部于 2013 年 4 月修订发布的《评标委员会和评标方法暂行规定》对评标委员会的组建有详细规定。

1. 评标委员会的组成

（1）依法必须招标的工程，评标委员会由招标人的代表和有关技术、经济等方面的专家组成。

（2）成员人数为五人以上单数，其中技术、经济等方面的专家不得少于成员总数的三分之二。评标委员会的组成见图 4-2。

（3）评标委员会成员的资格条件。

（4）对评标委员会成员的职业道德要求和保密义务。

1）从事相关领域工作满 8 年；

图 4-2 评标委员会的组成

2）具有高级职称或具有同等专业水平。

评标委员会的专家成员应当从依法组建的专家库内的相关专家名单中确定。评标专家可以通过随机抽取或者直接确定的方式。一般项目，可以采取随机抽取的方式；技术复杂、专业性强或者国家有特殊要求的招标项目，采取随机抽取方式确定的专家难以保证胜任的，可以由招标人直接确定。

3）有下列情形之一的不得担任评标专家：

① 投标人或者投标人主要负责人的近亲属；

② 项目主管部门或者行政监督部门的人员；

③ 与投标人有经济利益关系，可能影响对投标公正评审的；

④ 曾因在招标、评标及其他与招标投标有关活动中从事违法行为而受过行政处罚或刑事处罚的。评标委员会成员有前款规定情形之一的，应当主动提出回避。

（5）评标委员会成员的义务

评标委员会成员应当客观、公正地履行职责，遵守职业道德，对所提出的评审意见承担个人责任。

评标委员会成员不得与任何投标人或者与招标结果有利害关系的人进行私下接触，不得收受投标人、中介人、其他利害关系人的财物或者其他好处，不得向招标人征询其确定中标人的意向，不得接受任何单位或者个人明示或者暗示提出的倾向或者排斥特定投标人的要求，不得有其他不客观、不公正履行职务的行为。

评标委员会成员和与评标活动有关的工作人员不得透露对投标文件的评审和比较、中标候选人的推荐情况及与评标有关的其他情况。

（6）评标委员会成员的回避更换制度

有下列情形之一的，可以认定为与投标人有利害关系：

1）是投标人或其代理人的近亲属；

2）与投标人有其他社会关系或经济利益关系，可能影响对投标的公正评审的。

2. 评标委员会的评标工作内容

（1）根据招标文件中规定的评标标准和评标方法，对所有有效投标文件进行综合评价；

（2）写出评标报告，向招标人推荐中标候选人或者直接确定中标人；评标委员会完成评标后，应当向招标人提出书面评标报告；

（3）评标委员会推荐的中标候选人应当限定在一至三人，并标明排列顺序。

3. 对评标委员会的要求

（1）评标委员会成员应当客观、公正地履行职务，遵守职业道德，对所提出的评审意见承担个人责任。

（2）评标委员会成员不得私下接触投标人，不得收受投标人的财物或者其他好处。

（3）评标委员会成员和参与评标的有关工作人员不得透露对投标文件的评审和比较、中标候选人的推荐情况及与评标有关的其他情况。

（4）评标委员会应当按照招标文件确定的评标标准和方法，对投标文件进行评审和比较。

4.2.3　评标程序

小型工程需要经历即开、即评、即定，大型工程需要初评到详评，初步评审包括投标人投标资格、标价、标书的响应程度的审查，是否有重大偏差，确定有效标书和作废标书，废标条件应严格按照规定执行。详细评审根据招标文件所确定的评标办法和评标标准，对其技术部分、商务部分所做出的详细评审和比较。要求投标人对投标文件中含义不明确的内容做出的澄清或者说明。投标人应采用书面形式进行澄清或者说明，其陈述内容必须由投标人签字确认。评标结果评标结束后，评标委员会应向招标人提交书面评标报告，并就中标人提出意见，根据不同情况，可有三种不同意见：

（1）推荐中标候选人；

（2）直接确定中标人；

（3）否决所有投标人；

具体评标程序见图4-3。

图4-3　评标程序

1. 评标准备

认真研究招标文件，至少应了解和熟悉以下内容：

（1）招标的目的；

（2）招标项目的范围和性质；

（3）招标文件规定的主要技术要求、标准和商务条款；

（4）招标文件规定的评标标准、评标方法和在评标过程中应考虑的相关因素。

2. 初步评审

初步评审内容：形式评审、资格评审、响应性评审。工程施工招标采用经评审的最低投标价法时，还应对施工组织设计和项目管理机构的合格响应性进行初步评审。

（1）形式评审的主要内容

1）投标文件格式、内容组成；

2）投标文件提交的各种证件或证明材料；

3）投标人的名称、经营范围等与营业执照、资质证书是否相符；

4）投标文件法定代表人身份证明或其代理人是否有效；

5）如有联合体投标审查是否符合招标文件规定；

6）投标报价是否唯一。

（2）资格评审的主要内容

评审内容：适用于未进行资格预审程序的评标。

（3）响应性评审的主要内容

1）投标内容范围；

2）项目完成期限；

3）项目质量要求；

4）投标有效期；

5）投标保证金；

6）投标报价；

7）合同权利和义务；

8）技术标准和要求。

3. 详细评审

详细评审就是在初评的基础上，根据招标文件规定的评标办法，对投标文件进行进一步评审比较，最终写出评标报告。详细评审的内容及方法见图4-4。

详细评审 ⎰ 内容：技术评估和商务评估
　　　　 ⎨ 方法：综合评估法和经评审的最低投标价法
　　　　 ⎱ 目的：推荐或确定中标人

图 4-4　详细评审的内容及方法

（1）经评审的最低投标价法的详细评审

经过初审合格并进行算术错误修正后的投标报价，按招标文件约定的方法、因素和标准进行量化折算，计算评标价。

（2）综合评估法的详细评审

综合评估法的详细评审是一个综合评价过程评价的内容，通常包括：

1）投标报价；

2）施工组织设计：如施工方案、资源投入等；

3）项目管理机构：如项目管理机构设置的合理性、项目经理、技术负责人、其他主要技术人员的任职资格、近年类似工程业绩及专业结构等；

4）其他因素：如财务能力、业绩和信誉等。

4. 评标过程中需要注意的几点

（1）商务评审内容

投标报价校核；审理全部报价数据计算的正确性；分析报价构成的合理性。如果报价中存在算术计算上的错误，应进行修正，修正后的投标报价经投标人确认后对其起约束作用。

（2）投标文件的澄清和说明

评标委员会可以要求投标人对投标文件中含义不明确，对同类问题表述不一致或者有明显文字和计算错误的内容作必要的澄清或说明。但不得超出投标文件的范围或改变投标文件的实质性内容。投标文件中的大写和小写金额不一致的，以大写金额为准；总价与单价金额不一致的，以单价金额为准，但单价金额小数点有明显错误的除外。

（3）应作为废标处理的情况

1）弄虚作假：在评标过程中，评委会发现投标人以他人名义投标、串通投标、以行贿手段取得中标或以其他弄虚作假方式投标的，按废标处理。

2）报价低于其个别成本：评委会发现投标人的报价明显低于其他投标人，应要求该投标人做出书面说明并提供相关证明材料。投标人不能合理说明或不能提供相关证明材料的，按废标处理。

3）投标人不具备资格条件或投标文件不符合形式要求：如投标人资格条件不符合国

家有关规定和招标文件要求；或拒不按要求对投标文件进行澄清、说明或补正，评委员可否决其投标。

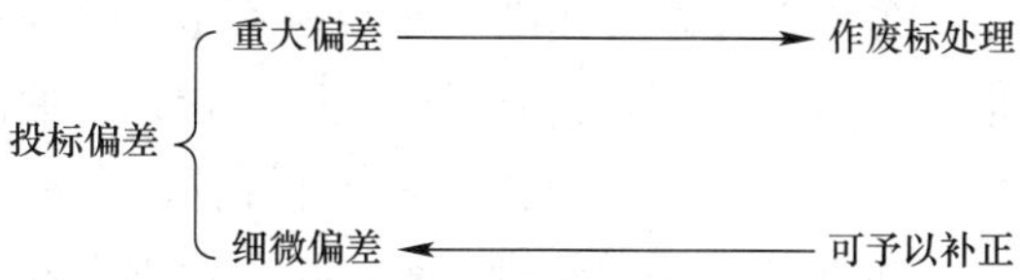

图 4-5　投标偏差的处理

4）投标偏差：

投标偏差的处理见图 4-5。

5. 提交（编写）评标报告

评标委员会完成评标后，应当向招标人提交评标报告，并抄送有关行政监督部门。

（1）评标报告内容

1）基本情况和数据表；

2）评标委员会成员名单；

3）开标记录；

4）符合要求的投标一览表；

5）废标情况说明；

6）评标标准、评标方法或者评标因素一览表；

7）经评审的价格或者评分比较一览表；

8）经评审的投标人排序；

9）推荐的中标人名单与签订合同前要处理的事宜；

10）澄清、说明、补正事项纪要。

（2）评标报告由评标委员会全体成员签字。评标委员会应当对下列情况做出书面说明并记录在案。

1）对评标结论有异议的评标委员会成员，可以以书面方式阐述其不同意见和理由。

2）评标报告由评标委员会全体成员签字。对评标结论持有异议的评标委员会成员可以书面方式阐述其不同意见和理由。评标委员会成员拒绝在评标报告上签字且不陈述其不同意见和理由的，视为同意评标报告。

6. 推荐中标候选人

评标委员会推荐的中标候选人应当限定在 1～3 名，并标明排列顺序。被授权直接定标的评委会可直接确定中标人。对使用国有资金或国家融资的项目，招标人应当确定排名第一的中标候选人为中标人。如果排名第一的中标候选人放弃中标；因不可抗力提出不能履行合同或者招标文件规定应当提交履约保证金的规定的期限内未能提交的，招标人才可以确定排名第二的中标候选人为中标人。

4.2.4　案例分析

【案例】某省重点工程项目计划于 2016 年 12 月 28 日开工，由于工程复杂，技术难度高，一般施工队伍难以胜任，业主自行决定采取邀请招标方式。于 2016 年 9 月 8 日向通过资格预审的 A、B、C、D、E 五家施工承包企业发出了投标邀请书。该五家企业均接受了邀请，并于规定时间 9 月 20～22 日购买了招标文件。招标文件中规定，10 月 18 日下午 4 时是招标文件规定的投标截止时间。评标标准：能够最大限度地满足招标文件中规定的各项综合评价标准。在投标截止时间前，A、B、D、E 四家企业提交了投标文件，但 C 企业于 10 月 18 日下午 5 时才送达，原因是中途堵车。10 月 21 日下午由当地招投标监督管理办公室主持进行了公开开标。评标委员会成员共有 7 人组成，其中招标人代表 3 人（包括 E 公司总经理 1 人、D 公司副总经理 1 人、业主代表 1 人）、技术经济方面专家 4 人。评标委员会于 10 月 28 日提出了书面评标报告。B、A 分列综合得分第一、第二名。招标人考虑 B 企业投标报价高于 A 企业，要求评标委员会按照投标价格标准将 A 企业排名第一、B 企业排名第二。11 月 10 日招标人向 A 企业发出了中标通知书，并于 12 月 12 日签订了书面合同。

依据《中华人民共和国招标投标法》回答下面问题。

【问题】

（1）业主自行决定采取邀请招标方式的做法是否妥当？说明理由。

（2）C 企业投标文件是否有效？说明理由。

（3）请指出开标工作的不妥之处，说明理由。

（4）请指出评标委员会成员组成的不妥之处，说明理由。

（5）招标人要求按照价格标准评标是否违法？说明理由。

（6）合同签证的日期是否违法？说明理由。

【问题分析】

问题（1）：

不妥，根据《中华人民共和国招标投标法》第十一条规定，省、自治区、直辖市人民政府确定的地方重点项目中不适宜公开招标的项目，要经过省、自治区、直辖市人民政府批准，方可进行邀请招标。因此，本案业主自行对省重点工程项目决定采取邀请招标方式的做法是不妥的。

问题（2）：

无效，根据《中华人民共和国招标投标法》第二十八条规定，在招标文件要求提交投标文件的截止时间后送达的投标文件，招标人应当拒收。本案 C 企业的投标文件送达时间迟于投标截止时间，因此，该投标文件应被拒收。

问题（3）：

根据《中华人民共和国招标投标法》第三十四条规定，开标应当在招标文件确定的提交投标文件的截止时间的同一时间公开进行。

本案招标文件规定的投标截止时间是 10 月 18 日下午 4 时，但迟至 10 月 21 日下午才开标，是不妥之处之一。

根据《中华人民共和国招标投标法》第三十五条规定，开标应由招标人主持。

本案由属于行政监督部门的当地招投标监督管理办公室主持，是不妥之处之二。

问题（4）：

根据《招标投标法》第三十七条规定，与投标人有利害关系的人不得进入评标委员会。本案由 E 公司总经理、D 公司副总经理担任评标委员会成员是不妥的。

《招标投标法》还规定评标委员技术、经济等方面的专家不得少于成员总数的 2/3。本案技术经济方面专家比例为 4/7，低于规定的比例要求。

问题 （5）：

违法，根据《招标投标法》第四十条规定，评标委员会应当按照招标文件确定的评标标准和方法，对投标文件进行评审和比较。

招标文件规定的评标标准是：能够最大限度地满足招标文件中规定的各项综合评价标准。按照投标价格评标不符合招标文件的要求，属于违法行为。

课堂活动

班级模拟组建评标委员会，模拟评标。

技能拓展

《评标委员会和评标方法暂行规定》（2013 年 4 月修订）同学们课后自己查阅学习。

思考与练习

1. 怎么样组建评标委员会？对评标委员会都有哪些具体的规定？
2. 评标的原则有哪些？
3. 评标要经历哪些主要程序？
4. 评标常用的方法有哪几种？各种方法是怎么规定和操作的？

任务 4.3   建设工程定标的主要工作内容和工作步骤

任务描述

通过本任务的学习，要求学生知道如何推荐中标候选人掌握定标的程序和主要工作内容。

知识结构

通过招标和评标一系列工作后，接下来要根据评标委员会的评标结论确定中标人，发出中标通知书，把中标的情况告知所有的投标人，在中标通知书发出后的 30 天内与中标人按投标文件和中标通知书签订合同，在签订合同后的 5 天内要将投标保证金退还给未中标的投标单位投标保证金，中标单位的投标保证金可以归入履约保证金中。

4.3.1   中标的基本概念

1. 中标

中标亦称决标、定标，是指招标人根据评标委员会的评标报告，在推荐的中标候选人中最后确定中标人。

2. 评标中标期限

评标中标期限亦称投标有效期，是指从投标截止之日起到公布中标之日为止的一段时间。按照国际惯例，一般为 90～120 天。我国在施工招标管理办法中规定小型工程不超

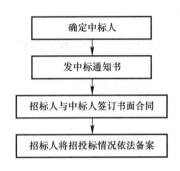

图 4-6 中标的程序

过 10 天，大中型工程不超过 30 天，特殊情况可适当延长。

4.3.2 中标的程序

中标的程序见图 4-6。

1. 中标人的条件

《中华人民共和国招标投标法》第四十一条规定，中标人的投标应当符合下列条件之一：

（1）能够最大限度地满足招标文件中规定的各项综合评价标准；

（2）能够满足招标文件的实质性要求，并且经评审的投标价格最低；但是投标价格低于成本的除外。

（3）《评标委员会和评标方法暂行规定》第四十八条规定：使用国有资金投资或者国家融资的项目，招标人应当确定排名第一的中标候选人为中标人。排名第一的中标候选人放弃中标、因不可抗力提出不能履行合同，或者招标文件规定应当提交履约保证金而在规定的期限内未能提交的，招标人可以确定排名第二的中标候选人为中标人。排名第二的中标候选人因前款规定的同样原因不能签订合同的，招标人可以确定排名第三的中标候选人为中标人。招标人可以授权评标委员会直接确定中标人。国务院对中标人的确定另有规定的，从其规定。

（4）《评标委员会和评标方法暂行规定》第四十九条规定：中标人确定后，招标人应当向中标人发出中标通知书，同时通知未中标人，并与中标人在 30 个工作日之内签订合同。

2. 确定中标人

（1）业主自己确定中标人。招标人根据评标委员会提出的书面评标报告，在中标候选人的推荐名单中确定中标人。

（2）业主委托评标委员会确定中标人。招标人也可以通过授权委托评标委员会直接确定中标人。

（3）招标人应当确定排名第一的中标候选人为中标人。

排名第一的中标候选人放弃中标，因不可抗力因素提出不能履行合同，或者招标文件规定应当提交履约保证金而在规定的期限内未能提交的，招标人可以确定排名第二的中标候选人为中标人。

排名第二的中标候选人因前款规定的同样原因不能签订合同的，招标人可以确定排名第三的中标候选人为中标人。

3. 发出中标通知书

（1）中标人确定后，招标人应当向中标人发出中标通知书，并同时将中标结果通知所有未中标的投标人。

（2）中标通知书发出后，招标人改变中标结果的，或者中标人放弃中标项目的，均应当依法承担法律责任。

（3）招标人和中标人应在中标通知书发出起 30 日内，订立书面合同。

4. 招标人与中标人签订书面合同

招标人和中标人应当自中标通知书发出之日起 30 日内，按照招标文件和中标人的投标文件签订书面合同。

5. 招标人将招标投标情况依法备案

依法必须进行招标的项目，招标人应当自确定中标人之日起 15 日内，向有关行政监督部门提交招标投标情况的书面报告。

4.3.3 招标人与中标人的法定义务

（1）中标人应当按照合同约定履行义务，完成中标项目。

（2）中标人不得向他人转让中标项目，也不得将中标项目肢解后分别向他人转让。

（3）中标人按照合同约定或者经招标人同意，可以将中标项目的部分非主体、非关键性工作分包给他人完成。

（4）接受分包的人应当具备相应的资格条件，并不得再次分包。

课堂活动

模拟定标签订合同。

技能拓展

《中华人民共和国招标投标法》第五十四条规定：依法必须进行招标的项目，招标人应当自收到评标报告之日起 3 日内公示中标候选人，公示期不得少于 3 日。投标人或者其他利害关系人对依法必须进行招标的项目的评标结果有异议的，应当在中标候选人公示期间提出。招标人应当自收到异议之日起 3 日内作出答复；作出答复前，应当暂停招标投标活动。中标人按照合同约定或者经招标人同意，可以将中标项目的部分非主体、非关键性工作分包给他人完成。接受分包的人应当具备相应的资格条件，并不得再次分包。中标人应当就分包项目向招标人负责，接受分包的人就分包项目承担连带责任。招标文件要求中标人提交履约保证金的，中标人应当按照招标文件的要求提交。履约保证金不得超过中标合同金额的 10%。

思考与练习

1. 如何确定中标候选人？招标人确定中标候选人后都要做哪些主要工作？
2. 定标的程序和主要工作各有哪些？

讨论分析

通过现场竞标，一投标单位被评标委员会确定为惟一的中标单位。然而，招标公司却拒绝签合同。投标单位将招标人告上法庭。

讨论问题：

法院会如何判决？

任务 4.4 建设工程开标、评标、定标案例分析

任务描述

通过本任务的完成，学生知道开标、评标、定标案例的做法并学以致用，学会解决有关建设工程开标、评标、定标活动中出现的一些实际问题。

知识构成

开标、评标和中标是建设工程招投标活动中的重要环节，本任务通过案例进一步深化讲解开标、评标和中标各环节中的相关规定。

4.4.1 案例1

招标：某办公楼的招标人于 2017 年 3 月 20 日向具备承担该项目能力的甲、乙、丙三家承包商发出投标邀请书，其中说明，3 月 25 日在该招标人公司总工程师室领取招标文件，4 月 5 日 14 时为投标截止时间。该 3 家承包商均接受邀请，并按规定时间提交了投标文件。

开标：由招标人检查投标文件的密封情况，确认无误后，由工作人员当众拆封，并宣读了该 3 家承包商的名称、投标价格、工期和其他主要内容。

评标委员会委员由招标人直接确定，共由 4 人组成，其中招标人代表 2 人，经济专家 1 人，技术专家 1 人。

经评标、定标，招标人选定乙承包商为中标人，并与之签订了合同。

【问题】

该项目施工招标投标过程中有哪些方面不符合《招标投标法》的规定？请逐一说明。

【问题分析】

（1）从 3 月 25 日发放招标文件到 4 月 5 日提交投标文件截止，这段时间太短。《招标投标法》第 24 条：依法必须进行招标的项目，自招标文件开始发出之日起至投标人提交投标文件截止之日，最短不得少于 20 天。

（2）开标时，不应由招标人检查投标文件的密封情况。《招标投标法》第 36 条规定：开标时，由投标人或者其推选的代表检查投标文件的密封情况，也可以由招标人委托的公证机构检查并公证。

评标委员会成员组成不符合规定。

（3）《招标投标法》第 37 条规定：评标委员会由招标人的代表和有关技术、经济等方面的专家组成，成员人数为 5 人以上单数，其中技术经济等方面的专家不得少于成员总数的 2/3。

（4）评标委员会委员不应全部由招标人直接确定。评标委员会中的技术、经济专家，一般招标项目应采取（从专家库中）随机抽取方式，特殊招标项目可以由招标人直接确定。

4.4.2　案例 2

某建设项目，采用公开招标方式，业主邀请了五家投标人参加投标；五家投标人在规定的投标截止时间（5 月 10 日）前都交送了标书，5 月 15 日组织了开标；开标由市建设局主持；市公证处代表参加；公证处代表对各份标书审查后，认为都符合要求；评标由业主指定的评标委员会进行；评标委员会成员共 6 人；其中业主代表 3 人，其他方面专家 3 人。

【问题】

1. 找出该项目招标过程中存在的问题。

2. 资格预审的主要内容有哪些？

3. 在招标过程中，假定有下列情况发生，你如何处理。

（1）在招标文件售出后，招标人希望将其中的一个变电站项目从招标文件的工程量清单中删除，于是，在投标截止日前 10 天，书面通知了每一个招标文件收受人；

（2）由于该项目时间紧，招标人要求每一个投标人提交合同估价的 3.0% 作为投标保证金；

（3）从招标公告发出到招标文件购买截止之日的时间为 6 个工作日；

（4）招标人自 5 月 20 日向中标人发出中标通知，中标人于 5 月 23 日收到中标通知。由于中标人的报价比排在第二位的投标人报价稍高，于是，招标人在中标通知书发出后，与中标人进行了多次谈判，最后，中标人降低价格，于 6 月 23 日签订了合同。

【问题分析】

问题 1：

该项目招标过程中存在的问题。

1）采用公开招标不能只邀请五家投标人参加；

2）5 月 10 日前都交送了标书，5 月 15 日组织开标，开标时间与截止时间是同一时间；由市建设局主持，开标由招标人主持；公证处代表对各份标书审查后，招标人审查；评标由业主指定的评标委员会进行，一般从评标专家库；评标委员会成员共 6 人，应为 5 人以上单数。

问题 2：

资格预审的主要内容有：

1）投标单位组织机构和企业概况；

2）近 3 年完成工程的情况；

3）目前正在履行的合同情况；

4）资源方面情况（财务、管理人员、劳动力、机械设备等）；

5）其他奖惩情况。

问题 3：

1）招标文件修改在投标截止日前 15 天，或者延后投标截止日；

2）投标保证金一般不超过投标报价的 2%，也不超过 80 万元；

3）正确，截止之日的时间为 5 个工作日；

4）发出中标通知书到签订合同的时间为 30 天内。合同谈判不能改变实质性内容。

思考与练习

某省重点工程项目计划于 2016 年 12 月 28 日开工，由于工程复杂，技术难度高，一般施工队伍难以胜任，业主自行决定采取邀请招标方式。于 2016 年 9 月 8 日向通过资格预审的 A、B、C、D、E 五家施工承包企业发出了投标邀请书。该五家企业均接受了邀请，并于规定时间 9 月 20～22 日购买了招标文件。招标文件中规定，10 月 18 日下午 4 时是招标文件规定的投标截止时间，11 月 10 日发出中标通知书。在投标截止时间之前，A、B、D、E 四家企业提交了投标文件，但 C 企业于 10 月 18 日下午 5 时才送达，原因是中途堵车；10 月 21 日下午由当地招投标监督管理办公室主持进行了公开开标。评标委员会成员共有 7 人组成，其中当地招投标监督管理办公室 1 人，公证处 1 人，招标人 1 人，技术经济方面专家 4 人。评标时发现 E 企业投标文件虽无法定代表人签字和委托人授权书，但投标文件均已有项目经理签字并加盖了公章。评标委员会于 10 月 28 日提出了评标报告。B、A 企业分别综合得分第一、第二名。由于 B 企业投标报价高于 A 企业，11 月 10 日招标人向 A 企业发出了中标通知书，并于 12 月 12 日签订了书面合同。

【问题】

（1）企业自行决定采取邀请招标方式的做法是否妥当？说明理由。

（2）C 企业和 E 企业投标文件是否有效？说明理由。

（3）请指出开标工作的不妥之处，说明理由。

（4）请指出评标委员会成员组成的不妥之处，说明理由。

项目 5
建设工程施工合同管理

项目概述

> 通过本项目的学习，学生能够：了解建设工程施工合同的基本知识；熟悉《建设工程施工合同（示范文本）(GF-2017-0201)》结构的协议书、通用条款、专用条款及附件；知道合同双方的一般权利和义务；熟悉施工合同管理的基本知识；结合施工合同案例，简单分析和描述实际的合同文件结构及做法。

任务 5.1 建设工程施工合同的基本知识

任务描述

建设工程施工合同的基本知识包括：建设工程施工合同的基本概念；建设工程施工合同订立的条件；建设工程施工合同的种类；建设工程施工合同的选择。

通过本工作任务的学习，学生能够理解建设工程施工合同的基本概念；了解建设工程施工合同订立应具备的条件；知道订立建设工程施工合同应遵守的原则；知道订立施工合同的程序；了解建设工程施工合同划分的种类；了解建设工程施工合同选择的影响因素；掌握建设工程施工合同的不同类型，能够按计价方式不同，选择单价合同、总价合同和其他价格形式的合同。

知识构成

5.1.1 建设工程施工合同的基本概念

建设工程施工合同（即施工合同），是发包方和承包方为完成商定的具体工程项目的建筑施工、设备安装和调试、工程保修等工作内容，明确双方权利和义务的合同。依照施工合同，承包方应该完成一定的建筑、安装任务，发包方应该提供必要的施工条件并支付工程款。

施工合同是建设工程的主要合同，是施工单位进行质量管理、进度管理、费用管理的主要依据之一。在市场经济条件下，建设市场主体之间相互的权利和义务关系主要是通过合同确立的，因此，在建设领域加强对施工合同的管理具有十分重要的意义。

施工合同的当事人是承包人和发包人，双方是平等的民事主体。承发包双方签订施工合同，必须具备相应的资质条件和履行施工合同的能力。对合同范围内的工程实施建设时，发包人必须具备组织协调能力；承包人必须具备有关部门核定的资质等级并持有营业执照等证明文件。

在施工合同中，实行的是以工程师为核心的管理体系（虽然工程师不是施工合同的当事人）。施工合同的工程师是指监理单位委派的总监理工程师或发包方指定的履行合同的负责人，其具体身份和职责由双方在合同中约定。

对于建筑施工企业项目经理而言，施工合同具有特别重要的意义。因此，进行施工管理是项目经理的主要职责，而在市场经济条件下，施工行为的主要依据是当事人之间订立的施工合同。建筑施工企业必须建立较强的合同意识，依据施工合同管理施工行为。

5.1.2 建设工程施工合同的订立

1. 订立施工合同的条件

（1）初步设计已经批准；

（2）工程项目已经列入年度建设计划；

（3）有能够满足施工需要的设计文件和有关技术资料；

（4）建设资金和主要建筑材料设备来源已经落实；

（5）招投标工程中标通知书已经下达。

2. 订立施工合同应当遵守的原则

（1）遵守国家法律、行政法规和国家计划的原则

订立施工合同，必须遵守国家法律、行政法规，也应遵守国家的建设计划和其他计划（如贷款计划等）。建设工程施工对经济发展、社会生活有诸多方面的影响，国家有许多强制性的管理规定，施工合同的当事人都必须遵守。

（2）平等、自愿、公平的原则

施工合同的当事人双方法律地位一律平等，没有高低、主从之分，不存在命令者与被命令者、管理者与被管理者，任何一方都不得强迫对方接受不平等的合同条件。合同当事人通过协商，自愿决定和调整相互权利义务关系，合同内容应当是双方当事人真实意思的体现。合同的内容应当是公平的，不得滥用权力，不得欺诈，不得假借订立合同恶意进行磋商，对于显失公平的施工合同，当事人一方有权申请人民法院或者仲裁机构予以变更或者撤销。

（3）诚实信用原则

诚实信用原则要求在订立施工合同时要诚实，不得有欺诈或其他违背诚实信用的行

为，合同当事人应当如实将自身和工程情况介绍给对方。在履行合同义务时，施工合同当事人要守信用，严格履行合同。

3. 订立施工合同的程序

施工合同的订立也应经过要约和承诺两个阶段，其订立的方式有两种：一是直接发包，二是招标发包。如果没有特殊情况，工程建设的施工都应通过招标投标确定施工企业。

中标通知书发出后，中标的施工企业应当与建设单位及时签订施工合同。依据《招标投标法》和《工程建设项目施工招标投标办法》的规定，在中标通知书发出 30 日内，中标单位应与建设单位依据招标文件、投标书等签订建设工程施工合同。签订合同的必须是中标的施工企业，如果中标施工企业拒绝与建设单位签订合同，则建设单位将不再返还其投标保证金（如果是由银行等金融机构出具投标保函的，则投标保函出具者应当承担相应的保证责任），建设行政主管部门或其授权的机构还可给予一定的行政处罚。投标书中已确定的合同条款在确定合同时不得更改，合同价应与中标价相一致。

5.1.3　建设工程施工合同的种类

按计价方式不同，建设工程施工合同可以划分为总价合同、单价合同和成本加酬金合同三大类。根据招标准备情况和建设工程项目的特点不同，建设工程施工合同可选用其中的任何一种。

1. 总价合同

总价合同是指在合同中确定一个完成建设工程的总价，承包单位据此完成项目全部内容的合同。这种类型的合同易于建设单位在评标时确定报价最低的承包商，易于进行支付结算。但这类合同仅适用于工程量较小且计算准确、工期较短、技术不太复杂、风险不大的项目。因而，采取这种合同类型，要求建设单位必须准备全面而详细的设计图纸和各项说明，使承包单位能准确计算工程量。

2. 单价合同

单价合同是指承包商按工程量报价单内分项工作内容填报单价，以实际完成工程量乘以所报单价确定结算价款的合同。承包商所填报的单价应为计入各种摊销费用后的综合单价，而非直接费单价。

单价合同大多用于工期长、技术复杂、实施过程中发生各种不可预见因素较多的大型土建工程，及业主为了缩短工程建设周期，初步设计完成后就进行施工招标的工程。单价合同的工程量清单内所开列的工程量一般为估计工程量，而非准确工程量。

3. 成本加酬金合同

成本加酬金合同是将工程项目的实际造价划分为直接成本费和承包商完成工作后应得酬金两部分。工程实施过程中发生的直接成本费由业主实报实销，另按合同约定的方式付给承包商相应报酬。

成本加酬金合同大多适用于边设计、边施工的紧急工程或灾后修复工程。由于在签订合同时，业主还不可能为承包商提供用于准确报价的详细资料，因此，在合同中只能商定酬金的计算方法。在成本加酬金合同中，业主需承担工程项目实际发生的一切费用，因而也就承担了工程项目的全部风险。而承包商由于无风险，其报酬往往也较低。

按照酬金的计算方式不同，成本加酬金合同的形式有：成本加固定酬金合同、成本加固定百分比酬金合同、成本加浮动酬金合同、目标成本加奖罚合同等。

在传统承包模式下，不同计价方式的合同类型比较见表5-1。

不同计价方式合同类型比较 表 5-1

合同类型	总价合同	单价合同	成本加酬金合同			
			百分比酬金	固定酬金	浮动酬金	目标成本加奖罚
应用范围	广泛	广泛	有局限性			酌情
业主方造价控制	易	较易	最难	难	不易	有可能
承包商风险	风险大	风险小	基本无风险		风险不大	有风险

课堂活动

以学习小组为单位，讨论并根据下列问题派代表进行发言。

1. 回答施工合同的当事人及对当事人的要求。

2. 订立施工合同的条件。

3. 订立施工合同应遵循的原则。

知识拓展

建设工程施工合同的选择：

建设工程施工合同的形式繁多、特点各异，业主应综合考虑以下因素选择不同计价模式合同。

1. 工程项目的复杂程度

规模大且技术复杂的工程项目，承包风险较大，各项费用不易准确估算，因而不宜采用固定总价合同。最好是有把握的部分采用总价合同，估算不准的部分采用单价合同或成本加酬金合同。有时，在同一工程项目中采用不同的合同形式，是业主和承包商合理分担施工风险因素有效办法。

2. 工程项目的设计深度

施工招标时所依据的工程项目设计深度，经常是选择合同类型的重要因素。招标图纸和工程量清单的详细程度能否使投标人进行合理报价，取决于已完成的设计深度。不同设计阶段与合同类型的选择关系见表5-2。

不同设计阶段与合同类型选择 表 5-2

合同类型	设计阶段	设计主要内容	设计应满足的条件
总价合同	施工图设计	（1）详细的设备清单 （2）详细的材料清单 （3）施工详图 （4）施工图预算 （5）施工组织设计	（1）设备、材料的安排 （2）非标准设备的制造 （3）施工图预算的编制 （4）施工组织设计的编制 （5）其他施工要求

续表

合同类型	设计阶段	设计主要内容	设计应满足的条件
单价合同	技术设计	(1) 较详细的设备清单 (2) 较详细的材料清单 (3) 工程必需的设计内容 (4) 修正概算	(1) 设计方案中重大技术问题的要求 (2) 有关实验方面确定的要求 (3) 有关设备制造方面的要求
成本加酬金合同或单价合同	初步设计	(1) 总概算 (2) 设计依据、指导思想 (3) 建设规模 (4) 主要设备选型和配置 (5) 主要材料需要量 (6) 主要建筑物、构筑物的形式和估计工程量 (7) 公用辅助设施 (8) 主要技术经济指标	(1) 主要材料、设备订购 (2) 项目总造价控制 (3) 技术设计的编制 (4) 施工组织设计的编制

3. 工程施工技术的先进程度

如果工程施工中有较大部分采用新技术和新工艺，当业主和承包商在这方面过去都没有经验，且在国家颁布的标准、规范、定额中又没有可作为依据时，为了避免投标人盲目地提高承包价款或由于对施工难度估计不足而导致承包亏损，不宜采用固定价合同，而应选用成本加酬金合同。

4. 工程施工工期的紧迫程度

有些紧急工程（如灾后恢复工程等）要求尽快开工且工期较紧时，可能仅有实施方案，还没有施工图纸，因此，承包商不可能报出合理的价格，宜采用成本加酬金合同。

对于一个建设工程项目而言，采用何种合同形式不是固定的。即使在同一个工程项目中，各个不同的工程部分或不同阶段，也可采用不同类型的合同。在划分标段、进行合同策划时，应根据实际情况，综合考虑各种因素后再作出决策。

一般而言，合同工期在 1 年以内且施工图设计文件已通过审查的建设工程，可选择总价合同；紧急抢修、救援、救灾等建设工程，可选择成本加酬金合同；其他情形的建设工程，均宜选择单价合同。

思考与练习

1. 简答施工合同的概念。
2. 简述"平等、自愿、公平"的原则。
3. 简答单价合同的概念。

讨论分析

如何进行建设工程施工合同的选择？

任务 5.2 建设工程施工合同示范文本

任务描述

《建设工程施工合同示范文本》的知识内容包括《建设工程施工合同（示范文本）（GF-2017-0201）》结构，（以下简称《示范文本》）；《示范文本》的组成及解析顺序；施工合同双方的一般权利和义务；施工合同的三大控制条款。

通过本任务的学习，使学生记住《示范文本》结构的协议书、通过条款、专用条款及附件；了解施工合同文件的组成及解析顺序；记住工程施工中发包人与承包人、监理人的权利和义务；了解三大控制。

知识构成

5.2.1 《示范文本》的结构

《示范文本》由合同协议书、通用合同条款和专用合同条款三部分组成。

1. 合同协议书

合同协议书是《示范文本》的总纲性法律文件。它规定了合同当事人双方最主要的权利和义务，规定了组成合同的文件及合同当事人对履行合同义务的承诺，并且要求合同当事人在这份文件上签字盖章，因此具有很高的法律效力。合同协议书共计 13 条，主要包括：工程概况、合同工期、质量标准、签约合同价和合同价格形式、项目经理、合同文件构成、承诺及合同生效条件等重要内容，集中约定了合同当事人基本的合同权利义务。

2. 通用合同条款

通用合同条款是根据《中华人民共和国建筑法》、《中华人民共和国合同法》等法律法规的规定，就工程建设的实施及相关事项，对合同当事人的权利义务作出的原则性约定。除双方协商一致对其中的某些条款作了修改、补充或取消，双方都必须履行。它是将建设工程施工合同中共性的一些内容抽象出来编写一份完整的合同文件。通用合同条款具有很强的通用性，基本适用于各类建设工程。通用合同条款共计 20 条，具体条款分别为：一般约定、发包人、承包人、监理人、工程质量、安全文明施工与环境保护、工期和进度、材料与设备、试验与检验、变更、价格调整、合同价格、计量与支付、验收和工程试车、竣工结算、缺陷责任与保修、违约、不可抗力、保险、索赔和争议解决。前述条款安排既考虑了现行法律法规对工程建设的有关要求，也考虑了建设工程施工管理的特殊需要。

3. 专用合同条款

专用合同条款是对通用合同条款原则性约定的细化、完善、补充、修改或另行约定的条款。合同当事人可以根据不同建设工程的特点及具体情况，通过双方的谈判、协商对相应的专用合同条款进行修改补充。在使用专用合同条款时，应注意以下事项：

（1）专用合同条款的编号应与相应的通用合同条款的编号一致；

（2）合同当事人可以通过对专用合同条款的修改，满足具体建设工程的特殊要求，避免直接修改通用合同条款；

（3）在专用合同条款中有横道线的地方，合同当事人可针对相应的通用合同条款进行细化、完善、补充、修改或另行约定；如无细化、完善、补充、修改或另行约定，则填写"无"或划"/"。

5.2.2　《示范文本》的性质和适用范围

《示范文本》为非强制性使用文本。《示范文本》适用于房屋建筑工程、土木工程、线路管道和设备安装工程、装修工程等建设工程的施工承发包活动，合同当事人可结合建设工程具体情况，根据《示范文本》订立合同，并按照法律法规规定和合同约定承担相应的法律责任及合同权利义务。

5.2.3　施工合同文件的组成及解释顺序

合同协议书与下列文件一起构成合同文件：

（1）中标通知书（如果有）；

（2）投标函及其附录（如果有）；

（3）专用合同条款及其附件；

（4）通用合同条款；

（5）技术标准和要求；

（6）图纸；

（7）已标价工程量清单或预算书；

（8）其他合同文件。

在合同订立及履行过程中形成的与合同有关的文件均构成合同文件组成部分。

上述各项合同文件包括合同当事人就该项合同文件所作出的补充和修改，属于同一类内容的文件，应以最新签署的为准。专用合同条款及其附件须经合同当事人签字或盖章。

上述合同文件应能够互相解释、互相说明。当合同文件中出现不一致时，上面的顺序就是合同的优先解释顺序。当合同文件出现含糊不清或者当事人有不同理解时，按照合同争议的解决方式处理。

5.2.4　施工合同双方的一般权利和义务

了解施工合同中承发包双方的一般权利和义务，是建筑施工企业项目经理最基本的要求。在市场经济条件下，施工任务的最终确认是以施工合同为依据的，项目经理必须代表施工企业（承包人）完成应当由施工企业完成的工作；了解发包人的工作则是项目经理在施工中要求发包人合作的基础，也是维护己方权益的基础。《施工合同文本》第5条至第9条规定了施工合同双方的一般权利和义务。

1. 发包人工作

（1）许可或批准

发包人应遵守法律，并办理法律规定由其办理的许可、批准或备案，包括但不限于建设用地规划许可证、建设工程规划许可证、建设工程施工许可证、施工所需临时用水、临时用电、中断道路交通、临时占用土地等许可和批准。发包人应协助承包人办理法律规定的有关施工证件和批件。

因发包人原因未能及时办理完毕前述许可、批准或备案，由发包人承担由此增加的费用和（或）延误的工期，并支付承包人合理的利润。

（2）施工现场、施工条件和基础资料的提供

1）提供施工现场

除专用合同条款另有约定外，发包人应最迟于开工日期7天前向承包人移交施工现场。

2）提供施工条件

除专用合同条款另有约定外，发包人应负责提供施工所需要的条件，包括：

① 将施工用水、电力、通信线路等施工所必需的条件接至施工现场内；

② 保证向承包人提供正常施工所需要的进入施工现场的交通条件；

③ 协调处理施工现场周围地下管线和邻近建筑物、构筑物、古树名木的保护工作，并承担相关费用；

④ 按照专用合同条款约定应提供的其他设施和条件。

3）提供基础资料

发包人应当在移交施工现场前向承包人提供施工现场及工程施工所必需的毗邻区域内供水、排水、供电、供气、供热、通信、广播电视等地下管线资料，气象和水文观测资料，地质勘查资料，相邻建筑物、构筑物和地下工程等有关基础资料，并对所提供资料的真实性、准确性和完整性负责。

按照法律规定确需在开工后方能提供的基础资料，发包人应尽其努力及时地在相应工程施工前的合理期限内提供，合理期限应以不影响承包人的正常施工为限。

4）逾期提供的责任

因发包人原因未能按合同约定及时向承包人提供施工现场、施工条件、基础资料的，由发包人承担由此增加的费用和（或）延误的工期。

（3）资金来源证明及支付担保

除专用合同条款另有约定外，发包人应在收到承包人要求提供资金来源证明的书面通知后28天内，向承包人提供能够按照合同约定支付合同价款的相应资金来源证明。

除专用合同条款另有约定外，发包人要求承包人提供履约担保的，发包人应当向承包人提供支付担保。支付担保可以采用银行保函或担保公司担保等形式，具体由合同当事人在专用合同条款中约定。

（4）支付合同价款

发包人应按合同约定向承包人及时支付合同价款。

（5）组织竣工验收

发包人应按合同约定及时组织竣工验收。

（6）现场统一管理协议

发包人应与承包人、由发包人直接发包的专业工程的承包人签订施工现场统一管理协议，明确各方的权利义务。施工现场统一管理协议作为专用合同条款的附件。

2. 承包人的工作

（1）承包人的一般义务

承包人在履行合同过程中应遵守法律和工程建设标准规范，并履行以下义务：

① 办理法律规定应由承包人办理的许可和批准，并将办理结果书面报送发包人留存；

② 按法律规定和合同约定完成工程，并在保修期内承担保修义务；

③ 按法律规定和合同约定采取施工安全和环境保护措施，办理工伤保险，确保工程及人员、材料、设备和设施的安全；

④ 按合同约定的工作内容和施工进度要求，编制施工组织设计和施工措施计划，并对所有施工作业和施工方法的完备性和安全可靠性负责；

⑤ 在进行合同约定的各项工作时，不得侵害发包人与他人使用公用道路、水源、市政管网等公共设施的权利，避免对邻近的公共设施产生干扰。承包人占用或使用他人的施工场地，影响他人作业或生活的，应承担相应责任；

⑥ 按照第 6.3 款〔环境保护〕约定负责施工场地及其周边环境与生态的保护工作；

⑦ 按第 6.1 款〔安全文明施工〕约定采取施工安全措施，确保工程及其人员、材料、设备和设施的安全，防止因工程施工造成的人身伤害和财产损失；

⑧ 将发包人按合同约定支付的各项价款专用于合同工程，且应及时支付其雇用人员工资，并及时向分包人支付合同价款；

⑨ 按照法律规定和合同约定编制竣工资料，完成竣工资料立卷及归档，并按专用合同条款约定的竣工资料的套数、内容、时间等要求移交发包人；

⑩ 应履行的其他义务。

（2）项目经理

1）项目经理应为合同当事人所确认的人选，并在专用合同条款中明确项目经理的姓名、职称、注册执业证书编号、联系方式及授权范围等事项，项目经理经承包人授权后代表承包人负责履行合同。项目经理应是承包人正式聘用的员工，承包人应向发包人提交项目经理与承包人之间的劳动合同，及承包人为项目经理缴纳社会保险的有效证明。承包人不提交上述文件的，项目经理无权履行职责，发包人有权要求更换项目经理，由此增加的费用和（或）延误的工期由承包人承担。

项目经理应常驻施工现场，且每月在施工现场时间不得少于专用合同条款约定的天数。项目经理不得同时担任其他项目的项目经理。项目经理确需离开施工现场时，应事先通知监理人，并取得发包人的书面同意。项目经理的通知中应当载明临时代行其职责的人员的注册执业资格、管理经验等资料，该人员应具备履行相应职责的能力。

承包人违反上述约定的，应按照专用合同条款的约定，承担违约责任。

2）项目经理按合同约定组织工程实施。在紧急情况下为确保施工安全和人员安全，在无法与发包人代表和总监理工程师及时取得联系时，项目经理有权采取必要的措施保证与工程有关的人身、财产和工程的安全，但应在48小时内向发包人代表和总监理工程师提交书面报告。

3）承包人需要更换项目经理的，应提前14天书面通知发包人和监理人，并征得发包人书面同意。通知中应当载明继任项目经理的注册执业资格、管理经验等资料，继任项目经理继续履行第3.2.1项约定的职责。未经发包人书面同意，承包人不得擅自更换项目经理。承包人擅自更换项目经理的，应按照专用合同条款的约定承担违约责任。

4）发包人有权书面通知承包人更换其认为不称职的项目经理，通知中应当载明要求更换的理由。承包人应在接到更换通知后14天内向发包人提出书面的改进报告。发包人收到改进报告后仍要求更换的，承包人应在接到第二次更换通知的28天内进行更换，并将新任命的项目经理的注册执业资格、管理经验等资料书面通知发包人。继任项目经理继续履行第3.2.1项约定的职责。承包人无正当理由拒绝更换项目经理的，应按照专用合同条款的约定承担违约责任。

5）项目经理因特殊情况授权其下属人员履行其某项工作职责的，该下属人员应具备履行相应职责的能力，并应提前7天将上述人员的姓名和授权范围书面通知监理人，并征得发包人书面同意。

3．监理人

（1）监理人的一般规定

工程实行监理的，发包人和承包人应在专用合同条款中明确监理人的监理内容及监理权限等事项。监理人应当根据发包人授权及法律规定，代表发包人对工程施工相关事项进行检查、查验、审核、验收，并签发相关指示，但监理人无权修改合同，且无权减轻或免除合同约定的承包人的任何责任与义务。

除专用合同条款另有约定外，监理人在施工现场的办公场所、生活场所由承包人提供，所发生的费用由发包人承担。

（2）监理人员

发包人授予监理人对工程实施监理的权利由监理人派驻施工现场的监理人员行使，监理人员包括总监理工程师及监理工程师。监理人应将授权的总监理工程师和监理工程师的姓名及授权范围以书面形式提前通知承包人。更换总监理工程师的，监理人应提前7天书面通知承包人；更换其他监理人员，监理人应提前48小时书面通知承包人。

（3）监理人的指示

监理人应按照发包人的授权发出监理指示。监理人的指示应采用书面形式，并经其授权的监理人员签字。紧急情况下，为了保证施工人员的安全或避免工程受损，监理人员可以口头形式发出指示，该指示与书面形式的指示具有同等法律效力，但必须在发出口头指示后24小时内补发书面监理指示，补发的书面监理指示应与口头指示一致。

监理人发出的指示应送达承包人项目经理或经项目经理授权接收的人员。因监理人未能按合同约定发出指示、指示延误或发出了错误指示而导致承包人费用增加和（或）

工期延误的，由发包人承担相应责任。除专用合同条款另有约定外，总监理工程师不应将第 4.4 款〔商定或确定〕约定应由总监理工程师作出确定的权力授权或委托给其他监理人员。

承包人对监理人发出的指示有疑问的，应向监理人提出书面异议，监理人应在 48 小时内对该指示予以确认、更改或撤销，监理人逾期未回复的，承包人有权拒绝执行上述指示。

监理人对承包人的任何工作、工程或其采用的材料和工程设备未在约定的或合理期限内提出意见的，视为批准，但不免除或减轻承包人对该工作、工程、材料、工程设备等应承担的责任和义务。

（4）商定或确定

合同当事人进行商定或确定时，总监理工程师应当会同合同当事人尽量通过协商达成一致，不能达成一致的，由总监理工程师按照合同约定审慎做出公正的确定。

总监理工程师应将确定以书面形式通知发包人和承包人，并附详细依据。合同当事人对总监理工程师的确定没有异议的，按照总监理工程师的确定执行。任何一方合同当事人有异议，按照第 20 条〔争议解决〕约定处理。争议解决前，合同当事人暂按总监理工程师的确定执行；争议解决后，争议解决的结果与总监理工程师的确定不一致的，按照争议解决的结果执行，由此造成的损失由责任人承担。

课堂活动

以学习小组为单位，讨论并根据下列问题派代表进行发言。

1.《建设工程施工合同（示范文本）》的结构。

2. 组成建设工程施工合同的文件有哪些？

知识拓展

1. 施工合同的进度控制条款

进度控制，是施工合同管理的重要组成部分。合同当事人应当在合同规定的工期内完成施工任务，发包人应当按时做好准备工作，承包人应当按照施工进度计划组织施工。为此，工程师应当落实进度控制部门的人员、具体的控制任务和管理职能分工；承包人也应当落实具体的进度控制人员，并且编制合理的施工进度计划并控制其执行，即在工程进展全过程中，进行计划进度与实际进度的比较，对出现的偏差及时采取措施。

施工合同的进度控制可以分为施工准备阶段、施工阶段和竣工验收阶段的进度控制。

（1）施工准备阶段的进度控制

施工准备阶段的许多工作都对施工的开始和进度有直接的影响，包括双方对合同工期的约定、承包人提交进度计划、设计图纸的提供、材料设备的采购、延期开工的处理等。

1）合同双方约定合同工期

施工合同工期，是指施工的工程从开工起到完成施工合同专用条款双方约定的全部内容，工程达到竣工验收标准所经历的时间。合同工期是施工合同的重要内容之一，因此，《建设工程施工合同》文本要求双方在协议书中作出明确约定。约定的内容包括开工日期、竣工日期和合同工期的总日历天数。合同工期是按总日历天数计算的，包括法定节假日在内的承包天数。合同当事人应当在开工日期前做好一切开工的准备工作，承包人则应按约定的开工日期开工。

2）承包人提交进度计划

承包人应当在专用条款约定的日期，将施工组织设计和工程进度计划提交工程师。群体工程中采取分阶段进行施工的单项工程，承包人则应按照发包人提供图纸及有关资料的时间，按单项工程编制进度计划，分别向工程师提交。

3）监理工程师对进度计划予以确认或者提出修改意见

监理工程师接到承包人提交的进度计划后，应当予以确认或者提出修改意见，时间限制则由双方在专用条款中约定。如果监理工程师逾期不确认也不提出书面意见，则视为已经同意。

监理工程师对进度计划予以确认或者提出修改意见，并不免除承包人施工组织设计和工程进度计划本身的缺陷所应承担的责任。监理工程师对进度计划予以确认的主要目的是为工程师对进度进行控制提供依据。

4）其他准备工作

在开工前，合同双方还应当做好其他各项准备工作。如发包人应当按照专用条款的规定使施工现场具备施工条件、开通施工现场与公共道路，承包人应当做好施工人员和设备的调配工作。

对于监理工程师而言，特别需要做好水准点与坐标控制点的交验，按时提供标准、规范。为了能够按时向承包人提供设计图纸，监理工程师可能还需要做好设计单位的协调工作，按照专用条款的约定组织图纸会审和设计交底。

5）延期开工

① 承包人要求的延期开工

如果是承包人要求的延期开工，则监理工程师有权批准是否同意延期开工。

承包人应当按协议书约定的开工日期开始施工。承包人不能按时开工，应在不迟于协议书约定的开工日期前7天，以书面形式向工程师提出延期开工的理由和要求。监理工程师在接到延期开工申请后的48小时内以书面形式答复承包人。监理工程师在接到延期开工申请后的48小时内不答复，视为同意承包人的要求，工期相应顺延。

如果监理工程师不同意延期要求，工期不予顺延。如果承包人未在规定时间内提出延期开工要求，工期也不予顺延。

② 发包人原因的延期开工

因发包人的原因不能按照协议书约定的开工日期开工，监理工程师以书面形式通知承包人后，可推迟开工日期。承包人对延期开工的通知没有否决权，但发包人应当赔偿承包人因此造成的损失，相应顺延工期。

（2）施工阶段的进度控制

工程开工后，合同履行即进入施工阶段，直至工程竣工。这一阶段进行控制的任务是控制施工任务在协议书规定的合同工期内完成。

1）监督进度计划的执行

开工后，承包人必须按照监理工程师确认的进度计划组织施工，接受监理工程师对进度的检查、监督。这是监理工程师进行进度控制的一项日常性工作，检查、监督的依据是已经确认的进度计划。一般情况下，监理工程师每月检查一次承包人的进度计划执行情况，由承包人提交一份上月进度计划实际执行情况和本月的施工计划。同时，监理工程师还应进行必要的现场实地检查。

工程实际进度与进度计划不符时，承包人应当按照工程师的要求提出改进措施，经监理工程师确认后执行。但是，对于因承包人自身的原因造成工程实际进度与经确认的进度计划不符的，所有的后果都应由承包商自行承担，监理工程师也不对改进措施的效果负责。如果采用改进措施后，经过一段时间工程实际进展赶上了进度计划，则仍可按原进度计划执行。如果采用改进措施一段时间后，工程实际进展仍明显与进度计划不符，则监理工程师可以要求承包人修改原进度计划，并经监理工程师确认。但是，这种确认并不是监理工程师对工程延期的批准，而仅仅是要求承包人在合理的状态下施工。因此，如果修改后的进度计划不能按期完工，承包人仍应承担相应的违约责任。

监理工程师应当随时了解施工进度计划执行过程中所存在的问题，并帮助承包人予以解决，特别是承包人无力解决的内外关系协调问题。

2）暂停施工

在施工过程中，有些情况会导致暂停施工。暂停施工当然会影响工程进度，作为工程师应当尽量避免暂停施工。暂停施工的原因是多方面的，但归纳起来有以下三个方面：

① 监理工程师要求的暂停施工

监理工程师在主观上是不希望暂停施工的，但有时继续施工会造成更大的损失。监理工程师在确有必要时，应当以书面形式要求承包人暂停施工，不论暂停施工的责任在发包人还是在承包人。监理工程师应当在提出暂停施工要求后 48 小时内提出书面处理意见。承包人应当按照监理工程师的要求停止施工，并妥善保护已完工工程。承包人实施监理工程师作出的处理意见后，可提出书面复工要求，监理工程师应当在 48 小时内给予答复。监理工程师未能在规定时间内提出处理意见，或收到承包人复工要求后 48 小时内未予答复，承包人可以自行复工。

如果停工责任在发包人，由发包人承担所发生的追加合同价款，赔偿承包商由此造成的损失，相应顺延工期；如果停工责任在承包人，由承包人承担发生的费用，工期不予顺延。因为监理工程师不及时作出答复，导致承包人无法复工，由发包人承担违约责任。

② 由于发包人违约，承包人主动暂停施工

当发包人出现某些违约情况时，承包人可以暂停施工。这是承包人保护自己权益的有效措施。如发包人不按合同规定及时向承包人支付工程预付款、发包人不按合同规定及时向承包人支付工程进度款且双方未达成延期付款协议，在承包人发出要求付款通知后仍不付款，经过一定时间后，承包人均可暂停施工。这时，发包人应当承担相应的违约责任。出现这种情况时，监理工程师应当尽量督促发包人履行合同，以求减少双方的损失。

③ 意外情况导致的暂停施工

在施工过程中出现一些意外情况，如果需要暂停施工则承包人应暂停施工。在这些情况下，工期是否给予顺延应视风险责任的承担确定。如发现有价值的文物、发生不可抗力事件等，风险责任应当由发包人承担，故应给予承包人工期顺延。

3）设计变更

在施工过程中如果发生设计变更，将对施工进度产生很大的影响。因此，监理工程师在其可能的范围内应尽量减少设计变更。如果必须对设计进行变更，应当严格按照国家的规定和合同约定的程序进行。

① 发包人对原设计进行变更

施工中发包人如果需要对原工程设计进行变更，应不迟于变更前14天以书面形式向承包人发出变更通知，变更超过原设计标准或者批准的建设规模时，须经原规划管理部门和其他有关部门审查批准，并由原设计单位提供变更的相应的图纸和说明。

② 承包人要求对原设计进行变更

承包人应当严格按照图纸施工，不得随意变更设计。施工中承包人提出合理化建议涉及对设计图纸进行变更，须经监理工程师同意。监理工程师同意变更后，也须经原规划管理部门和其他有关部门审查批准，并由原设计单位提供变更的相应的图纸和说明。承包人未经监理工程师同意不得擅自变更设计，否则因擅自变更设计发生的费用和由此导致发包人的直接损失，由承包人承担，延误的工期不予顺延。

③ 设计变更事项

能够构成设计变更的事项包括以下几项：

A. 更改有关部分的标高、基线、位置和尺寸；

B. 增减合同中约定的工程量；

C. 改变有关工程的施工时间和顺序；

D. 其他有关工程变更需要的附加工作。

由于发包人对原设计进行变更，及经监理工程师同意的、承包人要求进行的设计变更，导致合同价款的增减及造成的承包人损失，由发包人承担，延误的工期相应顺延。

4）工期延误

承包人应当按照合同约定完成工程施工，如果由于其自身的原因造成工期延误，应当承担违约责任。但是，在有些情况下工期延误后，竣工日期可以相应顺延。

① 工期可以顺延的工期延误

因以下原因造成工期延误，经监理工程师确认，工期相应顺延：

A. 发包人不能按专用条款的约定提供开工条件；

B. 发包人不能按约定日期支付工程预付款、进度款，致使工程不能正常进行；

C. 监理工程师未按合同约定提供所需指令、批准等，致使施工不能正常进行。

D. 设计变更和工程量增加；

E. 一周内非承包人原因停水、停电、停气造成停工累计超过8小时；

F. 不可抗力；

G. 专用条款中约定或监理工程师同意工期顺延的其他情况。

这些情况工期可以顺延的根本原因在于：这些情况属于发包人违约或者是应当由发包人承担的风险。反之，如果造成工期延误的原因是承包人的违约或者应当由承包人承担的风险，则工期不能顺延。

② 工期顺延的确认程序

发包人在工期可以顺延的情况发生后 14 天内，应将延误的工期向监理工程师提出书面报告。监理工程师在收到报告后 14 天内予以确认答复，逾期不予答复，视为报告要求已经被确认。

当然，监理工程师确认的工期顺延期限应当是事件造成的合理延误，由监理工程师根据发生事件的具体情况和工期定额、合同等规定确认。经监理工程师确认的顺延的工期应纳入合同工期，作为合同工期的一部分。如果承包人不同意监理工程师的确认结果，则按合同规定的争议解决方式处理。

（3）竣工验收阶段的进度控制

竣工验收，是发包人对工程的全面检验，是保修期外的最后阶段。在竣工验收阶段，监理工程师进度控制的任务是督促承包人完成工程扫尾工作，协调竣工验收中的各方关系，参加竣工验收。

1）竣工验收的程序

工程应当按期竣工。工程按期竣工有两种情况：承包人按照协议书约定的竣工日期或者监理工程师同意顺延的工期竣工。工程如果不能按期竣工，承包人应当承担违约责任。

① 承包人提交竣工验收报告

当工程按合同要求全部完成后，工程具备了竣工验收条件，承包人按国家工程竣工验收的有关规定，向发包人提供完整的竣工资料和竣工验收报告，并按专用条款要求的日期和份数向发包人提交竣工图。

② 发包人组织验收

发包人在收到竣工验收报告后 28 天内组织有关部门验收，并在验收 14 天内给予认可或者提出修改意见。承包人应当按要求进行修改，并承担由自身原因造成修改的费用。竣工日期为承包人送交竣工验收报告日期。需修改后才能达到验收要求的，竣工日期为承包人修改后提请发包方验收日期。

③ 发包人不按时组织验收的后果

发包人收到承包人送交的竣工验收报告后 28 天内不组织验收，或者在验收后 14 天内不提出修改意见，则视为竣工验收报告已经被认可。发包人收到承包人送交的竣工验收报告后 28 天内不组织验收，从第 29 天起承担工程保管及一切意外责任。

2）发包人要求提前竣工

在施工中，发包人如果要求提前竣工，应当与承包人进行协商，协商一致后应签订提前竣工协议。发包人应为赶工提供方便条件。提前竣工协议应包括以下方面的内容：

① 提前的时间；

② 承包人采取的赶工措施；

③ 发包人为赶工提供的条件；

④ 承包人为保证工程质量采取的措施；

⑤ 提前竣工所需的追加合同价款。

3）甩项工程

因特殊原因，发包人要求部分单位工程或工程部位甩项竣工的，双方应当另行签订甩项竣工协议，明确各方责任和工程价款的支付方法。

2. 施工合同的质量控制条款

工程施工中的质量控制是合同履行中的重要环节。施工合同的质量控制涉及许多方面的因素，任何一个方面的缺陷和疏漏，都会使工程质量无法达到预期的标准。

（1）标准、规范和图纸

1）合同适用标准、规范

按照《标准化法》的规定，为保障人体健康、人身财产安全的标准属于强制性标准。建设工程施工的技术要求和方法即为强制性标准，施工合同当事人必须执行。《建筑法》也规定，建筑工程施工的质量必须符合国家有关建筑工程安全标准的要求。因此，施工中必须使用国家标准、规范；没有国家标准、规范但有行业标准、规范的，使用行业标准、规范；没有国家和行业标准、规范的，适用工程所在地的地方标准、规范。双方应当在专用条款中约定适用标准、规范的名称。发包人应当按照专用条款约定的时间向承包人提供一式两份约定的标准、规范。

国内没有相应的标准、规范时，可以由合同当事人约定工程适用的标准。首先，应由发包人按照约定的时间向承包人提出施工技术要求，承包人按照约定的时间和要求提出施工工艺，经发包人认可后执行；若发包人要求工程使用国外标准、规范时，发包人应当负责提供中文译本。

因为购买、翻译和制定标准、规范或制定施工工艺的费用，由发包人承担。

2）图纸

建设工程施工应当按照图纸进行。在施工合同管理中的图纸是指由发包人提供或者由承包人提供经工程师批准、满足承包人施工需要的所有图纸（包括配套说明和有关资料）。按时、按质、按量提供施工所需图纸，也是保证工程施工质量的重要方面。

① 发包人提供图纸

在我国目前的建设工程管理体制中，施工中所需图纸主要由发包人提供（发包人通过设计合同委托设计单位设计）。在对图纸的管理中，发包人应当完成以下工作：

A. 发包人应当按照专用条款约定的日期和套数，向承包人提供图纸。

B. 承包人如果需要增加图纸套数，发包人应当代为复制。发包人代为复制意味着发包人应当为图纸的正确性负责。

C. 如果对图纸有保密要求的，应当承担保密措施费用。

对于发包人提供的图纸，承包人应当完成以下工作：

A. 在施工现场保留一套完整图纸，供监理工程师及其有关人员进行工程检查时使用。

B. 如果专用条款对图纸提出保密要求的，承包人应当在约定的保密期限内承担保密义务。

C. 承包人如果需要增加图纸套数，复制费用由承包人承担。

使用国外或者境外图纸，不能满足施工需要时，双方在专用条款内约定复制、重新绘制、翻译、购买标准图纸等责任及费用承担。

监理工程师在对图纸进行管理时，重点是按照合同约定按时向承包人提供图纸，同时，根据图纸检查承包人的工程施工。

② 承包人提供图纸

某些工程，施工图纸的设计或者与工程配套的设计有可能由承包人完成。如果合同中有这样的约定，则承包人应当在其设计资质允许的范围内，按监理工程师的要求完成这些设计，经监理工程师确认后使用，发生的费用由发包人承担。在这种情况下，监理工程师对图纸的管理重点是审查承包人的设计。

（2）材料设备供应的质量控制

工程建设的材料设备供应的质量控制，是整个工程质量控制的基础。建筑材料、构配件生产及设备供应单位对其生产或者供应的产品质量负责。而材料设备的需方则应根据买卖合同的规定进行质量验收。

1）材料设备的质量及其他要求

① 材料生产和设备供应单位应具备法定条件

建筑材料、构配件生产及设备供应单位必须具备相应的生产条件、技术装备和质量保证体系，具备必要的检测人员和设备，把好产品看样、订货、储存、运输和核验的质量关。

② 材料设备质量应符合要求

A. 符合国家或者行业现行有关技术标准规定的合格标准和设计要求；

B. 符合在建筑材料、构配件及设备或其包装上注明采用的标准，符合以建筑材料、构配件及设备说明、实物样品等方式表明的质量状况。

③ 材料设备或者其包装上的标识应符合的要求

A. 有产品质量检验合格证明；

B. 有中文标明的产品名称、生产厂家厂名和厂址；

C. 产品包装和商标样式符合国家有关规定和标准要求；

D. 设备应有产品详细的使用说明书，电气设备还应附有线路图；

E. 实施生产许可证或使用产品质量认证标志的产品，应有许可证或质量认证的编号、批准日期和有效期限。

2）发包人供应材料设备时的质量控制

① 双方约定发包人供应材料设备的一览表

对于由发包人供应的材料设备，双方应当约定发包人供应材料设备的一览表，作为合同附件。一览表的内容应当包括材料设备种类、规格、型号、数量、单价、质量等级、提供的时间和地点。发包人按照一览表的约定提供材料设备。

② 发包人供应材料设备的验收

发包人应当向承包人提供其供应材料设备的产品合格证明，并对这些材料设备的质量负责。发包人应在其所供应的材料设备到货前 24 小时，以书面形式通知承包人，由承包人派人与发包人共同清点。

③ 材料设备验收后的保管

发包人供应的材料设备经双方共同验收后由承包人妥善保管，发包人支付相应的保管费用。因承包人的原因发生损坏丢失，由承包人负责赔偿。发包人不按规定通知承包人验收，发生的损坏、丢失由发包人负责。

④ 发包人供应的材料设备与约定不符时的处理

发包人供应的材料设备与约定不符时，应当由发包人承担有关责任，具体按照下列情况进行处理：

A. 材料设备单价与合同约定不符时，由发包人承担所有差价。

B. 材料设备种类、规格、型号、数量、质量等级与合同约定不符时，承包人可以拒绝接收保管，由发包人运出施工场地并重新采购。

C. 发包人供应材料的规格、型号与合同约定不符时，承包人可以代为调剂串换，发包方承担相应的费用。

D. 到货地点与合同约定不符时，发包人负责运至合同约定的地点。

E. 供应数量少于合同约定的数量时，发包人将数量补齐；多于合同约定的数量时，发包人负责将多出部分运出施工场地。

F. 到货时间早于合同约定时间，发包人承担因此发生的保管费用；到货时间迟于合同约定的供应时间，由发包人承担相应的追加合同价款。发生延误，相应顺延工期，发包人赔偿由此给承包人造成的损失。

⑤ 发包人供应材料设备使用前的检验或试验

发包人供应的材料设备进入施工现场后需要在使用前检验或者试验的，由承包人负责，费用由发包人承担。即使在承包人检验通过之后，如果又发现材料设备有质量问题的，发包人仍应承担重新采购及拆除重建的追加合同价款，并相应顺延由此延误的工期。

3）承包人采购材料设备的质量控制

对于合同约定由承包人采购的材料设备，应当由承包人选择生产厂家或者供应商，发包人不得指定生产厂家或者供应商。

① 承包人采购材料设备的验收

承包人根据专用条款的约定及设计和有关标准要求采购工程需要的材料设备，并提供产品合格证明。承包人在材料设备到货前24小时通知监理工程师验收。这是监理工程师的一项重要职责，工程师应当严格按照合同约定、有关标准进行验收。

② 承包人采购的材料设备与要求不符时的处理

承包人采购的材料设备与设计或者标准要求不符时，监理工程师可以拒绝验收，由承包人按照监理工程师要求的时间运出施工场地，重新采购符合要求的产品，并承担由此发生的费用，由此延误的工期不予顺延。

监理工程师发现材料设备不符合设计或者标准要求时，应要求承包方负责修复、拆除或者重新采购，并承担发生的费用，由此造成工期延误不予顺延。

③ 承包人使用代用材料

承包人需要使用代用材料时，须经监理工程师认可后方可使用，由此增减的合同价款由双方以书面形式议定。

④ 承包方采购材料设备在使用前检验或试验

承包人采购的材料设备在使用前，承包人应按监理工程师的要求进行检验或试验，不合格的不得使用，检验或试验费用由承包人承担。

（3）工程验收的质量控制

工程验收是一项以确认工程是否符合施工合同规定目的的行为，是质量控制最重要的环节。

1）工程质量标准

工程质量应当达到协议书约定的质量标准，质量标准的评定以国家或者专业的质量检验评定标准。发包人对部分或者全部工程质量有特殊要求的，应支付由此增加的追加合同价款，对工期有影响的应给予相应顺延。

达不到约定标准的工程部分，监理工程师一经发现，可要求承包人返工，承包人应当按照工程师的要求返工，直到符合约定标准。因承包人的原因达不到约定标准，由承包人承担返工费用，工期不予顺延。因发包人的原因达不到约定标准，由发包人承担返工的追加合同价款，工期相应顺延。因双方原因达不到约定标准，责任由双方分别承担。

双方对工程质量有争议；由专用条款约定的工程质量监督部门鉴定，所需费用及因此造成的损失，由责任方承担。双方均有责任，由双方根据其责任分别承担。

2）施工过程中的检查和返工

在工程施工过程中，监理工程师及其委派人员对工程的检查检验，是他们一项日常性工作和重要职能。

承包人应认真按照标准、规范和设计要求及监理工程师依据合同发生的指令施工，随时接受监理工程师及其委派人员的检查检验，为检查检验提供便利条件。工程质量达不到约定标准的部分，监理工程师一经发现，可要求承包人拆除和重新施工，承包人应按监理工程师及其委派人员的要求拆除和重新施工，承担由于自身原因导致拆除和重新施工的费用，工期不予顺延。

检查检验合格后，又发现因承包人引起的质量问题，由承包人承担的责任，赔偿发包人的直接损失，工期不应顺延。

检查检验不应影响施工正常进行，如影响施工正常进行，检查检验不合格时，影响正常施工的费用由承包人承担。除此之外影响正常施工的追加合同价款由发包人承担，相应顺延工期。

因监理工程师指令失误和其他非承包人原因发生的追加合同价款，由发包人承担。

3）隐蔽工程和中间验收

由于隐蔽工程在施工中一旦完成隐蔽，很难再对其进行质量检查（这种检查成本很大），因此必须在隐蔽前进行检查验收。对于中间验收，合同双方应在专用条款中约定需要进行中间验收的单项工程和部位的名称、验收的时间和要求，及发包人应提供的便利条件。

工程具体隐蔽条件和达到专用条款约定的中间验收部位，承包人进行自检，并在隐蔽和中间验收前 48 小时以书面形式通知监理工程师验收。通知包括隐蔽和中间验收内容、验收时间和地点。承包人准备验收记录，验收合格，监理工程师在验收记录上签字后，承包人可进行隐蔽和继续施工。验收不合格，承包人在工程师限定的时间内修改后重新验收。

工程质量符合标准、规范和设计图纸等的要求，验收 24 小时后，监理工程师不在验收记录上签字，视为工程师已经批准，承包人可进行隐蔽或者继续施工。

4）重新检验

监理工程师不能按时参加验收，须在开始验收前24小时向承包人提出书面延期要求，延期不能超过48小时。监理工程师未能按以上时间提出延期要求，不参加验收，承包人可自行组织验收，监理工程师应承认验收记录。

无论监理工程师是否参加验收，当其提出对已经隐蔽的工程重新检验的要求时，承包人应按要求进行剥露或开孔，并在检验后重新覆盖或者修复。检验合格，发包人承担由此发生的全部追加合同价款，赔偿承包人损失，并相应顺延工期。检验不合格，承包人承担发生的全部费用，工期不予顺延。

5）试车

① 试车的组织责任

对于设备安装工程，应当组织试车。试车内容应与承包人承包的安装范围相一致。

A. 单机无负荷试车。设备安装工程具备单机无负荷试车条件，由承包人组织试车。只有单机试运转达到规定要求，才能进行联试。承包人应在试车前48小时书面通知监理工程师。通知包括试车内容、时间、地点。承包人准备试车记录，发包人根据承包人要求为试车提供必要条件。试车通过，监理工程师在试车记录上签字。

B. 联动无负荷试车。设备安装工程具备无负荷联动试车条件，由发包人组织试车，并在试车前48小时书面通知承包人。通知内容包括试车内容、时间、地点和对承包人的要求，承包人按要求做好准备工作和试车记录。试车通过，双方在试车记录上签字。

C. 投料试车。投料试车，应当在工程竣工验收后由发包人全部负责。如果发包人要求承包方配合或在工程竣工验收前进行时，应当征得承包人同意，另行签订补充协议。

② 试车的双方责任

A. 由于设计原因试车达不到验收要求，发包人应要求设计单位修改设计，承包人按修改后的设计重新安装。发包人承担修改设计、拆除及重新安装全部费用和追加合同价款，工期相应顺延。

B. 由于设备制造原因试车达不到验收要求，由该设备采购一方负责重新购置和修理，承包方负责拆除和重新安装。设备由承包人采购，由承包人承担修理或重新购置、拆除及重新安装的费用，工期不予顺延；设备由发包人采购的，发包人承担上述各项追加合同价款，工期相应顺延。

C. 由于承包人施工原因试车达不到验收要求，承包人按工程师要求重新安装和试车，承担重新安装和试车的费用，工期不予顺延。

D. 试车费用除已包括在合同价款之内或者专用条款另有约定外，均由发包人承担。

E. 工程师未在规定时间内提出修改意见，或试车合格而不在试车记录上签字，试车结束24小时后，记录自行生效，承包人可继续施工或办理竣工手续。

③ 工程师要求延期试车

工程师不能按时参加试车，须在开始试车前24小时向承包人提出书面延期要求，延期不能超过48小时，工程师未能按以上时间提出延期要求，不参加试车，承包人可自行组织试车，发包人应当承认试车记录。

6）竣工验收

竣工验收，是全面考核建设工作，检查是否符合设计要求和工程质量的重要环节。

① 竣工工程必须符合的基本要求

竣工交付使用的工程必须符合下列基本要求：

A. 完成工程设计和合同中规定的各项工作内容，达到国家规定的竣工条件；

B. 工程质量应符合国家现行有关法律、法规、技术标准、设计文件及合同规定的要求，并经质量监督机构核定为合格；

C. 工程所用的设备和主要建筑材料、构件应具有产品质量出厂检验合格证明和技术标准规定必要的进场试验报告；

D. 具有完整的工程技术档案和竣工图，已办理工程竣工交付使用的有关手续；

E. 已签署工程保修证书。

② 竣工验收中承发包双方的具体工作程序和责任

工程具备竣工验收条件，承包人按国家工程竣工验收有关规定，向发包人提供完整竣工资料及竣工验收报告。双方约定由承包人提供竣工图，应当在专用条款内约定提供的日期和份数。

发包人收到竣工验收报告后 28 天内组织有关部门验收，并在验收后 14 天内给予认可或提出修改意见。承包人按要求修改。由于承包人原因，工程质量达不到约定的质量标准，承包人承担违约责任。

因特殊原因，发包人要求部分单位工程或者工程部位须甩项竣工时，双方另行签订甩项竣工协议，明确各方责任和工程价款的支付办法。

建设工程未经验收或验收不合格，不得交付使用。发包人强行使用的，由此发生的质量问题及其他问题，由发包人承包责任。但在这种情况下发包人主要是对强行使用直接产生的质量问题及其他问题承担责任，不能免除承包人对工程的保修等责任。

（4）保修

建设工程办理交工验收手续后，在规定的期限内，因勘察、设计、施工、材料等原因造成的质量缺陷，应当由施工单位负责维修。所谓质量缺陷是指工程不符合国家或行业现行的有关技术标准、设计文件及合同中对质量的要求。

1）质量保修书的内容

承包人应当在工程竣工验收之前，与发包人签订质量保修书，作为合同附件。质量保修书的主要内容包括：

① 质量保修项目内容及范围；

② 质量保证期；

③ 质量保修责任；

④ 质量保修金的支付方法。

2）工程质量保修范围和内容

质量保修范围包括地基基础工程、主体结构工程、屋面防水工程和双方约定的其他土建工程，及电气管线、上下水管线的安装工程，供热、供冷系统工程项目。工程质量保修范围是国家强制性的规定，合同当事人不能约定减少国家规定的工程质量保修范围。

工程质量保修的内容由当事人在合同中约定。

3）质量保修期

质量保修期从工程竣工验收合格之日算起。分单项竣工验收的工程，按单项工程分别计算质量保修期。

合同双方可以根据国家有关规定，结合具体工程约定质量保修期，但双方的约定不得低于国家规定的最低质量保修期。《建设工程质量管理条例》和《房屋建筑工程质量保修办法》对正常使用条件下，建设工程的最低保修期限分别规定为：

① 基础设施工程、房屋建筑的地基基础工程和主体结构工程，为设计文件规定的该工程合理使用年限；

② 屋面防水工程、有防水要求的卫生间、房间和外墙面的防渗漏，为 5 年；

③ 供热与供冷系统，为 2 个采暖期和供冷期；

④ 电气管线、给水排水管道、设备安装和装修工程，为 2 年。

4）质量保修责任

① 属于保修范围和内容的项目，承包人应在接到修理通知之日后 7 天内派人修理。承包人不在约定期限内派人修理，发包人可以委托其他人员修理，修理费用从质量保修金内扣除。

② 发生紧急抢修事故（如上水跑水、燃气漏气等），承包人接到事故通知后，须立即到达事故现场抢修。非承包人施工质量引起的事故，抢修费由发包人承担。

③ 在工程合理使用期限内，承包人确保地基基础工程和主体结构的质量。因承包人的原因致使工程在合理期限内造成人身和财产损害，承包人应承担损害赔偿责任。

3. 施工合同的投资控制条款

（1）施工合同价款及调整

1）施工合同价款的约定

施工合同价款，按有关规定和协议条款约定的各种取费标准计算，用以支付承包方按照合同要求完成工程内容的价款总额。这是合同双方关心的核心问题之一，招投标等工作主要是围绕合同价款展开的。合同价款应依据中标通知书中的中标价格或非招标工程的工程预算书确定。合同价款在协议书内约定后，任何一方不得擅自改变。合同价款可以按照固定价格合同、可调整价格合同、成本加酬金合同三种方式约定。

① 固定价格合同

固定价格合同，是指在约定的风险范围内价款不再调整的合同。这种合同的价款并不是绝对不可调整，而是约定范围内的风险由承包人承担。双方应当在专用条款中约定合同价款包括的风险费用和承担风险的范围。风险范围以外的合同价款调整方法，应当在专用条款内约定。

② 可调价格合同

可调价格合同，是指合同价格可以调整合同。合同双方应当在专用条款内约定合同价款的调整方法。

③ 成本加酬金合同

成本加酬金合同，是由发包人向承包人支付工程项目的实际成本，并按事先约定的某一种方式支付酬金的合同类型。合同价款包括成本和酬金两部分，合同双方应在专用条款内约定成本构成和酬金的计算方法。

2）可调价格合同中合同价款的调整

① 可调价格合同中价格调整的范围

A. 国家法律、法规和政策变化影响合同价款；

B. 工程造价管理部门公布的价格调整；

C. 一周内非承包人原因停水、停电、停气造成停工累计超过八小时；

D. 双方约定的其他调整或增减。

② 可调节价格合同中价格调整的程序

承包人应当在价款可以调整的情况发生后 14 天内，将调整原因、金额以书面形式通知监理工程师，监理工程师确认后作为追加合同价款，与工程款同期支付。监理工程师收到承包人通知之后 14 天内不作答复也不提出修改意见，视为该项调整已经同意。

（2）工程预付款

双方应当在专用条款内约定发包人向承包人预付工程款的时间和数额，开工后按约定的时间和比例逐次扣回。预付时间应不迟于约定的开工日期前 7 天。发包人不按约定预付，承包人在约定预付时间 7 天后向发包人发出要求预付的通知，发包人收到通知后仍不能按要求预付，承包人可在发出通知后 7 天停止施工，发包人应从约定应付之日起向承包方支付应付款的贷款利息，并承担违约责任。

（3）工程款（进度款）支付

1）工程量的确认

对承包人已完成工程量的核实确认，是发包人支付工程款的前提，其具体的确认程序如下：

① 承包人向工程师提交已完工程量报告

承包人应按专用条款约定的时间，向工程师提交已完工程量报告。该报告应当由《完成工程量报审表》和作为其附件的《完成工程量统计报表》组成。承包人应当写明项目名称、申报工程量及简要说明。

② 工程师的计量

工程师接到报告后 7 天内按设计图纸核实已完工程量（以下称计量），并在计量前 24 小时通知承包人，承包人为计量提供便利条件并派人参加。承包人不参加计量，发包人自行进行，计量结果有效，作为工程价款支付的依据。

工程师收到承包人报告后 7 天内未进行计量，从第 8 天起，承包人报告中开列的工程量即视为已被确认，作为工程价款支付的依据。工程师不按约定时间通知承包人，使承包人不能参加计量，计量结果无效。

工程师对承包人超出设计图纸范围和（或）因自身原因造成返工的工程量，不予计量。

2）工程款（进度款）结算方式

① 按月结算

这种结算办法实行旬末或月中预支，月末结算，竣工后清算的办法。跨年度施工的工程，在年终进行工程盘点，办理年度结算。

② 竣工后一次结算

建设项目或单项工程全部建筑安装工程建设期较短或施工合同价较低的，可以实行工程价款每月月中预支，竣工后一次结算。

③ 分段结算

这种结算方式要求当年开工、当年不能竣工的单项工程或单位工程按照工程形象进度，划分不同阶段进行结算。分段的划分标准，由各部门和省、自治区、直辖市、计划单列市规定，分段结算可以按月预支工程款。

实行竣工后一次结算和分段结算的工程，当年结算的工程应与年度完成工程量一致，年终不另清算。

④ 其他结算方式

结算双方可以约定采用并经开户银行同意的其他结算方式。

3）工程款（进度款）支付的程序和责任

发包人应在双方计量确认后 14 天内，向承包人支付工程款（进度款）。同期用于工程上的发包人供应材料设备的价款，及按约定时间发包人应按比例扣回的预付款，与工程款（进度款）同期结算。合同价款调整、设计变更调整的合同价款及追加的合同价款，应与工程款（进度款）同期调整支付。

发包人超过约定的支付时间不支付工程款（进度款），承包人可向发包人发出要求付款的通知，发包人在收到承包人通知后仍不能按要求支付，可与承包人协商签订延期付款协议，经承包人同意后可以延期支付。协议须明确延期支付时间和从结果确认计量后第 15 天起计算应付款的贷款利息。发包人不按合同约定支付工程款（进度款），双方又未达成延期付款协议，导致施工无法进行，承包人可停止施工，由发包人承担违约责任。

（4）变更价款的确定

1）变更价款的确定程序

设计变更发生后，承包人在工程设计变更确定后 14 天内，提出变更工程价款的报告，经工程师确认后调整合同价款。承包人在确定变更后 14 天内不向工程师提出变更工程价款报告时，视为该项设计变更不涉及合同价款的变更。

工程师收到变更工程价款报告之日起 14 天内，予以确认。工程师无正当理由不确认时，自变更价款报告送达之日起 14 天后变更工程价款报告自行生效。

工程师不同意承包人提出的变更价格，按照合同约定的争议解决方法处理。

2）变更价款的确定方法

变更合同价款按照下列方法进行：

① 合同中已有适用于变更工程的价格，按合同已有的价格计算、变更合同价款；

② 合同中只有类似于变更工程的价格，可以参照此价格确定变更价格，变更合同价款；

③ 合同中没有适用或类似于变更工程的价格，由承包人提出适当的变更价格，经工程师确认后执行。

（5）施工中涉及的其他费用

1）安全施工方面的费用

承包人按工程质量、安全及消防管理有关规定组织施工，采取严格的安全防护措施，承担由于自身的安全措施不力造成事故的责任和因此发生的费用。非承包人责任造成安全事故，由责任方承担责任和发生的费用。

发生重大伤亡及其他安全事故，承包人应按有关规定立即上报有关部门并通知监理工程师，同时按政府有关部门要求处理，发生的费用由事故责任方承担。

发包人应对其在施工场地的工作人员进行安全教育，并对他们的安全负责。

承包人在动力设备、输电线路、地下管道、密封防震车间、易燃易爆地段及临街交通要道附近施工时，施工开始前应向工程师提出安全保护措施，经监理工程师认可后实施，防护措施费用由发包人承担。

实施爆破作业，在放射、毒害性环境中施工（含存储、运输、使用）及使用毒害性、腐蚀性物品施工时，承包人应在施工前 14 天以书面形式通知监理工程师，并提出相应的安全保护措施，经监理工程师认可后实施。安全保护措施费用由发包人承担。

2）专利技术及特殊工艺涉及的费用

发包人要求使用专利技术或特殊工艺，须负责办理相应的申报手续，承担申报、试验、使用等费用。承包人按发包人要求使用，并负责试验等有关工作。承包人提出使用专利技术或特殊工艺，报工程师认可后实施。承包人负责办理申报手续并承担有关费用。

擅自使用专利技术侵犯他人专利权，责任者依法承担相应责任。

3）文物和地下障碍物

在施工中发现古墓、古建筑遗址等文物及化石或其他有考古、地质研究等价值的物品时，承包人应立即保护好现场并于 4 小时内以书面形式通知监理工程师，监理工程师应于收到书面通知后 24 小时内报告当地文物管理部门，并按有关管理部门要求采取妥善保护措施。发包人承担由此发生的费用，延误的工期相应顺延。

施工中发现影响施工的地下障碍物时，承包人应在 8 小时内以书面形式通知监理工程师，同时提出处置方案，监理工程师收到处置方案后 8 小时内予以认可或提出修正方案。发包人承担由此发生的费用，延误的工期相应顺延。

所发现的地下障碍物有归属单位时，发包人报请有关部门协同处置。

（6）竣工结算

1）承包人递交竣工决算报告及违约责任

工程竣工验收报告经发包人认可后，承发包双方应当按协议书约定的合同价款及专用条款约定的合同价款调整方式，进行工程竣工结算。

工程竣工验收报告经发包人认可后 28 天，承包人向发包人递交竣工决算报告及完整的结算资料。

工程竣工验收报告经发包人认可后 28 天内，承包人未能向发包人递交竣工决算报告及完整的结算资料，造成工程竣工结算不能正常进行或工程竣工结算价款不能及时支付，发包人要求交付工程的，承包人应当交付；发包人不要求交付工程的，承包人承担保管责任。

2）发包人的核实和支付

发包人自收到竣工结算报告及结算资料后 28 天内进行核实，确认后支付工程竣工结算价款。承包人收到竣工结算价款后 14 天内将竣工工程交付发包人。

3）发包人不支付结算价款的违约责任

发包人收到竣工结算报告及结算资料后 28 天内无正当理由不支付工程竣工结算价款，从第 29 天起按承包人同期向银行贷款利率支付拖欠工程价款的利息，并承担违约责任。

发包人收到竣工决算报告及结算资料后 28 天内不支付工程竣工结算价款，承包人可以催告发包人支付结算价款。发包人在收到竣工结算报告及结算资料后 56 天内仍不支付的，承包人可以与发包人协议将该工程折价，也可以由承包人申请人民法院将该工程依法拍卖，承包人就该工程折价或者拍卖的价款优先受偿。目前在建设领域，拖欠工程款的情况十分严重，承包方采取有力措施，保护自己的合法权利是十分重要的。但对工程的折价或者拍卖，尚需其他相关部门的配合。

（7）质量保修金

1）质量保修金的支付

保修金由承包人向发包人支付，也可由发包人从应付承包人工程款内预留。质量保修金的比例及金额由双方约定，但不应超过施工合同价款的 3%。

2）质量保修金的结算与返还

工程的质量保证期满后，发包人应当及时结算和返还（如有剩余）质量保修金。发包人应当在质量保证期满后 14 天内，将剩余保修金和按约定利率计算的利息返还承包人。

思考与练习

1. 简述施工合同协议书的主要内容。
2. 简述通用条款的组成内容。
3. 简述施工合同承包人的工作。

讨论分析

1. 施工合同的进度控制。
2. 施工合同的质量控制。

任务 5.3 建设工程施工合同管理的基本知识

任务描述

建设工程施工合同管理的基本内容包括：建设工程施工合同管理的基本概念；建设工程施工合同管理的体系；不可抗力、保险和担保的管理；工程转包和分包；违约责任。

通过本任务的学习，使学生理解合同管理的含义；了解建设工程施工合同管理的体系；能描述建设工程施工合同管理的管理过程。

知识构成

5.3.1　施工合同管理概述

施工合同的管理，是指各级工商行政管理机关、建设行政主管机关和金融机构，及工程发包单位、监理单位、承包单位依据法律和行政法规、规章制度，采取法律的、行政的手段，对施工合同关系进行组织、指导、协调和监督，保护施工合同当事人的合法权益，处理施工合同纠纷，防止和制裁违法行为，保证施工合同法规的贯彻实施等一系列活动。

施工合同管理，既包括各级工商行政管理机关、建设行政主管机关、金融机构对施工合同的管理，也包括发包单位、监理单位、承包单位对施工合同的管理。可将这些管理划分为以下两个层次：第一层次为国家机关及金融机构对施工合同的管理；第二层次则为建设工程施工合同当事人及监理单位对施工合同的管理。

各级工商行政管理机关、建设行政主管机关对合同的管理侧重于宏观的管理，而发包单位、监理单位、承包单位对施工合同的管理则是具体的管理，也是合同管理的出发点和落脚点。发包单位、监理单位、承包单位对施工合同的管理体现在施工合同从订立到履行的全过程中，本任务主要是介绍在合同履行过程中的一些重点和难点。

5.3.2　不可抗力、保险和担保的管理

1. 不可抗力

不可抗力事件发生后，对施工合同的履行会造成较大的影响。在合同订立时应当明确不可抗力的范围。监理工程师应当对不可抗力风险的承担有一个通盘的考虑：哪些不可抗力风险可以承担，哪些不可抗力风险应当转移出去（如投保等）。在施工合同的履行中，应当加强管理，在可能的范围减少或者避开不可抗力事件的发生（如爆炸、火灾等有时就是因为管理不善引起的）。不可抗力事件发生后应当尽量减少损失。

（1）不可抗力的范围

不可抗力，是指合同当事人不能预见、不能避免并不能克服的客观情况。建设工程施工中的不可抗力包括因战争、动乱、空中飞行物坠落或其他非发包人责任造成的爆炸、火灾，及专用条款约定的风、雨、雪、洪水、地震等自然灾害。

（2）不可抗力事件发生后双方的工作

不可抗力事件发生后，承包人应在力所能及的条件下迅速采取措施，尽量减少损失，并在不可抗力事件结束后 48 小时内向监理工程师通报受害情况和损失情况，及预计清理和修复的费用。发包人应协助承包人采取措施。不可抗力事件继续发生，承包人应每隔 7 天向监理工程师报告一次受害情况，并于不可抗力事件结束后 14 天内，向监理工程师提交清理和修复费用的正式报告及有关资料。

（3）不可抗力的承担

因不可抗力事件导致的费用及延误的工期由双方按以下方法分别承担：

① 工程本身的损害、因工程损害导致第三方人员伤亡和财产损失及运至施工场地用于施工的材料和待安装的设备的损害，由发包人承担；

② 承发包双方人员伤亡由其所在单位负责，并承担相应费用；

③ 承包人机械设备损坏及停工损失，由承包人承担；

④ 停工期间，承包人应工程师要求留在施工场地的必要的管理人员及保卫人员的费用由发包人承担；

⑤ 工程所需清理、修复费用，由发包人承担；

⑥ 延误的工期相应顺延。

因合同一方迟延履行合同后发生不可抗力的，不能免除迟延履行方的相应责任。

2. 保险

虽然我国对工程保险（主要是施工过程中的保险）没有强制性的规定，但随着项目法人责任制的推行，以前存在着事实上由国家承担不可抗力风险的情况将会有很大改变。工程项目参加保险的情况会越来越多。

双方的保险义务分担如下：

（1）工程开工前，发包人应当为建设工程和施工场地内的发包人人员及第三方人员生命财产办理保险，支付保险费用。发包人可以将上述保险事项委托承包人办理，但费用由发包人承担。

（2）承包人必须为从事危险作业的职工办理意外伤害保险，并为施工场地内自有人员生命财产和施工机械设备办理保险，并支付保险费用。

（3）运至施工场地内用于工程的材料和待安装设备，不论由承发包双方任何一方保管，都应由发包人（或委托承包人）办理保险，并支付保险费用。

保险事故发生时，承发包双方有责任尽力采取必要的措施，防止或者减少损失。

3. 担保

承发人双方为了全面履行合同，应互相提供以下担保：

（1）发包人向承包人提供履约担保，按合同约定支付工程价款及履行合同约定的其他义务。

（2）承包人向发包人提供履约担保，按合同约定履行自己的各项义务。

承发人双方的履约担保一般都是以履约保函的方式提供的，实际上是担保方式中的保证。履约保函往往是由银行出具的，即以银行为保证人。一方违约后，另一方可要求提供担保的第三方（如银行）承担相应责任。当然，履约担保也不排除其他担保人出具的担保书，但由于其他担保人的信用低于银行，因此担保金额往往较高。

提供担保的内容、方式和相关责任，承包人双方除在专用条款中约定外，被担保方与担保方还应签订担保合同，作为施工合同的附件。

5.3.3 工程转包与分包

施工企业的施工力量、技术力量、人员素质、信誉等好坏，对工程质量、投资控制、进度控制等有直接影响。发包人是在经过了一系列考察及资格预审、投标和评标等活动之后选中承包人的，签订合同不仅意味着双方对报价、工期等可定量化因素的认可，也意味着发包人对承包人的信任。因此在一般情况下，承包人应当以自己的力量来完成施工任务或者主要施工任务。

1. 关于工程转包

工程转包，是指不行使承包人的管理职能，不承担技术经济责任，将所承包的工程倒手转给他人承包的行为。承包人不得将其承包的全部工程转包给他人，也不得将其承包的全部工程肢解以后以分包的名义分别转包给他人。工程转包，不仅违反合同，也违反我国有关法律和法规的规定。

下列行为均属转包：

（1）承包人将承包的工程全部包给其他施工单位，从中提取回扣者；

（2）承包人将工程的主要部分或群体工程（指结构技术要求相同的）中半数以上的单位工程包给其他施工单位者；

（3）分包单位将承包的工程再次分包给其他施工单位者。

2. 关于工程分包

工程分包，是指经合同约定和发包单位认可，从工程承包人承担的工程中承包部分工程的行为。承包人按照有关规定对承包的工程进行分包是允许的。

（1）分包合同的签订

承包人必须自行完成建设项目（或单项、单位工程）的主体部分，其非主体部分或专业性较强的工程可分包给营业条件符合该工程技术要求的建筑安装单位。结构和技术要求相同的群体工程，承包人应自行完成半数以上的单位工程。

承包人按专用条款的约定分包所承包的部分工程，并与分包单位签订分包合同。非经发包人同意，承包人不得将承包工程的任何部分分包。

分包合同签订后，发包人与分包单位之间不存在直接的合同关系。分包单位应对承包人负责，承包人对发包人负责。

（2）分包合同的履行

工程分包不能解除承包人任何责任与义务。承包人应在分包场地派驻相应监督管理人员，保证本合同的履行。分包单位的任何违约行为、安全事故或疏忽导致工程损害或给发包人造成其他损失，承包人承担连带责任。

分包工程价款由承包人与分包单位结算。发包人未经承包人同意不得以任何名义向分包单位支付各种工程款项。

5.3.4　违约责任

1. 发包人违约

（1）发包人的违约行为

发包人应当完成合同约定及应由乙方完成的义务。如果发包人不履行合同义务或不按合同约定履行义务，则应承担相应的民事责任。发包人的违约行为包括：

1）发包人不按时支付工程预付款；

2）发包人不按合同约定支付工程款；

3）发包人无正当理由不支付工程竣工结算价款；

4）发包人其他不履行合同义务或者不按合同约定履行义务的情况。

发包人的违约行为可以分成两类。一类是不履行合同义务的，如发包人应当将施工所需的水、电、电信线路从施工场地外部接至约定地点，但发包人没有履行这项义务，即构成违约。另一类是不按合同约定履行义务，如发包人应当开通施工场地与城乡公共道路的通道，并在专用条款中约定了开通的时间和质量要求，但实际开通的时间晚于约定或质量低于合同约定，也构成违约。

合同约定应当由监理工程师完成的工作，监理工程师没有完成或者没有按照约定完成，给承包人造成损失的，也应当由发包人承担违约责任。因为监理工程师是代表发包人进行工作的，其行为与合同约定不符时，视为发包人的违约。发包人承担违约责任后，可以根据监理委托合同或者单位的管理规定追究监理工程师的相应责任。

（2）发包人承担违约责任的方式

1）赔偿损失。赔偿损失是发包人承担违约责任的主要方式，其目的是补偿因违约给承包人造成的经济损失。承发人双方应当在专用条款内约定发包人赔偿承包人损失的计算方法。损失赔偿额应当相当于因违约所造成的损失，包括合同履行后可以获得的利益，但不得超过发包人在订立合同时预见或者应当预见到的因违约可能造成的损失。

2）支付违约金。支付违约金的目的是补偿承包人的损失，双方也可在专用条款中约定违约金的数额或计算方法。

3）顺延工期。对于因为发包人违约而延误的工期，应当相应顺延。

4）继续履行。承包人要求继续履行合同的，发包人应当在承担上述违约责任后继续履行施工合同。

2. 承包人违约

（1）承包人的违约行为

承包人的违约行为包括：

1）因承包人原因不能按照协议书约定的竣工日期或者监理工程师同意顺延的工期竣工；

2）因承包人原因工程质量达不到协议书约定的质量标准；

3）其他承包商不履行合同义务或不按合同约定履行义务的情况。

（2）承包人承担违约责任的方式

1）赔偿损失。承发人双方应当在专用条款内约定承包人赔偿发包人损失的计算方法。损失赔偿额应当相当于违约所造成的损失，包括合同履行后发包人可以获得的利益，但不得超过承包人在订立合同时预见或者应当预见到的因违约可能造成的损失。

2）支付违约金。双方可以在专用条款内约定承包人应当支付违约金的数额或计算方法。

3）采取补救措施。对于施工质量不符合要求的违约，发包人有权要求承包人采取返工、修理、更换等补救措施。

4）继续履行。如果发包人要求继续履行合同的，承包人应当在承担上述违约责任后继续履行施工合同。

3. 担保方承担责任

在施工合同中，一方违约后，另一方可按双方约定的担保条款，要求提供担保的第三方承担相应责任。

课堂活动

以学习小组为单位，讨论并根据下列问题派代表进行发言。

1. 简述施工合同管理的体系。

2. 因不可抗力事件导致的费用及延误的工期双方应按哪些方法分别承担？

3. 哪些行为属于工程转包？

知识拓展

1. 合同争议的解决

施工合同争议，是指施工合同订立后至完全履行前，合同当事人因对合同的条款理解产生歧义或因当事人违反合同的约定，不履行或不完全履行合同中应承担的义务等而产生的纠纷。

（1）施工合同争议的解决方式

合同当事人在履行施工合同时发生争议，可以和解或者要求合同管理及其他有关主管部门调解。和解或调解不成的，双方可以在专用条款内约定以下一种方式解决争议：

第一种解决方式：双方达成仲裁协议，向约定的仲裁委员会申请仲裁；

第二种解决方式：向有管辖权的人民法院起诉。

如果当事人选择仲裁的，应当在专用条款中明确以下内容：①请求仲裁的意思表示；②仲裁事项；③选定的仲裁委员会。在施工合同中直接约定仲裁，关键是要指明仲裁委员会，因为仲裁没有法定管辖，而是依据当事人的约定确定由哪一个仲裁委员会仲裁。而请求仲裁的意思表示和仲裁事项则可在专用条款中以隐含的方式实现。当事人选择仲裁的，仲裁机构作出的裁决是一裁定终局的，具有法律效力，当事人必须执行。如果一方不执行的，另一方可向有管辖权的人民法院申请强制执行。

如果当事人选择诉讼的，则施工合同的纠纷一般应由工程所在地的人民法院管辖。当事人只能向有管辖权的人民法院起诉作为解决争议的最终方式。

（2）争议发生后允许停止履行合同的情况

发生争议后，在一般情况下，双方都应继续履行合同，保持施工连续，保护好已完工程。只有出现下列情况时，当事人方可停止履行施工合同：

1）单方违约导致合同确已无法履行，双方协议停止施工；

2）调解要求停止施工，且为双方接受；

3）仲裁机关要求停止施工；

　　4）法院要求停止施工。

2. 合同解除

施工合同订立后，当事人应当按照合同的约定履行。但是，在一定的条件下，合同没有履行或者没有完全履行，当事人也可以解除合同。

（1）可以解除合同的情形

1）合同的协商解除

施工合同当事人协商一致，可以解除。这是在合同成立以后、履行完毕以前，双方当事人通过协商而同意终止合同关系的解除。当事人的这项权利是合同中自治意思的具体体现。

2）发生不可抗力时合同的解除

因为不可抗力或者非合同当事人的原因，造成工程停建或缓建，致使合同无法履行，合同双方可以解除合同。

3）当事人违约时合同的解除

① 当事人不按合同约定支付工程款（进度款），双方又未达成延期付款协议，导致施工无法进行，承包人停止施工超过 56 天，发包人仍不支付工程款（进度款），承包人有权解除合同。

② 承包人将其承包的全部工程转包给他人，或者肢解以后以分包的名义分别转包给他人，发包人有权解除合同。

③ 合同当事人一方的其他违约致使合同无法履行，合同双方可以解除合同。

（2）当事人一方主张解除合同的程序

一方主张解除合同的，应向对方发出解除合同的书面通知，并在发出通知前 7 天告知对方。通知到达对方时合同解除。对解除合同有异议的，按照解决合同争议程序处理。

（3）合同解除后的善后处理

合同解除后，当事人双方约定的结算和清理条款仍然有效。承包人应当妥善做好已完工程和已购材料、设备的保护和移交工作，按照发包人要求，将自有机械设备和人员撤出施工场地。发包人应为承包人撤出提供必要条件，支付以上所发生的费用，并按合同约定支付已完工程价款。已经订货的材料、设备由订货方负责退货或解除订货合同，不能退还的货款和退货、解除订货合同发生的费用，由发包人承担。但未及时退货造成的损失由责任方承担。除此之外，有过错的一方应当赔偿因合同解除给对方造成的损失。

思考与练习

1. 施工合同中承发包双方的保险义务如何分担？
2. 发包人的违约行为及其承担违约责任的方式。
3. 承包人的违约行为及其承担违约责任的方式。

讨论分析

结合当地施工合同争议的案例讨论分析其解决方法。

任务 5.4　建设工程施工合同案例

任务描述

应用建设工程施工合同的示范文本，简单分析实际施工合同案例的合同文件结构及做法。

通过本任务的学习，学生应知道建设工程施工合同实际案例的结构及做法；能描述施工合同及合同管理在工程领域中的作用和应用；会应用施工合同范本初步拟定施工合同。

知识结构

案例：某市教育局对市第一中学教学楼改造工程进行公开招标，通过招投标活动，确定该市建筑安装工程有限公司为中标单位，为此与中标单位签订施工合同如下：
（GF—2017—0201）

建设工程施工合同

（示范文本）

住房和城乡建设部

国家工商行政管理总局　　制定

第一部分　合同协议书

发包人（全称）：<u>某市教育局</u>

承包人（全称）：<u>某市建筑安装工程有限公司</u>

根据《中华人民共和国合同法》、《中华人民共和国建筑法》及有关法律规定，遵循平等、自愿、公平和诚实信用的原则，双方就

　　<u>市第一中学教学楼改造工程</u>　　　　　　　工程施工及有关事项协商一致，共同达成如下协议：

一、工程概况

1. 工程名称：<u>市第一中学教学楼改造工程</u>　　　　　　。

2. 工程地点：<u>市第一中学</u>　　　　　　　　　　　　。

3. 工程立项批准文号：　　　　<u>无</u>　　　　　　　　。

4. 资金来源：　　<u>政府投资</u>　　　　　　　　　　　。

5. 工程内容：　<u>教学楼室内装饰装修及门窗工程</u>　　　。

群体工程应附《承包人承揽工程项目一览表》（附件1）。

6. 工程承包范围：

<u>同工程内容</u>

　　　　　　　　　　　　　　　　　　　　　　　　　。

二、合同工期

计划开工日期：___2016___年___9___月___25___日。

计划竣工日期：___2016___年___12___月___20___日。

工期总日历天数：___85___天。工期总日历天数与根据前述计划开竣工日期计算的工期天数不一致的，以工期总日历天数为准。

三、质量标准

工程质量符合_____合格_____标准。

四、签约合同价与合同价格形式

1. 签约合同价为：

人民币（大写）叁拾捌万元整_____（￥ 380000.00___元）；

其中：

（1）安全文明施工费：

人民币（大写）_____（￥_____元）；

（2）材料和工程设备暂估价金额：

人民币（大写）_____（￥_____元）；

（3）专业工程暂估价金额：

人民币（大写）_____（￥_____元）；

（4）暂列金额：

人民币（大写）_____（￥_____元）。

2. 合同价格形式：___可调价格合同_____。

五、项目经理

承包人项目经理：何××_____。

六、合同文件构成

本协议书与下列文件一起构成合同文件：

（1）中标通知书（如果有）；

（2）投标函及其附录（如果有）；

（3）专用合同条款及其附件；

（4）通用合同条款；

（5）技术标准和要求；

（6）图纸；

（7）已标价工程量清单或预算书；

（8）其他合同文件。

在合同订立及履行过程中形成的与合同有关的文件均构成合同文件组成部分。

上述各项合同文件包括合同当事人就该项合同文件所作出的补充和修改，属于同一类内容的文件，应以最新签署的为准。专用合同条款及其附件须经合同当事人签字或盖章。

七、承诺

1. 发包人承诺按照法律规定履行项目审批手续、筹集工程建设资金并按照合同约定的期限和方式支付合同价款。

2. 承包人承诺按照法律规定及合同约定组织完成工程施工，确保工程质量和安全，不进行转包及违法分包，并在缺陷责任期及保修期内承担相应的工程维修责任。

3. 发包人和承包人通过招投标形式签订合同的，双方理解并承诺不再就同一工程另行签订与合同实质性内容相背离的协议。

八、词语含义

本协议书中词语含义与第二部分通用合同条款中赋予的含义相同。

九、签订时间

本合同于___2016___年___9___月___18___日签订。

十、签订地点

本合同在_____某市教育局_____签订。

十一、补充协议

合同未尽事宜，合同当事人另行签订补充协议，补充协议是合同的组成部分。

十二、合同生效

本合同自_____双方约定签章后_____生效。

十三、合同份数

本合同一式正本2份、双方各执1份，附本6份、由双方业务主管部门各1份，均具有同等法律效力，发包人执___正本1份___，承包人执___正本1___份。

发包人：　（公章）　　　　　　　　　承包人：　（公章）

法定代表人或其委托代理人：　　　　　法定代表人或其委托代理人：

（签字）　　　　　　　　　　　　　　（签字）

组织机构代码：_____　　　　　　　组织机构代码：_____

地　　址：___某市光明路38号___　　　地　　址：___某市东城区108号___

邮政编码：___454×××___　　　　　　邮政编码：___454×××___

法定代表人：___李××___　　　　　　法定代表人：___王××___

委托代理人：___任××___　　　　　　委托代理人：___张××___

电　话：___3283×××___　　　　　　电　话：___3285×××___

传　真：___3283×××___　　　　　　传　真：___3285×××___

电子信箱：_____　　　　　　　　　电子信箱：_____

开户银行：___工商行某市支行___　　　开户银行：___建设银行某市支行___

账　号：1600000659554012　　　　　账　号：14980104000179

第二部分　通用合同条款（略）

第三部分　专用合同条款（略）

附件

协议书附件：

附件1：承包人承揽工程项目一览表

专用合同条款附件：

附件2：发包人供应材料设备一览表

附件3：工程质量保修书

附件4：主要建设工程文件目录

附件5：承包人用于本工程施工的机械设备表

附件6：承包人主要施工管理人员表

附件7：分包人主要施工管理人员表

附件8：履约担保格式

附件9：预付款担保格式

附件10：支付担保格式

附件11：暂估价

案例评析

目前我国的《建设工程施工合同（示范文本）》(GF—2017—0201) 由国家住房和城乡建设部、国家工商行政管理总局联合发布，主要由《协议书》、《通用条款》、《专用条款》及附件组成。

施工合同是建设工程的主要合同，同时也是工程建设质量控制、进度控制、投资控制的主要依据。施工合同在建筑施工中发挥着重要作用，它是缔约双方明确法律关系和一切权利与义务关系的基础，是业主和承包商在实现合同中的一切活动的主要依据。有效的合同管理是促进参与工程建设各方全面履行合同约定的义务，确保工程质量、工程投资、工期的重要手段。

课堂活动

以学习小组为单位，讨论并根据下列问题派代表进行发言。

1. 根据案例说出合同文件的结构及做法。

2. 施工合同及合同管理在工程领域中的作用。

思考与练习

施工合同管理在工程施工过程中的应用（主要从三大控制方面阐述）。

项目实训

结合当地实际工程编写一份简单的施工合同。

项目 6
建设工程施工索赔

项目概述

　　在市场经济条件下，建设工程施工索赔是一种正常现象。工程索赔在国际建筑市场上是合同当事人保护自身正当权益、弥补工程损失、提高经济效益的有效手段。许多国际工程项目，承包人通过成功的索赔能使工程款收入得到增加，个别工程的索赔额甚至超过了合同额本身。"中标靠低价，盈利靠索赔"便是许多国际承包人的经验总结，也是国际建筑工程界的一个现实。索赔管理以其本身花费较小、经济效果明显而受到承包人的高度重视。但在我国，由于工程索赔处于起步阶段，对工程索赔的认识尚不够全面、正确，在工程施工中，还存在发包人（业主）忌讳索赔，承包人索赔意识不强，监理工程师不懂如何处理索赔的现象。因此，应当加强对索赔理论和方法的研究，认真对待和搞好建设工程施工索赔。

任务 6.1　建设工程施工索赔基本知识

任务描述

　　通过本任务的学习，要求学生能说出施工索赔的原因和分类；了解施工索赔的主要依据；能简述建设工程施工索赔的程序及工作内容。提高索赔的意识，正确对待索赔和反索赔。在实际工作中会编制索赔通知书和索赔文件（报告）。

知识构成

6.1.1　索赔的基本概念

1. 索赔的概念

索赔是在合同实施过程中，合同当事人一方因对方违约，或其他过错，或无法防止的外因而受到损失时，要求对方给予赔偿或补偿的活动。索赔与违约责任是有区别的。

2. 施工索赔的概念

施工索赔是在施工过程中，承包人根据合同和法律的规定，对并非由于自己的过错所造成的损失，或承担了合同规定之外的工作所付的额外支出，承包人向发包人提出在经济或时间上要求补偿的活动。施工索赔的性质属于经济补偿行为，而不是惩罚。索赔的损失结果与被索赔人的行为并不一定存在法律上的因果关系。索赔工作是承发包双方之间经常发生的管理业务，是双方合作的方式，而不是对立的。

3. 反索赔的概念

反索赔是业主（发包人）向承包商（承包人）提出的，由于承包商的责任或违约而导致业主经济损失的补偿要求，称为反索赔。

4. 索赔的特征

（1）索赔是要求给予补偿（赔偿）的一种权利主张

索赔的依据是法律法规、合同文件及工程建设惯例，但主要是合同文件。索赔必须有切实有效的证据，索赔是因非自身原因导致的，要求索赔一方没有过错，是一种权利主张。

（2）索赔是双向的

承包人不仅可以向发包人索赔，发包人同样也可以向承包人索赔。由于实践中发包人向承包人索赔发生的频率相对较低，而且在索赔处理中，发包人始终处于主动和有利的地位，发包人可以直接从应付工程款中扣抵或没收履约保函、扣留保留金甚至留置承包商的材料设备作为抵押等来实现自己的索赔要求，往往不存在"索"的问题。

（3）索赔是在发生了经济损失或权利损害后，才能向对方提出

经济损失是指发生了合同外的额外支出，如人工费、材料费、机械费、管理费等额外开支；权利损害是指虽然没有经济上的损失，但造成了一方权利上的损害，如由于恶劣气候条件对工程进度的不利影响，承包人有权要求工期延长等。因此发生了实际的经济损失或权利损害，应是一方提出索赔的一个基本前提条件。

（4）索赔是一种未经对方确认的单方行为

索赔与工程签证不同，在施工过程中签证是承发包双方就额外费用补偿或工期延长等达成一致的书面证明材料和补充协议，它可以直接作为工程款结算或最终增减工程造价的依据，而索赔则是单方面行为，对于对方来说尚未形成约束力，这种索赔要求能否得到最终实现，必须要通过确认（如双方协商、谈判、调解或仲裁、诉讼）后才能实现。

6.1.2　施工索赔的原因

引起施工索赔发生的原因主要有：

1. 工程项目的特殊性和复杂性

随着建筑业的发展，工程规模扩大、技术性强、投资额多、工期长，出现了越来越多的新技术、新工艺、新材料，新设备、发包人对项目建设的质量和功能要求越来越高，

越来越完善。因而使设计难度不断增大,另一方面施工过程也变得更加复杂。一般来说普遍存在着工程结算超预算、预算超概算、概算超估算的问题。

2. 建筑业经济效益的影响

如果双方能够很好履约或得到了满意的收益,那么都不愿意计较另一方给自己造成的经济损失。反过来讲,假如双方都不能很好地履约,或得不到预期的经济效益,那么双方就容易为索赔的事件发生争议。基于这个前提,索赔与建筑业的经济效益低下有关。所以施工索赔与建筑成本的增长及建筑业经济效益低下有着一定的联系。

3. 参与工程建设主体的多元性

在建筑市场中,建设项目采用招标投标制,竞争激烈,参建单位较多。有总承包、专业分包、劳务分包、材料设备供应分包等。这些单位会在整个项目的建设中发生经济方面、技术方面、工作方面的联系和影响。在工程实施过程中,管理上的失误往往是难免的。若一方失误,不仅会对自己造成损失,也会连累与此有关系的单位。

4. 当事人在履行合同中的违约

当事人在履行合同中的违约表现为没有按照合同约定履行自己的义务。发包人违约常常表现为未按合同规定交付施工场地、未按合同规定的时间和数量支付工程款等;工程师未能按照合同约定完成工作,表现为未及时发现工程进度和质量及安全问题,发出错误指令等;承包人违约表现为没有按批准的施工组织设计施工,没有按合同约定工期和质量标准完成施工等。

5. 不可预见因素

不可预见因素是指承包人在开工前,根据发包人所提供的工程地质勘探报告及现场资料,并经过现场调查,都无法发现的地下自然或人工障碍。如古井、墓坑、断层、溶洞及其他人工构筑物类障碍等。

6. 国家政策和法规的变更

国家政策和法规的变更,通常是指直接影响到工程造价的某些政策及法规。我国正处在改革开放的发展阶段,新的经济法规、建设法规与标准不断出台和完善,价格管理逐步向市场调节过渡,对建筑工程的造价必然产生影响。

7. 合同变更与合同缺陷

合同变更是索赔机会,应在合同规定的索赔有效期内完成对它的索赔处理。在合同变更过程中就应记录、收集、整理所涉及的各种文件。

合同缺陷是指所签订的施工合同进入实施阶段才发现的、合同本身存在的(合同签订时没有预料的)现时已不能再作修改或补充的问题。

8. 合同的中止与解除

实际工作中,由于国家政策的变化,不可抗力及承发包双方之外的原因导致工程停建或缓建的情况时有发生,必然造成合同中止。另外,由于在合同履行中,承发包双方在工作合作中不协调、不配合甚至矛盾激化,使合同履行不能再维持下去的情况;或承包人严重违约,发包人行使驱除权解除合同等,都会产生合同的解除。因此,发生索赔是难免的。

6.1.3 施工索赔的分类

从不同的角度，按不同的标准，索赔有不同的分类方法。常见的分类方法如下：

1. 按索赔当事人不同分类

（1）承包人与业主间的索赔。这类索赔大多是有关工程量计算、变更、工期、质量和价格方面的争议，也有中断或终止合同等其他违约行为的索赔。这是施工过程中最常见的索赔形式。

（2）总承包人与分包人间的索赔。这类索赔的内容与第一项大致相似，但大多数是分包人向总承包人索要付款或赔偿及总承包人向分包人罚款或扣留支付款等。

（3）承包人与供货人间的索赔。这类索赔多为商贸方面的争议，如货品、建筑材料等质量不符合技术要求、数量短缺、交货拖延、运输损坏等。

（4）承包人与保险人间的索赔。这类索赔多系被保险人受到灾害、事故或其他损害或损失，按保险单向其投保的保险人索赔。

2. 按索赔的依据不同分类

（1）合同内索赔。合同内索赔是指索赔所涉及的内容可以在合同文件中找到依据，并可根据合同规定明确划分责任。一般情况下，合同内索赔的处理和解决要顺利一些。

（2）合同外索赔。合同外索赔是指索赔所涉及的内容和权利难以在合同文件中找到依据，但可从合同条文隐含含义和合同适用法律或政府颁发的有关法规中找到索赔的依据。

（3）道义索赔。道义索赔是指承包人在合同内或合同外都找不到可以索赔的依据，因而没有提出索赔的条件和理由，但承包人认为自己有要求补偿的道义基础，而对其遭受的损失提出具有补偿性质的要求。

3. 按索赔的目的分类

（1）工期索赔。由于非承包人自身原因造成拖期的，承包人向业主要求延长工期，合理顺延合同工期，以避免承担误期罚款等。

（2）费用索赔。承包人要求业主补偿不应由自己承担的费用损失，调整合同价格，弥补经济损失。

4. 按索赔事件的性质分类

（1）工程延期索赔。因业主未按合同要求提供施工条件，如未及时交付设计图纸、施工现场、道路等，或因业主指令工程暂停或不可抗力事件等原因造成工期拖延的，承包人对此提出索赔。

（2）工程变更索赔。由于业主或工程师指令增加或减少工程量或增加附加工程、修改设计、变更施工顺序等，造成工期延长和费用增加，承包人对此提出索赔。

（3）工程终止索赔。由于业主违约或发生了不可抗力事件等造成工程非正常终止，承包人因蒙受经济损失而提出索赔。

（4）工程加速索赔。由于业主或监理方指令承包人加快施工速度，缩短工期，引起承包人的人、财、物的额外开支而提出的索赔。

（5）意外风险和不可预见因素索赔。在工程实施过程中，因人力不可抗拒的自然灾害、特殊风险及一个有经验的承包人通常不能合理预见的不利施工条件或客观障碍，如地下水、地质断层、溶洞、地下障碍物等引起的索赔。

（6）其他索赔。如因货币贬值、汇率变化、物价、工资上涨、政策法规变化等原因引起的索赔。

5. 按索赔处理方式不同分类

（1）单项索赔。单项索赔就是采取一事一索赔的方式，即在每一索赔事项发生后，报送索赔通知书，编写索赔文件，要求单项解决支付，不与其他的索赔事项混在一起。单项索赔通常原因单一，责任明确，涉及的金额一般较小，分析处理比较简单，因此合同双方应尽可能地用此种方式来处理索赔。

（2）综合索赔。综合索赔又称一揽子索赔，一般在工程竣工前和工程移交前，承包人将工程实施过程中因各种原因未能及时解决的单项索赔集中起来进行综合考虑，提出一份综合索赔报告，由合同双方在工程交付前后进行最终谈判，以一揽子方案解决索赔问题。

由于在一揽子索赔中许多干扰事件交织在一起，影响因素比较复杂而且相互交叉，责任分析和索赔值计算都很困难，索赔涉及的金额往往又很大，双方都不愿或不容易作出让步，使索赔的谈判和处理都很困难。因此综合索赔的成功率比单项索赔要低得多。

6.1.4　施工索赔的主要依据

为了达到索赔成功的目的，当事人一方应该有充分的依据并进行大量的索赔论证工作。索赔的依据主要包括以下几个方面：

1. 政策法规文件

政策法规文件是指与工程项目建设有关的公司法、海关法、税法、劳动法、环境保护法等法律及建设法规都会直接影响工程建设活动。当任何一方违背这些法律或法规时，或在某一规定日期之后发生法律或法规变更时，均可引起索赔。这些文件对工程结算和索赔有重要的影响。

2. 构成合同的原始文件

构成合同的文件一般包括合同协议书、中标函、投标书、合同条件（专用部分或通用部分）、施工技术规范、设计图纸及标价的工程量清单等。

3. 监理工程师的指示

监理工程师在施工过程中会根据具体情况随时发布一些书面或口头指示，如工程开工（复工）令、监理工程师通知书等。承包人必须执行监理工程师的指示，同时也有权获得执行该指示而发生的额外费用。但应注意，在合同规定的时间内，承包人必须要求监理工程师以书面形式确认其口头指示。否则，将视为承包人自动放弃索赔权利。监理工程师的书面指示是索赔的有力证据。

4. 会议记录

从商签建设工程施工合同开始，各方定期或不定期地召开各种会议，如工地监理例会、工作总结会等。商讨解决施工合同实施中和施工过程中的有关问题。监理工程师在每次会议后，应向各方送发会议纪要。会议纪要的内容涉及很多敏感性问题，各方均需核签。

5. 现场气候记录

在施工过程中每天应作好施工日志和监理日志，如果遇到恶劣的气候条件，除提供施工现场的气候记录外，承包人还应向发包人提供政府气象部门有关恶劣气候的证明文件。

6. 工程财务记录

在施工索赔中，承包人的财务记录非常重要，尤其是在按实际发生的费用计算索赔时。因此，承包人应记录工程进度款支付情况，各种进料单据及各种工程开支收据等。

7. 往来书面文件

合同实施期间，参与项目各方会有大量往来书面文件，如业主的各种认可书信与通知，业主或监理工程师的各种指令等，涉及的内容多、范围广。但最多的还是工程技术问题，这些信函是承包人与发包人进行费用结算和向发包人提出索赔所依据的基础资料。

8. 市场行情资料

市场行情资料主要包括工程市场劳务、施工材料的价格变化、工资指数资料等，是索赔费用的重要依据。

9. 施工进度计划和实际进度记录

施工进度计划不仅指明分部分项工程的名称、施工顺序、工作的持续时间，而且还直接影响到劳动力、材料、施工机械和设备的计划安排，如果非承包人原因或风险导致实际进度比计划进度拖后或发生工程变更。

10. 工程影像资料

工程照片和录像资料作为索赔证据最为直观，这些影像包括工程施工进度、隐蔽工程覆盖前、主要施工环节和关键节点、工程质量检查验收、工程返工等现场照片和录像，在照片上最能好注明日期。

6.1.5 施工索赔的程序

索赔工作的程序是指从索赔事件发生到索赔事件最终处理全过程所包括的工作内容和工作步骤。不同的施工合同条件对索赔程序的规定会有所不同。但在工程实践中，比较详细的索赔工作程序主要由以下步骤组成：

1. 索赔意向通知

索赔意向通知是一种维护自身索赔权利的文件。在工程实施过程中，一旦发生索赔事件，承包人就应在合同规定的时间内，及时以书面形式向业主或监理工程师提出索赔意向，索赔意向的提出是索赔工作程序中的第一步。索赔意向通知，一般仅仅是向业主或监理工程师表明索赔愿望，所以应当简明扼要。FIDIC 合同条件及我国建设工程施工合同（示范文本）都规定：承包人应在索赔事件发生后的 28 天内，将其索赔意向以正式函件通知监理工程师。索赔通知书的一般格式如下：

索赔通知书　　　　（第×××号）

尊敬的×××先生：

根据合同第×条第×款规定：（注明具体条款规定的内容），我特此向您通知，我方对×年×月×日实施的××工程所发生的额外费用及展延工期，保留取得补偿的权利，该项额外费用的数额与展延工期的天数，我将按合同第×条的规定，以月报表的形式向您报送。

报送人：×××

报送日期：×年×月×日

2. 索赔资料的准备

从提出索赔意向到提交索赔文件，属于承包人索赔的内部处理阶段和索赔资料准备阶段。此阶段的主要工作有：

（1）跟踪和调查索赔事件，掌握事件产生的详细经过和前因后果。

（2）分析索赔事件产生的原因，划清各方责任，确定由谁承担，并分析索赔事件是否违反了合同规定，是否在合同规定的赔偿或补偿范围内。

（3）损失或损害调查或计算。通过施工进度和工程成本的实际与计划的对比，分析经济损失或权利损害的范围和大小，并由此计算出工期索赔和费用索赔值。

（4）搜集证据。从索赔事件产生、持续直至结束的全过程，都必须保留完整的同期记录，这是索赔能否成功的重要条件。在实际工作中，许多承包人的索赔要求都因没有或缺少书面证据而得不到合理解决，这个问题应引起承包人的高度重视。

（5）起草索赔文件。按照索赔文件的格式和要求，将上述各项内容系统地反映在索赔文件中。

3. 索赔文件的提交

承包人必须在合同规定的索赔时限内向业主或监理工程师提交正式的书面索赔文件，否则，承包人将失去该项事件请求补偿的索赔权利。此时他所受到损害的补偿，将不超过监理工程师认为应主动给予的补偿额。

4. 监理工程师（业主）审核索赔文件

监理工程师接到承包人的索赔意向通知后，应当建立自己的索赔档案，密切关注事件的影响，检查承包人的同期记录，随时就记录内容提出他的不同意见或他希望应予以增加的记录项目。在接到正式索赔报告以后，监理工程师应认真研究承包人报送的索赔资料。

5. 监理工程师与承包人协商补偿额和监理工程师索赔处理意见

监理工程师核查后初步确定应予以补偿的额度往往与承包人索赔报告中要求的额度不一致，甚至差额较大，主要原因大多为对承担事件损害责任的界限划分不一致、索赔证据不充分、索赔计算的依据和方法分歧较大等，因此双方应就索赔的处理进行协商。

6. 业主审查索赔处理

当索赔数额超过监理工程师权限范围时，由业主直接审查索赔文件，并与承包人谈判解决，监理工程师应参加业主与承包人之间的谈判，监理工程师也可以作为索赔争议的调解人。业主首先根据事件发生的原因、责任范围、合同条款审核承包人的索赔文件和监理工程师的处理决定，再依据工程建设的目的、投资控制、竣工投产日期要求及针对承包人在施工中的缺陷或违反合同规定等的有关情况，决定是否批准监理工程师的处理决定。

7. 承包人提出仲裁或诉讼

如果承包人同意接受最终的处理决定，索赔事件的处理即告结束。如果承包人不同意，则可根据合同约定，将索赔争议提交仲裁或诉讼，以使索赔争议得到最终解决。在仲裁或诉讼过程中，工程师作为工程施工全过程的参与者和管理者，可以作为见证人提供证据，证词和证言。

6.1.6 索赔文件的编制

1. 索赔文件的一般内容

索赔文件也称索赔报告，它是合同一方向对方提出索赔的书面文件。它全面反映了一方当事人对一个或若干个索赔事件的所有要求和主张，对方当事人也是通过对索赔文件的审核、分析和评价来做认可、要求修改、反驳甚至拒绝的回答，索赔文件也是双方进行索赔谈判或调解、仲裁、诉讼的依据，因此索赔文件的表达与内容对索赔的解决有重大影响，索赔方必须认真编写索赔文件。

索赔文件的内容组成目前没有统一的格式要求，但对于单项索赔来讲，索赔文件最好能设计成一个统一的格式。

（1）题目。高度概括索赔的核心内容，如"关于×××事件的索赔"。要求标题应该能够简要准确地概括索赔的中心内容。

（2）事件。包含的内容是详细描述事件发生的过程，如工程变更情况，施工期间监理工程师的指令，双方往来信函、会谈的经过及纪要，着重指出发包人（监理工程师）应承担的责任等。要求主要描述事件发生的工程部位、发生的时间、原因和经过、影响的范围及承包人当时采取的防止事件扩大的措施、事件持续时间、承包人已经向业主或工程师报告的次数及日期、最终结束影响的时间、事件处置过程中的有关主要人员办理的有关事项等。

（3）理由。包含的内容是提出作为索赔依据的具体合同条款、法律、法规依据等。要求合理引用法律和合同的有关规定，建立事实与损失之间的因果关系，说明索赔的合理、合法性。

（4）结论。包含的内容是指出索赔事件给承包人造成的影响和带来的损失等。要求这部分只需列举各项明细数字及汇总数据即可。

（5）计算。包含的内容是由损失估价和延期计算两部分组成，要求列出损失费用或工期延长的计算基础、计算方法、计算公式及详细的计算过程及计算结果。

（6）总索赔。包含的内容是在上述各分项索赔的基础上提出索赔总金额或工程总延期天数的要求等。要求总索赔合计的数据应与各计算过程的小计数据相吻合，并有据可依。

（7）附录。包含的内容是提供各种证据材料，即索赔证据。要求仅指出索赔文件中所列举事实、理由、影响等各种已编号的证明文件和证据、图表等。

2. 索赔文件的报送时间和方式

索赔文件一定要在索赔事件发生后的有效期（一般为28天）内报送，过期索赔无效。

对于新增的工程量、附加工作等应一次性提出索赔要求，并在该项工程进行到一定程度，能计算出索赔额时，提交索赔报告；对于已征得监理工程师同意的合同外工作项目的索赔，可以在每月上报完成工程量统计结算单的同时报送。

3. 索赔文件编制的要求

在编制索赔文件（报告）时要注意以下基本要求：

（1）索赔事件和证据要真实确凿。索赔针对的事件必须实事求是，符合实际情况，不能虚构和扩大，更不能无中生有，这是整个索赔的基本要求。它既关系到索赔的成败，也关系到承包人的信誉。

（2）责任分析应清楚准确。在索赔文件中要善于引用法律和合同中的有关条款，详细、准确地分析并明确指出对方应负的全部责任，并附上有关证据材料，不可在责任分析上模棱两可、含糊不清。在论述时应强调索赔事件、对方责任、工程受到的影响和索赔之间有直接的因果关系。

（3）索赔依据和计算结果要准确。索赔文件中应完整列入索赔值的详细计算资料，指明计算依据、计算原则、计算方法、计算过程及计算结果的合理性，必要的地方应作详细说明。计算结果要反复校核，做到准确无误。否则，会直接影响索赔的效果。

（4）强调事件的不可预见性和突发性。在索赔报告中，要说明即使一个有经验的承包人也会对有些索赔事件不可能有准备、无法预防、也无法制止的事实，并且承包人为了避免和减轻该事件的影响和损失已尽了最大的努力，采取了能够采取的措施，从而使索赔理由更加充分，更易于让对方接受和理解。

（5）表述语言要简明扼要。索赔文件在内容上应组织合理、条理清楚，各种定义、论述、结论正确，逻辑性强，既能完整地反映索赔要求，又要简明扼要，使对方很快地理解索赔的本质。

6.1.7　索赔的技巧

索赔的技巧是为索赔的策略目标服务的，因此，在确定了索赔的策略目标之后，索赔技巧就显得格外重要，它是索赔策略的具体体现。索赔技巧应因人、因客观环境条件而异。

1. 要及早发现索赔机会

一个有经验的承包人，在投标报价时就应考虑将来可能要发生索赔的问题，要仔细研究招标文件中合同条款和规范，仔细查勘施工现场，探索可能索赔的机会，在报价时要考虑索赔的需要。

2. 商签好合同协议

在商签合同过程中，承包人应对明显把重大风险转嫁给承包人的合同条件提出修改的要求，对其达成修改的协议应以谈判纪要的形式写出，作为该合同文件的有效组成部分。特别要对发包人开脱责任的条款特别注意。

3. 对口头变更指令要得到确认

监理工程师常常乐于用口头指令变更，如果承包人不对监理工程师的口头指令予以书面确认，就进行变更工程的施工的话，有的监理工程师此后会矢口否认，拒绝承包人的索赔要求，使承包人有苦难言，索赔无证据。

4. 及时发出索赔通知书

一般合同规定，索赔事件发生后的一定时间内，承包人必须送出"索赔通知书"，过期无效。

5. 索赔事件论证要充足

施工合同通常规定，承包人在发出索赔通知书后，每隔一定时间（28 天），应报送一次证据资料，在索赔事件结束后的 28 天内报送总结性的索赔计算及索赔论证，提交索赔报告。索赔报告一定要令人信服，经得起推敲。

6. 索赔计价方法和款额要适当

索赔计算时采用"附加成本法"容易被对方接受，因为这种方法只计算索赔事件引起的计划外的附加开支，计价项目具体，使费用索赔能较快得到解决。另外索赔计价不能过高，要价过高容易让对方发生反感，使索赔报告束之高阁，长期得不到解决。另外还有可能让发包人准备周密的反索赔计价，以高额的反索赔对付高额的施工索赔，使索赔工作更加复杂化。

7. 力争单项索赔，避免总费用索赔

单项索赔事件简单，容易解决，而且能及时得到支付。总费用索赔问题复杂，金额大，不易解决，往往到工程结束后还得不到付款。

8. 坚持采取清理账目法

承包人往往只注意接受发包人对某项索赔的当月结算索赔款，而忽略了该项索赔款的余额部分，没有以文字的形式保留自己今后获得余额部分的权利，等于同意并承认了发包人对该项索赔的付款，以后对余额再无权追索。

9. 力争友好解决，防止对立情绪

索赔争端是难免的，如果遇到争端不能理智协商讨论问题，会使一些本来可以解决的问题悬而未决。承包人尤其要头脑冷静，防止对立情绪，力争友好解决索赔争端。

10. 注意同监理工程师搞好关系

监理工程师是处理解决索赔问题的公正的第三方，注意同监理工程师搞好关系，争取监理工程师的公正裁决，竭力避免仲裁或诉讼。

课堂活动

大家一起来分析：

背景：某双方签订的建设工程施工合同约定，施工中风力超过 8 级以上造成停工应给予工期顺延。某承包人在 5 月份承担的水塔高空作业施工中遇到连续几天的 6 级大风，按照安全施工管理规定的要求，停工 3 天，为此提出工期索赔的要求。其理由是当地多年气候资料表明 5 月份没有大风天气，此次连续大风属于不可预见的情况。

问题：该承包人的索赔理由属于哪一种？

分析：属于合同中的默示索赔，即承包人的该项索赔要求，虽然在工程项目的合同条款中没有专门的文字叙述，但可以根据该合同的某些条款的含义，推论出承包人有索赔权。这种索赔要求同样有法律效力，有权得到相应的经济补偿。

技能拓展

1. 反索赔的重要意义。施工索赔与反索赔是进攻与防守的关系，承包人必须能攻善守，攻守结合，才能立于不败之地。发包人也要寻找反索赔的机会，所以反索赔与施工索赔同等重要。反索赔的重要意义主要表现在：

（1）减少和防止损失的发生；

（2）避免被动挨打的局面；

（3）不能进行有效的反索赔，同样也不能进行有效的施工索赔。

2. 反索赔的原则。以事实为根据，以合同和法律为准绳，实事求是地认可合理的索赔要求，反驳、拒绝不合理的索赔要求，按《合同法》原则公平合理地解决索赔问题。

3. 反索赔的工作内容。可包括两个方面：一是防止对方提出索赔；二是反击或反驳对方的索赔要求。

反索赔和索赔一样，要能找到对自己有利的法律条文，推卸自己的合同责任；或找到对对方不利的法律条文，使对方不能推卸或不能完全推卸自己的合同责任。这样可以从根本上否定对方的索赔要求。例如，对方未能在合同规定的索赔有效期内提出索赔，故该索赔无效。

任务6.2　常见的施工索赔及施工索赔分析

任务描述

本任务要求学生能说出常见的建设工程索赔事件，可以概括为：合同文件引起的索赔；工程施工中的索赔；不可抗力的索赔和工程暂停、终止合同的索赔等。在施工合同履行过程中，承包人的索赔内容往往是互相交织在一起，涉及的问题较多，要具体情况具体分析；还要求了解索赔费用的计算原则和计算方法及工期索赔的分析与计算等，在实际工作中能进行简单的索赔计算。

知识构成

6.2.1　常见的施工索赔事件

（1）发包人没有按合同规定交付设计文件，致使工程延期。在施工合同履行过程中由于上述原因引起索赔的现象经常发生，例如发包人延迟交付设计资料、设计图，提供的资料有误或合同规定应一次性交付时，发包人分批交付等。

（2）发包人没按合同规定的日期交付施工场地、行驶的道路，接通水电等，使承包人的施工人员和设备不能进场，工程不能按期开工而延误工期。

（3）不利的自然条件与客观障碍。不利的自然条件和客观障碍是指一般有经验的承包人无法合理预料到的不利的自然条件和客观障碍。不利的自然条件中不包括气候条件，而是指投标时经过现场调查及根据发包人所提供的资料都无法预料到的其他不利自然条件，如地下水、地质断层、溶洞、沉陷等。客观障碍是指经现场调查无法发现、发包人提供的资料中也未提到的地下（上）人工建筑物及其他客观存在的障碍物，如下水道、公共设施、坑、井、隧道、废弃的旧建筑物、其他水泥砖砌物及埋在地下的树木等。

（4）发包人或监理工程师发布指令改变原合同规定的施工顺序，打乱施工部署。

（5）工程变更。在合同履行过程中，发包人或监理工程师指令增加、减少或删除部分工程，或指令提高工程质量标准、变更施工顺序等，造成工期延长和费用增加，承包人可对此提出索赔。

（6）附加工程。在施工合同履行过程中，发包人指令增加附加工程项目，要求承包人提供合同规定以外的服务项目。

（7）由于设计变更或设计错误，发包人或监理工程师错误的指令造成工程修改、停工、报废及返工、窝工等。发包人或监理工程师变更原合同规定的施工顺序，打乱了工程施工计划等。从而导致费用支出增加，承包人可提出索赔。

（8）由于非承包人的原因，发包人或监理工程师指令终止合同施工。由于发包人不正当地终止工程，承包人有权要求赔偿损失，其数额是承包人在被终止工程上的人工、材料、机械设备的全部支出，及各项管理费用、保险费、贷款利息、保函费用的支出（减去已结算的工程款）并有权要求赔偿其盈利损失。

（9）由于发包人或监理工程师的特殊要求，例如指令承包人进行合同规定以外的检查、试验，造成工程损坏或费用增加，而最终承包人的工程质量符合合同要求的。

（10）发包人拖延合同责任范围内的工作，造成工程停工。比如，发包人拖延设计图的批准，拖延隐蔽工程验收，拖延对承包人所提问题的答复，造成工程停工。

（11）发包人未按合同规定的时间和数量支付工程款。一般合同中都有支付预付款和工程款的时间限制及延期付款计息的利率要求；如果发包人不按时支付，承包人可据此规定向发包人索要拖欠的款项并索赔利息，督促发包人迅速偿付。

（12）合同缺陷。合同缺陷常常表现为合同文件规定不严谨甚至前后矛盾、合同规定过于笼统、合同中的遗漏或错误。这不仅包括商务条款中的缺陷，也包括技术规范和设计施工图中的缺陷。一般情况下，发包人作为合同起草人，要对合同中的缺陷负责，除非其中有非常明显的含糊或其他缺陷，根据法律可以推定承包人有义务在投标前发现并及时向发包人指出。

（13）物价大幅度上涨。由于物价的上涨，引起人工费、材料费、施工机械费的不断增加，导致工程成本大幅度上升，承包人的利润受到严重影响，也会引起承包人提出索赔要求。

（14）国家法令和计划修改，如提高工资税、海关税等。国家政策及法律法规变更，通常是指直接影响到工程造价的某些政策及法律法规的变更，如税收及其他收费标准的提高。因国务院各有关部门、各级建设行政主管部门或其授权的工程造价管理部门公布的价格调整，如定额、取费标准、税收、上缴的各种费用等，可以调整合同价款；如未予调整，承包人可以要求索赔。

（15）在保修期间，由于发包人使用不当或其他非承包人施工质量原因造成损坏，发包人要求承包人予以修理。

（16）发包人在验收前或交付使用前，使用已完或未完工程，造成工程损坏。

（17）不可抗力的发生，对承包人的工期和成本造成了影响。

（18）发包人应该承担的风险发生。由于发包人承担的风险发生而导致承包人的费用损失增大时，承包人可据此提出索赔。

6.2.2 费用索赔分析与计算

1. 费用索赔的含义

费用索赔是指承包人在非自身因素影响下而遭受经济损失时向业主提出补偿其额外费用损失的要求。因此费用索赔应是承包人根据合同条款的有关规定，向业主索取合同价款以外的费用。

2. 费用索赔的构成

费用索赔的主要组成部分，同工程款的计价内容相似。按我国现行规定，建设工程施工工程合同价包括人工费、材料费、施工机具使用费、企业管理费、利润、规费和税金。从原则上说，承包人有索赔权利的工程成本增加，都是可以索赔的费用。但是，对于不同原因引起的索赔，承包人索赔的具体费用内容是有所不同的。一般费用索赔由以下内容构成：

（1）人工费

人工费是指按工资总额构成规定，支付给从事建筑安装工程施工的生产工人和附属生产单位工人的各项费用。包括计时工资或计件工资、奖金、津贴补贴、加班加点工资及特殊情况下支付的工资等费用。对于费用索赔中的人工费部分而言，人工费是指完成合同之外的额外工作所花费的人工费用；由于非承包人责任的工效降低所增加的人工费用；超过法定工作时间加班劳动；法定人工费增长及非承包人责任工程延期导致的人员窝工费和工资上涨费等。

（2）材料费

材料费的索赔包括：由于索赔事项材料实际用量超过计划用量而增加的材料费；由于客观原因材料价格大幅度上涨；由于非承包人责任工程延误导致的材料价格上涨和超期储存费用。材料费中应包括运输费、仓储费，及合理的损耗费用。如果由于承包人管理不善，造成材料损坏失效，则不能列入索赔计价。

（3）施工机具使用费

施工机械使用费是指施工作业所发生的施工机械、仪器仪表使用费或其租赁费。施工机械使用费的索赔计价较复杂，应根据发生情况协商确定。包括由于完成额外工作增加的机械使用费；非承包人责任工效降低增加的机械使用费；由于业主或监理工程师原因导致机械停工的窝工费。窝工费的计算，如果是租赁设备，一般按实际租金和调进调出费的分摊计算；如果是承包商自有设备，窝工时台班单价按折旧费计算，而不能按台班费计算，因台班费中包括了设备使用费。

（4）分包费用

分包费用索赔指的是分包商的索赔费，一般也包括人工、材料、机械使用费等的索赔。分包人的索赔应如数列入总承包人的索赔款总额以内。

（5）现场管理费

企业管理费是指建筑安装企业组织施工生产和经营管理所需的费用。费用索赔中的企业管理费内的相关现场管理费，是指承包人完成额外工程、索赔事项工作及工期延长期间的现场管理费，包括管理人员工资、办公、通信、交通费等。

（6）利息

在费用索赔额的计算中，经常包括利息。利息的索赔通常发生于下列情况：拖期付款的利息；错误扣款的利息。至于具体利率应是多少，在实践中可采用不同的标准，经双方协商解决。

（7）总部管理费

费用索赔款中的的企业管理费内的相关总部管理费，主要指的是工程延期期间所增加的管理费。包括总部职工工资、办公大楼、办公用品、财务管理、通信设施及总部领导人员赴工地检查指导工作等开支。这项索赔款的计算，目前没有统一的方法。

（8）利润

一般来说，由于设计变更引起的工程量增加、施工条件变化导致的索赔、施工范围变更导致的索赔、合同延期导致机会利润损失及合同终止带来预期利润损失等。承包人可以列入利润。但对于工程暂停的索赔，由于利润通常是包括在每项实施工程内容的价格之内的，而延长工期并未影响削减某些项目的实施，也未导致利润减少。所以，一般监理工程师很难同意在工程暂停的费用索赔中加进利润损失。索赔利润的款额计算通常是与原报价单中的利润百分率保持一致。

另外，在工程索赔的实践中，以下几项费用一般是不允许索赔的：承包人对索赔事项的发生原因负有责任的有关费用；承包人对索赔事项未采取减轻措施因而扩大的损失费用；承包人进行索赔工作的准备费用；索赔款在索赔处理期间的利息；工程有关的保险费用，索赔事项涉及的一些保险费用，如工程一切险、工人事故保险、第三方保险等费用，均在计算索赔款时不予考虑，除非在合同条款中另有规定。

6.2.3　工期索赔分析与处理

1. 工期延误的概念

工期是指工程从开工到竣工所经历的日历天数。工期延误是指工程实施过程中实际完成施工进度计划日期迟于计划规定的施工进度完成日期，从而导致整个合同工期的延长。工程工期是施工合同中的重要条款之一，涉及业主和承包人多方面的权利和义务关系。工期延误对合同双方一般都会造成损失。业主因工期延误不能及时交付使用、投入生产，就不能按计划实现投资效果，失去盈利机会，损失市场利润；承包人因工期延误会增加工程成本，生产效率降低，企业信誉受到影响，最终还可能导致合同规定的误期损害赔偿费处罚。因此，工期延误的后果是形式上的时间损失，实质上的经济损失，无论是业主还是承包人，都不愿意无缘无故地承担由工期延误给自己造成的经济损失。

2. 工期索赔的原因

在施工过程中，由于各种因素的影响，使承包人不能在合同规定的工期内完成工程，造成工程拖期。造成拖期的一般原因一般有三个方面。即，业主及监理工程师原因引起的延误，则承包人有权获得工期延长索赔；不可控制因素导致的延误，承包人只能要求延长工期，很难或不能要求业主赔偿费用损失；承包人原因引起的延误，此延误难以得到业主的谅解，承包人不可能得到业主或监理工程师给予延长工期的补偿。但是发包人可以向承包人提出反索赔。

以上三个方面的原因具体归纳为：

（1）业主拖延交付符合要求的施工现场，不具备开工基本条件；

（2）业主拖延交付施工图纸，导致无法进行施工准备；

（3）业主或监理工程师拖延审批施工图纸、施工组织设计（或施工方案）、施工进度计划等；

（4）业主拖延支付预付款或工程款，没有按合同约定条款执行；

（5）业主指定的分包商违约或延误进场，影响土建工程及安装工程的正常施工进度；

（6）业主原因暂停施工导致的延误，如工程建设手续不完备等；

（7）业主未能及时提供合同规定的建筑材料或设备；

（8）业主拖延关键线路上工序的验收时间，造成承包人下道工序施工延误；

（9）业主或监理工程师发布指令延误，或发布的指令打乱了承包人的施工计划；

（10）业主提供的设计数据或工程数据错误的延误；

（11）业主提出设计变更或要求修改施工图纸，导致工程量增加；

（12）业主要求增加合同额外工程，等待设计方案的审批及工程量的增加；

（13）业主对工程质量的要求超出合同的约定或施工规范及质量验收标准；

（14）业主的其他变更指令导致工期延误等；

（15）人力不可抗拒的自然灾害导致的延误。如有记录可查的特殊反常的恶劣天气、不可抗力引起的工程损坏和修复；

（16）特殊风险，如战争、叛乱、革命、核装置污染等造成的延误；

（17）不利的自然条件或客观障碍引起的延误等。如施工现场发现古墓、化石、古钱、文物或未探明的障碍物；

（18）施工现场中与施工人员无关的其他社会人员的干扰；

（19）罢工及其他经济风险引起的延误。如政府抵制或禁运而造成工期延误；

（20）承包人施工组织不当，出现窝工或停工待料现象造成的延误；

（21）承包人施工质量不符合合同或施工规范要求而造成返工的延误；

（22）承包人资源配置不足，如劳动力不足、机械设备不足或不配套、技术力量薄弱、信息不畅通、缺乏流动资金等造成的延误；

（23）承包人没有按合同规定日期开工的延误等；

（24）承包人工程管理不善、劳动生产率低造成的延误；

（25）承包人与劳务公司、分包人及供应商等合作不当引起的延误等。

其中：（1）～（14）项为业主及监理工程师原因引起的延误；（15）～（19）项为不可控制因素导致的延误；（20）～（25）项为承包人原因引起的延误。

3. 工期索赔的依据

工期索赔的主要依据有以下几个方面：

（1）合同双方约定的工程总施工进度计划；

（2）合同双方共同认可的年度施工进度计划；

（3）合同双方共同认可的季、月、旬实施性施工计划；

（4）合同双方共同认可的对工期的修改文件，如会谈纪要、来往信件、确认信等；

（5）监理工程师批准的施工组织设计（或施工方案）；

（6）施工日志、监理日志、气象资料等；

（7）发包人或监理工程师的变更指令；

（8）影响工期的干扰事件；

（9）受干扰后的工程实际施工进度；

（10）双方签订的建设工程施工合同中有关工期索赔的规定；

（11）其他有关工期的资料等。

以上工期索赔的依据可以用文字表述，可以用表格表示，也可以用网络图或横道图等表示。

4. 工期索赔的步骤

工期索赔的分析流程包括延误原因分析、网络计划分析、业主责任分析和索赔结果分析等步骤。

（1）延误原因分析

分析引起工期延误是哪一方的原因，如果属于承包人自身原因造成的，则不能施工索赔，反之则可索赔。

（2）网络计划分析

运用网络计划方法分析延误事件是否发生在关键线路上，以决定延误可否索赔。工期索赔中一般只限于考虑关键线路上的延误，或者一条非关键线路因延误已变成关键线路。因此，关键线路的确定，必须是依据最新批准的工程施工进度计划。

（3）发包人责任分析

结合网络计划分析结果，进行发包人责任分析，主要是为了确定延误是否能索赔费用。如果发生在关键线路上的延误是由于发包人原因造成的则这种延误不仅可索赔工期，而且还可索赔因延误而发生的额外费用。如果由于发包人原因造成的延误发生在非关键线路上，则只可能索赔费用。

（4）索赔结果分析

在承包人索赔已经成立的情况下，根据发包人是否对工期有特殊要求，分析工期索赔的可能结果。如果由于某种特殊原因，工程竣工日期客观上不能改变，即对索赔工期的延误，发包人也可以不给予工期延长。这时，发包人的行为已实质上构成隐含指令加速施工。因而，发包人应当支付承包人采取加速施工措施而额外增加的费用，即加速费用补偿。这里所讲的费用补偿是指因发包人原因引起的延误时间因素造成承包人负担了额外的费用而得到的合理补偿。

5. 工期索赔的计算方法

工期索赔一般有四种计算方法：

（1）网络分析法

承包人提出工期索赔，必须确定干扰事件对工期的影响值，即工期索赔值。工期索赔分析的一般思路是：假设工程一直按原网络计划确定的施工顺序和时间施工，当一个或一些干扰事件发生后，使网络中的某个或某些活动受到干扰而延长施工持续时间。将这些活动受干扰后的新的持续时间代入网络计划中，重新进行网络分析和计算，即会得到一个新工期。新工期与原工期之差即为干扰事件对总工期的影响，即为承包人的工期索赔值。

网络分析是一种科学、合理的计算方法，它是通过分析干扰事件发生前、后网络计划之间的差异而计算工期索赔值的，通常适用于各种干扰事件引起的工期索赔。但对于大型、复杂的工程，手工计算比较困难，需借助于计算机来完成。

（2）比例类推法

在实际工程中，干扰事件常常仅影响某些单项工程、单位工程或分部分项工程的工期，要分析它们对总工期的影响，可采用较简单的比例类推法。比例类推法可分为两种情况：

第一种情况是按工程量进行比例类推。当计算出某一分部分项工程的工期延长后，还要把局部工期转变为整体工期，这可以用局部工程的工作量占整个工程工作量的比例来折算。

第二种情况是按造价进行比例类推。若施工中出现了很多大小不等的工期索赔事由，较难准确地单独计算且又麻烦时，可经双方协商，采用造价比较法确定工期补偿天数。

比例类推法简单、方便，易于被人们理解和接受，但不尽科学、合理，有时不符合工程实际情况，且对有些情况如发包人变更施工次序等情况不适用，甚至会得出错误的结果，在实际工作中应予以注意，正确掌握其适用范围。

（3）直接法

有时干扰事件直接发生在关键线路上或一次性地发生在一个项目上，造成总工期的延误，这时可通过查看施工日志、变更指令等资料，直接将这些资料中记载的延误时间作为工期索赔值。如承包人按监理工程师的书面工程变更指令，完成变更工程所用的实际工时即为工期索赔值。

（4）工时分析法

某一工种的分项工程项目延误事件发生后，按实际施工的程序统计出所用的工时总量，然后按延误期间承担该分项工程工种的全部人员投入来计算要延长的工期。

课堂活动

根据下面施工索赔的案例，大家一起来讨论和分析为什么施工索赔不成功，并说明理由。

【案例】某承包人投标获得一项工业厂房的施工合同，他是按招标文件中介绍的地质情况及标书中的挖方余土可用做道路基础垫层用料而计算的标价。工程开工后，该承包人发现挖出的土方潮湿易碎、含水率高、杂质过多、不符合路基垫层要求，承包人担心被指责施工质量低劣而造成返工，不得不将余土外运，并另外运进路基填方土料。为此，承包人提出了费用索赔。

但监理工程师经过审核认为：投标报价时，承包人承认考察过现场，并已了解现场情况，包括地表以下条件、水文条件等，因此认为换土纯属承包人责任，拒绝补偿任何费用。承包人则认为这是发包人提供的地质资料不实所造成。监理工程师则认为：地质资料是正确的，钻探是在干季进行的，而施工时却处于雨季期，承包人应当自己预计到这一情况和风险，仍坚持拒绝索赔，认为事件责任不在发包人，此项索赔不能成立。

任务 6.3 建设工程施工索赔管理案例

任务描述

通过前面任务 6.1 建设工程施工索赔基本知识和任务 6.2 常见的施工索赔及施工索赔分析的学习，运用各种计算方法归纳整理出一些建设工程常见的施工索赔案例，由于施工索赔是一项复杂的工作，没有固定的模式，更不能用个别案例去套用某个工程，所以这里只能介绍一些原理和方法，在实际工作中还需具体问题具体分析、具体运用。

知识构成

【案例一】

1. 背景

某省建工集团第五工程公司（乙方），于 2008 年 10 月 10 日与某建筑工程学校（甲方）签订了新建综合教学楼的施工合同。建筑面积 20000m²，乙方编制的施工方案和进度计划已获监理工程师的批准。该工程的基坑施工方案规定：土方工程采用租赁两台斗容量为 1m³ 的反铲挖掘机施工。甲乙双方合同约定 2008 年 11 月 6 日开工，2010 年 7 月 6 日竣工。在实际施工中发生以下几项事件：

（1）2008 年 11 月 10 日，因租赁的两台挖掘机大修，致使承包人停工 10 天。承包人提出停工损失人工费、机械闲置费等 3.6 万元。

（2）2009 年 5 月 9 日，因发包人供应的钢材经检验不合格，承包人等待钢材更换，使部分工程停工 20 天。承包人提出停工损失人工费、机械闲置费等 7.2 万元。

（3）2009 年 7 月 10 日，因发包人提出对原设计作局部修改引起部分工程停工 13 天，承包人提出停工损失费 6.3 万元。

（4）2009 年 11 月 21 日，承包人书面通知发包人于当月 24 日组织主体结构验收。因发包人接收通知人员外出开会，使主体结构验收的组织工作推迟到当月 30 日才进行，也没有事先通知承包人。承包人提出装饰人员停工等待 6 天的费用损失 2.6 万元。

（5）2010 年 7 月 28 日，该工程竣工验收通过。工程结算时，发包人提出反索赔应扣除承包人延误工期 22 天的罚金。按该施工合同中："每提前或推后工期一天，奖励或扣罚

6000元"的条款规定，延误工期罚金共计13.2万元人民币。

2. 问题

（1）简述工程施工索赔的程序。

（2）承包人对上述哪些事件可以向承包人要求索赔，哪些事件不可以要求索赔；发包人对上述哪些事件可以向承包人提出反索赔，并说明原因。

（3）每项事件工期索赔和费用索赔各是多少？

（4）本案例给人的启示意义？

3. 分析

（1）我国《建设工程施工合同（示范文本）》规定的施工索赔程序如下：

1）索赔事件发生后28天内，向工程师发出索赔意向通知；

2）发出索赔意向通知后的28天内，向工程师提出补偿经济损失和（或）延长工期的索赔报告及有关资料；

3）工程师在收到承包人送交的索赔报告和有关资料后，于28天内给予答复，或要求承包人进一步补充索赔理由和证据；

4）工程师在收到承包人送交的索赔报告和有关资料后28天内未给予答复或未对承包人作进一步要求，视为该项索赔已经认可；

5）当该索赔实践持续进行时，承包人应当阶段性向工程师发出索赔意向，在索赔事件终了后28天内，向工程师提出索赔的有关资料和最终索赔报告。

（2）事件1：索赔不成立。因为此事件发生原因属承包人自身责任。

事件2：索赔成立。因为此事件发生原因属发包人自身责任。

事件3：索赔成立。因为此事件发生原因属发包人自身责任。

事件4：索赔成立。因为此事件发生原因属发包人自身责任。

事件5：反索赔成立。因为此事件发生原因属承包人的责任。

（3）事件2至事件4：由于停工时，承包人只提出了停工费用损失索赔，而没有同时提出延长工期索赔，工程竣工时，已超过索赔有效期，故工期索赔无效。

（4）事件5：甲乙双方代表进行了多次交涉后仍认定承包人工期索赔无效，最后承包人只好同意发包人的反索赔成立，被扣罚金，记做一大教训。

（5）本案例：承包人共计索赔费用为：7.2＋6.3＋2.6＝16.1（万元），工期索赔为零；发包人向承包人反索赔延误工期罚金共计13.2万元人民币。

（6）本案例给人的启示意义：合同无戏言，索赔应认真、及时、全面和熟悉程序。此案例中承包人若是事件2、事件3、事件4等三项停工费用损失索赔时，同时提出延长工期的要求被批准，合同竣工工期应延长至2010年8月14日，可以实现竣工日期提前17天。不仅避免工期罚金13.2万元的损失，按该合同条款的规定，还可以得到10.2万元的提前工期奖。由于索赔人员业务不熟悉或粗心，使本来名利双收的事却变成了泡影，有关人员应认真学习索赔知识，总结索赔工作中的成功经验和失败的教训。

【案例二】

1. 背景

发包人为某市房地产开发公司，发出公开招标书，对该市一幢商住楼建设进行招标。

按照公开招标的程序，通过严格的资格审查及公开开标、评标后，某省建工集团第三工程公司被选中确定为该商住楼的承包人，同时进行了公证。随后双方签订了建设工程施工合同。合同约定建筑工程面积为 6000m²，总造价 370 万元，签订变动总价合同，今后有关费用的变动，如由于设计变更、工程量变化和其他工程条件变化所引起的费用变化等可以进行调整；同时还约定了竣工工期及工程款支付办法等款项。合同签订后，承包人按发包人提供的经规划部门批准的施工平面位置放线后，发现拟建工程南端应拆除的构筑物（水塔）影响正常施工。发包人察看现场后便作出将总平面进行修改的决定，通知承包人将平面位置向北平移 4m 后开工。正当承包人按平移后的位置挖完基槽时，规划监督工作人员进行检查发现了问题，当即向发包人开具了 6 万元人民币罚款单，并要求仍按原位施工。承包人接到发包人仍按原平面位置施工后的书面通知后提出索赔如下：

施工索赔报告

××房地产开发公司工程部：

接到贵方仍按原平面图位置进行施工的通知后，我方将立即组织实施，但因平移 4m 使原已挖好的所有横墙及部分纵墙基槽作废，需要用土夯填并重新开挖新基槽，所发生的此类费用及停工损失应由贵方承担。

（1）所有横墙基槽回填夯实费用 4.5 万元；

（2）重新开挖新的横墙基槽费用 6.5 万元；

（3）重新开挖新的纵墙基槽费用 1.4 万元；

（4）90 人停工 25 天损失费 3.2 万元；

（5）租赁机械工具费 1.8 万元；

（6）其他应由发包人承担的费用 0.6 万元。

以上 6 项费用合计：18.00 万元。

（7）顺延工期 25 天。

××建工集团第三工程公司××年×月×日

2. 问题

（1）建设工程施工合同按照承包工程计价方式不同分为哪几类？

（2）承包人向发包人提出的费用和工期索赔的要求是否成立？为什么？

3. 分析

（1）建设工程施工合同按照承包工程计价方式不同分为总价合同（又分为固定总价合同和变动总价合同两种）、单价合同和成本加酬金合同三类。

（2）索赔成立。因为本工程采用的是变动总价合同，这种合同的特点是，可调总价合同，在合同执行过程中，由于发包人修改总平面位置所发生的费用及停工损失应由发包人承担。因此承包人向发包人请求费用及工期索赔的理由是成立的，发包人审核后批准了承包人的索赔。

此案是法制观念淡薄在建设工程方面的体现。许多人明明知道政府对建筑工程规划管理的要求，也清楚已经批准的位置不得随意改变，但执行中仍是我行我素，目无规章。此案中，发包人如按报批的平面位置提前拆除水塔，创造施工条件，或按保留水塔方案去报规划争取批准，都能避免 24 万元（其中规划部门罚款 6 万元，承包人索赔 18 万元）的损失。

课堂活动

通过以上两个案例的学习，回答以下几个问题：

1. 两个案例各自索赔的内容有哪些？

2. 在索赔内容上两个案例有何相同之处？有何不同之处？

3. 两个案例在索赔上都运用了哪些技巧？

4. 两个案例在索赔中都使用了哪些计算方法？

5. 通过这两个案例的学习，对你有哪些启发？

技能拓展

请大家收集有关国内工程和国际工程典型的索赔案例，并比较两者在索赔方法上的异同之处。

思考与练习

1. 什么叫索赔、施工索赔和反索赔？

2. 索赔有哪些特征？

3. 索赔的原因和依据有哪些？

4. 索赔的分类有哪些？

5. 简述索赔的程序。

6. 简述索赔文件应包括的主要内容和编写要求。

7. 索赔的技巧有哪些？

8. 在施工合同履行过程中，承包人可以提出的索赔事件有哪些？

9. 简述索赔费用的组成。

10. 什么叫工期延误？引起工期延误的原因是什么？

11. 工期索赔的依据和步骤是什么？

12. 如何进行工期索赔的计算？

讨论与分析

【背景一】：某工程在施工过程中发生如下事件：

1. 基坑开挖后发现有古河道，须将河道中的淤泥清除并对地基进行二次处理。

2. 发包人因资金困难，在应支付工程月进度款的时间内未支付，承包人停工 20 天。

3. 在主体施工期间，承包人与某材料供应商签订了室内隔墙板供销合同，在合同内约定：如供方不能按约定时间供货，每天需要赔偿订购方合同总价款的万分之五的违约金。供货方因原材料问题未能按时供货，拖延 10 天。

在上述事件发生后，承包人及时向发包人提交了工期和费用索赔要求文件，向供货方提出了费用索赔要求。

【问题】

1. 承包人的索赔能否成立？为什么？

2. 在工程施工中，通常可以提供的索赔证据有哪些？

【背景二】：某施工单位（乙方）与某建设单位（甲方）签订了某汽车制造厂的土方工程与基础工程合同，承包人在合同标明有松软石的地方没有遇到松软石，因而工期提前1个月。但在合同中另一未标明有坚硬岩石的地方遇到了一些工程地质勘察没有探明的孤石。由于排除孤石拖延了一定的时间，使得部分施工任务不得不赶在雨期进行。施工过程中遇到数天季节性大雨后又转为特大暴雨引起山洪暴发，造成现场临时道路、管网和施工用房等设施及已施工的部分基础被冲坏，施工设备损坏，运进现场的部分材料被冲走，乙方数名施工人员受伤，雨后乙方用了很多工时清理现场和恢复施工条件。为此乙方按照索赔程序提出了延长工期和费用补偿要求。

【问题】

1. 你认为乙方提出的索赔要求能否成立？为什么？

2. 如何提高施工索赔的成功率？

项目 7
信息技术在招投标中的应用

项目概述

通过本项目的学习，学生能够：了解标书编制软件的使用；了解投标报价软件的使用；了解评标软件的使用；能初步使用招投标整体解决方案的软件；会使用本地建设工程交易中心网站或公共资源交易网站，下载及递交招投标各项活动的信息资料及文件。

任务 7.1　电子招投标软件

任务描述

电子招投标软件部分内容包括：电子招投标概述；电子招标；电子投标；公共资源交易网。

通过本工作任务的学习，学生能够：了解标书编制软件的使用；了解投标报价软件的使用；能初步使用招投标整体解决方案的软件；会使用本地建设工程交易中心网站或公共资源交易网站，下载及递交招投标各项活动的信息资料及文件。

知识构成

7.1.1　电子招投标概述

1. 电子招标的概念与特点

电子招标，也称网上招标采购，是在互联网上利用电子商务平台提供的安全通道进行招标信息的传递和处理，包括招标信息的公布、标书的下载与发放、投标书的收集、在线招标投标、投标结果的通知及项目合同协议签订的完整过程。

建立这个功能完整的 B2B（企业—企业）、B2G（企业—政府）的网上招标系统不仅可以满足市场的需求，而且将有力地推动电子商务向深度和广度发展，实现招投标的网络化和自动化，最终提高招投标的效率及实现整个过程的公正合理。

电子招标的特点可用三公开、三公平、三公正、三择优来表述。

（1）三公开

投标企业情况公开，即招标企业可以在网上查询企业的业绩、信用等基本情况，能在最大范围内选择好的投标人；招标公告及资格预审条件公开，即投标人可以在网上查询招标信息及投标条件，以确定是否要投标；中标人及中标信息公开，即任何人可在网上查询中标人及中标信息，使交易主体双方接受社会的监督。

（2）三公平

公平地对待投标人，即不设地方保护及门槛，只要达到资质要求的投标人均可在网上参加投标；公平地解答招标疑问，即招标人可在网上解答投标人疑问，并及时发放至所有投标人；公平地抽取评标专家，即在专家库中设立了回避规则，随机抽取与招标人和投标人没有任何利害关系或利益关系的专家。

（3）三公正

公正地收标，即采用计算机系统划卡，只要时间一到，计算机自动停止收标，杜绝任何人为因素；公正地评标，即通过计算机系统隐藏投标人的名称，统一投标格式，使专家不带偏向，公正客观地评分；公正地建立企业库，即利用计算机能有效地防止企业人员多头挂靠现象，保证企业资料的真实性。

（4）三择优

通过资格预审择优系统选择出业主满意的投标人，即依由招标人依法制订的择优条件及评分原则，经招标办备案后，在网上和报名点公布，并在网上查询投标人的业绩、资信、财务、诉讼等其他基本情况，最大范围内选择好的投标人。

通过专家库系统选择出能胜任评标工作的专家，即由招标人在已有的专家库中，根据评标专家需具备的条件，随机选取能胜任本次采购评标工作的技术、经济专家。

通过评标系统选择出业主满意的中标人，即招标人根据事先约定的评标原则和评标办法，由专家对所有投标文件进行在线的评价、打分，最终选出业主满意的中标人。

2. 电子招标的优势与局限性

电子招标采购与传统招标采购在流程上十分相似，通过网络进行招标的起点从编制招标文件开始，经过在线销售标书、网上投标、开标、评标、决标、网上公开评标结果，最终结束于项目的归档保存，尽管流程相似，但电子招标高效便捷，与传统招标比存在以下几个方面的优势：

（1）电子招标可以做到信息的完全公开并充分利用，提高办公效率，体现"公开、公平、公正"的原则。

（2）电子招标可为招标、投标企业节约大量开支，符合建立节约型社会的要求，通过电子招标投标，可以提高监督部门与企业的办事效率，为企业节约人力、物力资源。

（3）电子招标投标打破了时间和地域上的限制，可操作性强，在一些特殊情况下，如"非典"时期等，通过网络招投标使招标投标事宜顺利进行。

（4）电子招标投标能为监管部门提供高效优质的监管手段，监管部门可实时为企业办理工程登记手续、审批招标公告、审查中标公示、打印中标通知书，监管部门还可以通过网络来综合查询、统计汇总及分析所有工程招标投标办理情况，并可通过内部管理程序以地域、时间、企业、工程等多种参数进行数据整合，大大提高了统计的速度和精度。

在看到电子招标便利、高效的同时，必须看到电子招标的局限性：首先，由于采用电子操作，在身份认证、数据传输、数据存储等方面，一个错误的操作指令或系统的小错误就可能带来麻烦。其次，电子招标还需要一整套严密的管理体系和有效的约束机制，保证其规范化和法制化，对于一些重大技术装备和成套装备的招标也不适合使用网络招投标。最后，网络安全也是一个需要时刻关注的重要问题。

3. 电子招投标系统

电子招投标系统主要由信息发布系统、招标过程管理系统、中标评定系统和投标方管理系统组成。

（1）信息发布系统

传统的招标信息的发布是通过报纸、杂志这些传统媒体，目的是使尽可能多的供应商（货物、服务、工程）获得招标信息，以便形成广泛的竞争。供应商在获得有关招标信息后，必须到指定的地点按要求取得招标文件，互联网作为一种飞速发展的新型载体，同时具备信息发布和文件传输的双重功能，在招投标系统中，建设单位可以通过招标公告的形式在网上将信息和文件发布出去，从而可以使任何潜在的投标人随时查阅各种招标信息，并立即通过网络下载招标文件。

招投标网站能为用户提供招标公告、预中标人公告、中标信息、质量信息、企业名录、政策法规各种类的信息，招投标两方可通过信息发布系统进行招标申请、投标报名、招标答疑、发放中标通知书等，从而大大方便了招标人和投标人参加招投标活动，提高招投标工作效率，减少招投标成本。

目前全国各地都已经成立了招投标网站，其中有：

中国招标投标网 https://www.cecbid.org.cn/

中国采购与招标网 http://www.chinabidding.com.cn/

北京市公共资源交易服务平台 https://ggzyfw.beijing.gov.cn/

广州公共资源交易中心 http://ggzy.gz.gov.cn/

（2）招标过程管理系统

招标过程管理及数据维护系统是招投标过程的核心，它包括在招标过程中为投标方提供的以下服务：

1）招标情况说明及招标信息查询；

2）会员注册；

3）会员资料更改；

4）下载标书；

5）填定标书并发给招标方；

6）网上现场竞标。

（3）中标评定系统

中标评定系统通过中标评定算法对各投标方进行评估。

（4）投标方管理系统

投标方管理系统通过对投标企业信息的收集进行管理。

4. 电子招投标的未来

如今已是信息科技的时代，电子化、信息化的浪潮迎面而来，在社会的各个领域呈现出前所未有的发展趋势。网络招投标以信息技术为载体，结合电子商务技术的应用，能使招投标各方在人力、财力上得到大幅的节省，在效率上得到充分的提高，电子招标系统建设逐渐成为招投标采购系统建设的重点。

从国际招投标发展趋势看，通过网络进行招投标是改革的方向。电子招标方式与传统招标方式相比，可以消除空间障碍，提高采购时效，降低招投标的成本，目前有许多国家和地区开始运用。

从政府招标采购方面看，政府采购电子化是大势所趋，建立完善的电子化政府采购平台将对提高政府采购透明度和效率、降低采购成本、增强竞争发挥重要作用，而且能够进一步规范政府采购行为，抑制腐败现象的发生。而网络招投标是电子化政府采购平台的重要组成部分，必将受到政府重视，得到良好发展。

个性化、专业化是电子商务发展的两大趋势，网络招投标作为电子商务的重要组成部分，其发展也将呈现个性化和专业化的趋势，直接体现在现有的电子招标平台逐渐同类兼并，不同类型的招标网站以战略联盟的形式进行相互协作，电子招标平台将从以往的"大而全"模式转向专业细分的行业商务门户，充分发挥第一代的电子商务 Internet 在信息服务方面的优势，使网络招投标真正进入实用阶段。

7.1.2　电子招标

一个完整的建设工程招投标管理信息系统可以实现招标文件制作、投标文件制作、交易办公、评标过程、专家管理等全过程管理的信息化，系统的各个组成部分模块性、独立性强，可以全部应用，也可以独立运行。例如，广联达招投标整体解决方案系统（图 7-1），广联达计价软件的招投标应用（图 7-2）。

1. 新建招标工程

新建一个招标文件，按照新建向导操作，进入工程文件管理界面，新建招标管理项目，先点击【清单计价】按钮，然后再点击"新建项目"（图 7-3）。

2. 输入招标工程信息

招标工程信息在"工程信息"页面输入，里面包括招标项目的主要信息，如工程项目信息、招标人信息、招标代理机构信息、投标人要求信息等。本页面输入的信息在生成招标文件时，输入的信息能自动填写到招标文件的各部分的相应位置。使用者可以根据工程的主要信息，生成招标文件，这些修改的信息就能在全部文档中反映出来。在软件新建标段对话框中，地区标准选择"13 清单规范（按广东 10 接口）"，项目名称、项目编号中输入工程信息，然后点击【确定】按钮（图 7-4）。

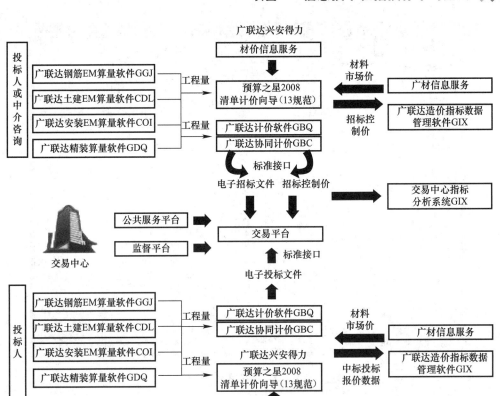

图 7-1　广联达招投标整体解决方案流程图

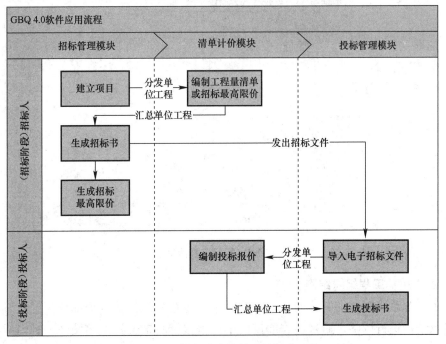

图 7-2　广联达计价软件招投标应用图

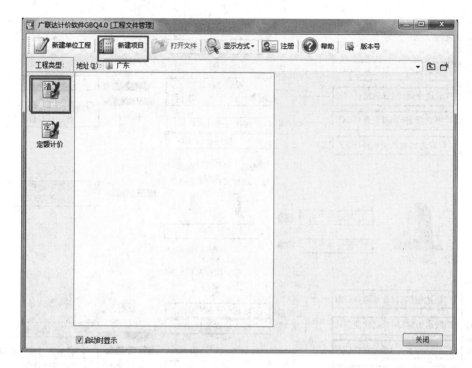

图 7-3　新建招标工程

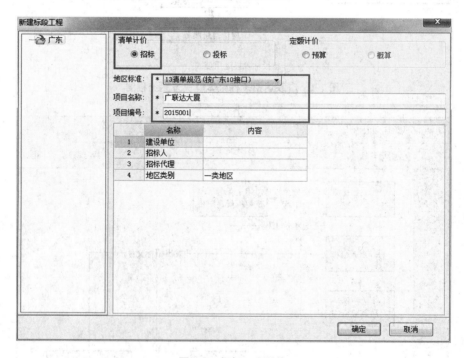

图 7-4　招标工程信息

3. 建立招标工程组织结构

电子招标系统以一个树状的文档结构树来管理招标文件的各个部分。可以对招标文件的组织结构进行调整，通过在当前窗口中单击鼠标右键选择上述操作，对当前招标文件的结构进行调整、操作。在招标管理界面，可以新建单项工程，也可直接新建单位工程，并对每个单位进行编辑输入清单、定额组价。若是多人合作完成一个项目工程，每个人先做好单位工程后，然后在此界面点击鼠标右键选择导入单位工程并新建功能，把做好的单位工程一一导入此界面（图7-5）。

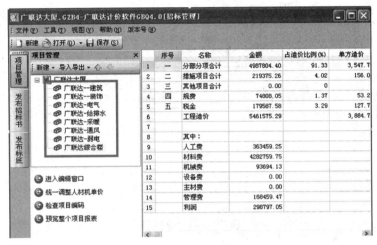

图 7-5　招标工程组织结构

4. 生成电子招标书

若项目的清单组价、调价、取费等工作都完成后，接下来就是生成电子招标书。在生成招标文件时，系统会自动完成招标文件的内容组织工作，自动生成封面、招标文件目录、自动生成页码、自动设置页眉，如工程名称、工程编号、招标人、招标代理等内容自动填写到相应位置，最终形成一份完整的招标文件。在软件里面切换到发布招标书窗口，点击【生成招标书】按钮，弹出提示信息框，点击【是】进行招标书自检。弹出设置检查项窗口，针对要自检的选项后面打勾，点击【确定】按钮，对项目各项进行自检。若某项内容不符合自检内容的项目，会生成标书自检报告，列出不符合自检要求的内容；若各项内容都符合自检要求，会直接生成招标书（图7-6）。

图 7-6　生成招标书

5. 导出电子招标书

生成电子招标书之后，然后导出电子招标书。切换到刻录/导出招标书界面，点击

【导出招标书】按钮，弹出导出招标书的保存路径窗口，指定保存路径后，点击【确定】按钮。在保存路径中生成文件夹，在文件夹里面有刚生成 XML 格式招标书，最后把 XML 格式电子招标书导入标办电子标书生成器中（图 7-7）。

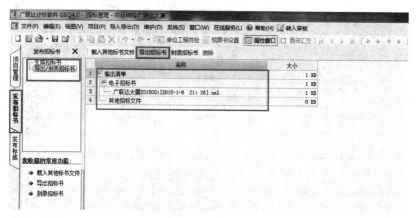

图 7-7　导出招标书

7.1.3　电子投标

1. 新建投标工程

新建一个投标文件，按照新建向导操作，进入工程文件管理界面，新建投标管理项目。先点击【清单计价】按钮，然后再点击【新建项目】（图 7-8）。

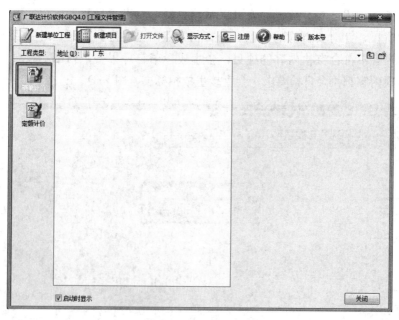

图 7-8　新建投标工程

2. 输入投标工程信息

投标工程信息在"工程信息"页面输入，里面包括投标项目的主要信息，如工程项目信息、投标人信息、招标代理机构信息等。本页面输入的信息在生成投标文件时，输入的信息能自动填写到投标文件的各部分的相应位置。在软件新建标段对话框中，地区标准选择"13清单规范（按广东 10 接口）"，电子标书选择导入投标项目对应的电子招标书，项目名称、项目编号会自动匹配电子招标书的内容，然后点击【确定】按钮（图 7-9）。

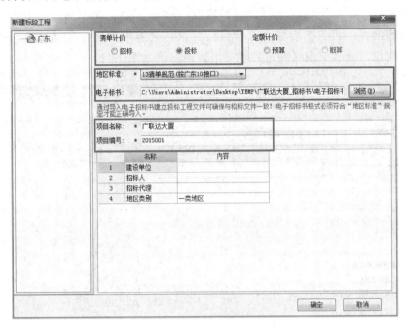

图 7-9 投标工程信息

3. 投标组价

进入投标管理界面，在此界面可以新建单项工程，也可直接新建单位工程，并对每个单位进行编辑输入清单、定额组价。若是多人合作完成一个项目工程，每个人先做好单位工程后，然后在此界面点击鼠标右键选择导入单位工程并新建功能，把做好的单位工程一一导入此界面（图 7-10）。

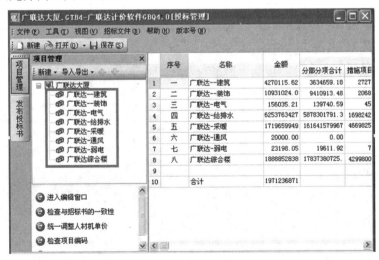

图 7-10 投标组价

4. 生成电子投标书

对项目的清单组价、调价、取费等工作都完成后，接下来就是生成电子投标书。切换到发布投标书窗口，点击【生成投标书】按钮，弹出提示信息框，点击【是】进行招标书自检，然后弹出设置检查项窗口，针对要自检的选项后面打勾，点击【确定】按钮，对项目各项自检。若某项内容不符合自检内容的项目，会生成标书自检报告，列出不符合自检要求的内容；若各项内容都符合自检要求，会弹出投标信息框，填写投标人信息及核对工程信息。最后点击【确定】按钮生成投标书（图7-11）。

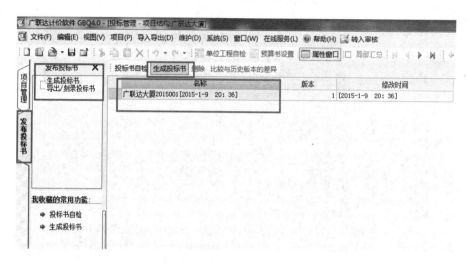

图 7-11　生成投标书

5. 导出电子投标书

生成投标书后，然后就是导出投标书。切换到刻录/导出投标书界面，点击【导出投标书】按钮，弹出导出投标书的保存路径窗口，指定保存路径后，点击【确定】按钮。在保存路径中生成文件夹，在文件夹里面有刚生成 XML 格式投标书，最后把 XML 格式电子投标书导入标办电子标书生成器中（图7-12）。

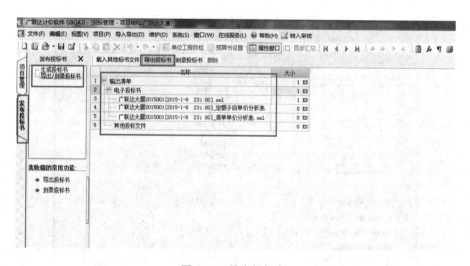

图 7-12　导出投标书

7.1.4　公共资源交易网

1. 登陆公共资源交易网

以广州公共资源交易中心为例，直接在浏览器地址栏输入：http://ggzy. gz. gov. cn/，或者在搜索引擎里面输入"广州公共资源交易中心"关键词进行搜索，点击搜索引擎返回官方网站进入广州公共资源交易中心网站。

2. 快速查找招标公告信息

把鼠标移动到菜单栏"建设工程"上面点击"房建市政工程"链接，返回房建市政工程的招标公告信息（图 7-13）。

图 7-13　招标公告页面图

3. 准确查找招标公告信息

在招标公告界面通过标题关键词进行准确查找。例如：标题用"华南农业大学"关键词进行查询，得到了"华南农业大学三角市学生食堂项目施工总承包"这条招标公告信息（图 7-14）。

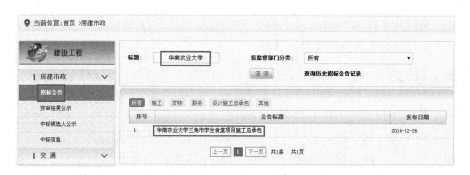

图 7-14　准确查找招标公告信息图

4. 下载招标公告等资料

在招标公告页面的末尾有招标公告等相关资料的附件，可以直接通过点击进行下载（图 7-15）。

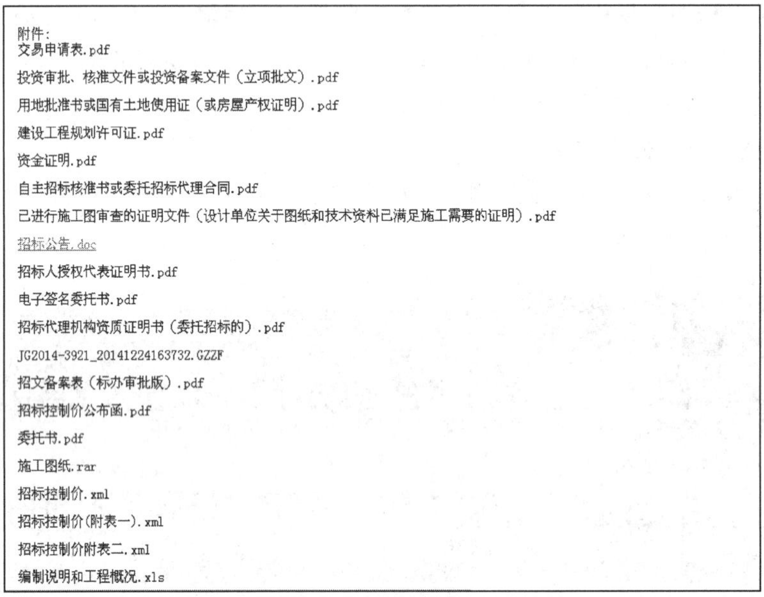

```
附件：
交易申请表.pdf
投资审批、核准文件或投资备案文件（立项批文）.pdf
用地批准书或国有土地使用证（或房屋产权证明）.pdf
建设工程规划许可证.pdf
资金证明.pdf
自主招标核准书或委托招标代理合同.pdf
已进行施工图审查的证明文件（设计单位关于图纸和技术资料已满足施工需要的证明）.pdf
招标公告.doc
招标人授权代表证明书.pdf
电子签名委托书.pdf
招标代理机构资质证明书（委托招标的）.pdf
JG2014-3921_20141224163732.GZZF
招文备案表（标办审批版）.pdf
招标控制价公布函.pdf
委托书.pdf
施工图纸.rar
招标控制价.xml
招标控制价(附表一).xml
招标控制价附表二.xml
编制说明和工程概况.xls
```

图 7-15　下载页面图

5. 资料下载及常见问题解答

在把鼠标移动到菜单栏"服务指南"上面，点击"资料下载"（图 7-16）、"常见问题"（图 7-17）链接，返回对应的资料下载页面信息、常见问题页面信息。要学会利用服务指南下面的功能下载经常需要用到的资料，解决实际工作中经常遇到的问题。

课堂活动

使用广联达计价软件，编制广联达大厦工程的招标书，并根据招标书进行组价和编制投标书。

技能拓展

登陆当地公共资源交易网站，下载一个房建市政工程项目的招标书及其相关资料，描述参与该项目投标要准备的工作和条件。

思考与练习

1. 电子招投标有什么优势？它的前景如何？

2. 电子招标的一般过程是怎样的？编制招标书的关键在哪里？

3. 电子投标的一般过程是怎样的？编制投标书的关键在哪里？

4. 当地公共资源交易网有什么特色？如何查找与下载招标工程文件？

图 7-16　资料下载页面图

图 7-17　常见问题解答图

技能训练

在当地公共资源交易网查找最新的"工程项目施工总承包"招标公告，下载招标书、施工图纸、招标控制价等相关资料，并据此编制投标书。

任务 7.2 电子招投标案例

任务描述

任务通过对电子招投标案例解析，按照电子招标投标的流程将电子投标分为截标前工作、开标工作和评标工作三个阶段，对每一阶段中不同角色工作分工及职责进行阐述。

通过本工作任务的学习，学生能够：认识电子招投标全过程的主要工作和流程；体验电子招投标全过程的不同角色及其职责；会运用网络信息技术平台，进行模拟电子招标、投标和评标；能初步运用计价软件和电子招投标工具生成模拟投标书和电子标书。

知识构成

7.2.1 电子招标投标流程

电子招标投标的流程与传统招标投标的流程十分相似，在介绍电子招标投标流程前，我们先回顾一下传统招标投标流程，见招标投标流程图（图 7-18）。

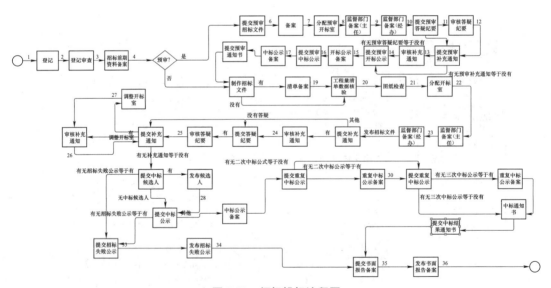

图 7-18 招标投标流程图

通过图 7-18，我们可以将整个招标投标的流程大致可以分为四个阶段，即招标工作准备阶段、招标文件发布阶段、投标文件编制阶段、开标和评标阶段。电子招标投标虽然与传统招标投标存在差异，但从本质上，电子招投标只是在招投标过程的中间环节运用互联网技术、利用电子商务平台及相关电子工具，实现招投标的网络化和自动化，最终提高招投标的效率并实现整个过程的公正合理。

电子招标投标流程的起点从是从编制招标文件开始，也可以说是从招标文件发布阶段开始，经过在线销售标书、网上投标、开标、评标、决标、网上公开评标结果，最终结束于项目的归档保存。简单来说，电子招投标流程可以分为三个阶段，即截标前工作阶段、开标阶段、评定标阶段。电子招投标相关的商务平台或系统通常也是遵循该流程进行设计的。

电子招标投标流程见电子招标投标流程图（图 7-19）。

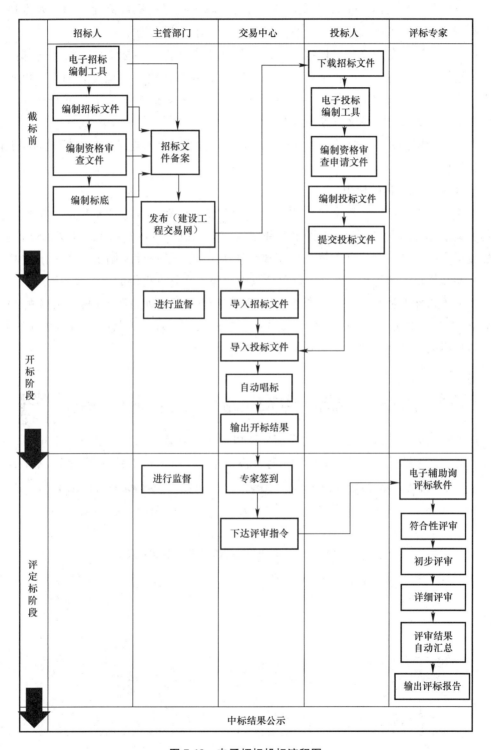

图 7-19　电子招标投标流程图

7.2.2　电子招标投标截标前工作

通过电子招标投标流程图（图7-19）可见，电子招标投标截标前工作主要由招标人或其委托的招标代理机构、投标人和主管部门三个角色共同完成。

招标人在项目备案之后，根据需求编制资格审查文件和招标文件并报主管部门对招标文件进行备案；主管部门将通过备案的招标信息发布在建设工程交易网上；投标人从建设工程交易网上获取招标信息并可自行下载招标文件，通过电子工具编制投标文件并最终以电子方式递交投标文件参与投标。

本任务延用任务7.1电子招投标软件所介绍软件为例，对电子招标投标截标前工作实例进行解析。

1. 电子招标工具的使用

广联达电子招标工具是提供给招标人用于制作电子招标文件或资格预审文件。传统招标书文本部分的编制一般是根据政府部门规定的示范文本，先用Word文档进行编写，然后进行排版、打印、装订等操作。相比传统方式，电子招标编制工具省去了重复文字的输入和文件格式的编排工作，招标单位只需按照工具软件提供的格式填写即可。

用电子招标工具制作一份招标文件一般需通过"新建项目"、"招标文件的编制"、"标书检查"、"生成标准文件并签章"、"生成招标书"等环节。其中"招标文件的编制"包括对招标书文本部分和工程量清单两部分的操作。

（1）新建项目

首选应该将打开软件的加密硬件插入到电脑上，运行工具的快捷方式。

进入到招标文件制作工具的主界面，可以通过"新建"选项来建立一个项目，也可以通过"打开"选项来打开以前做的工程文件。招标文件制作工具的主界面见图7-20。

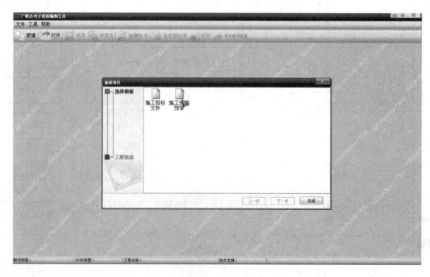

图7-20　招标文件制作工具的主界面

进入到新建界面后，手工输入工程概要信息、包括标段名称、招标人名称、招标代理机构名称，选择招标方式和资格审查方式，还需要选择评标办法，新建项目界面见图 7-21。

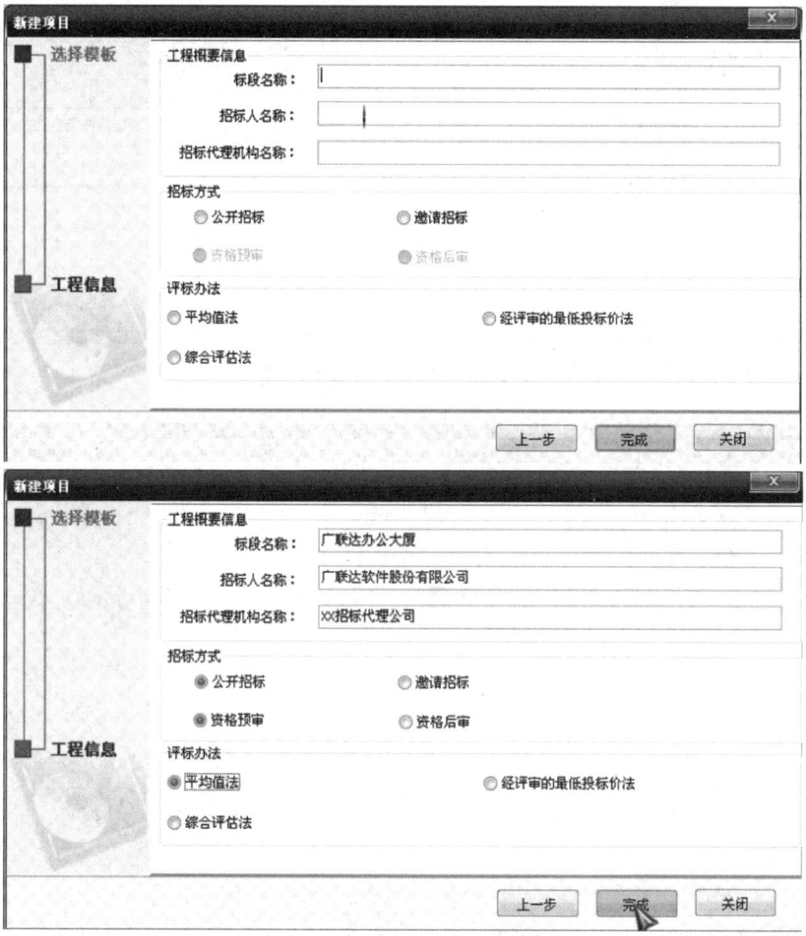

图 7-21　新建项目界面

所有信息填写完成之后点击【完成】按钮，就新建了一个项目。

（2）招标文件的编制

新建招标项目的基本信息设置完成后，首先看到的是"工程信息摘要"界面，这里显示的内容为招标文件的主要信息，系统会将新建时的信息自动带入到此界面，如果是通过导入 XML 新建的项目，系统会自动带入所有的信息。工程信息摘要界面见图 7-22。

招标文件制作包括招标文件示范文本填写和导入工程量清单两部分工作，导入工程量清单的工作一般在完成工程信息摘要之后进行，导入工程量清单示意图见图 7-23。

完成工程量清单导入之后，进入到招标文件示范文本填写阶段，即招标文件正文编制阶段。点击"招标文件制作"页签，将展现招标文件示范文本的填写界面，招标人可以根据左侧的导航列表来选择需要编辑的部分，导航显示招标文件范本由八个章节组成，

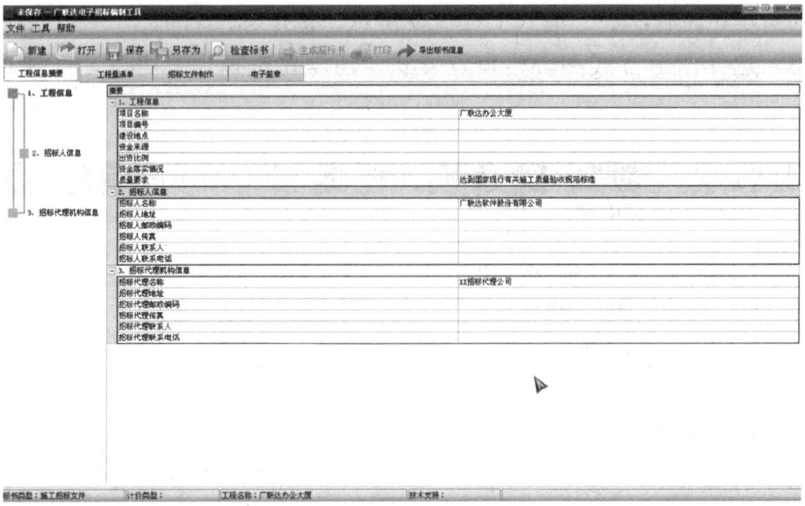

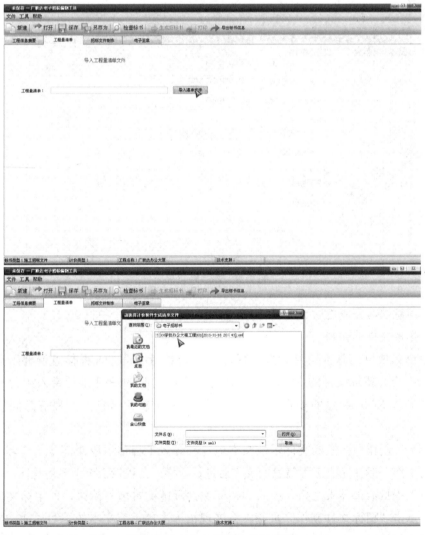

图 7-22 工程信息摘要界面

图 7-23 导入工程量清单示意图

分别是投标邀请书、投标人须知、评标办法、合同条款及格式、工程量清单、图纸、技术标准和要求、投标文件格式。招标人可以根据输入框提示的信息进行填写，把鼠标在下划线上停留一会，便可显示提示信息，按照惯例，逐一对导航栏中的所有内容进行编辑，招标文件制作界面见图 7-24。

图 7-24　招标文件制作界面

（3）招标文件的检查

招标书内容完成之后，制作工具会强制要求对招标书进行检查，以避免造成对项目

招标工作的影响。这里检查的主要内容包括有招标单位的联系方式、联系地址、项目建设地点、招标范围、工程工期等。点击功能区域的【检查标书】按钮，可以对标书进行检查。招标人可根据"检查结果"对话框的提示信息进行操作，若有错误，请根据错误提示信息修改标书的内容，直到检查通过后才可以进行下一步的操作。检查标书界面见图 7-25。

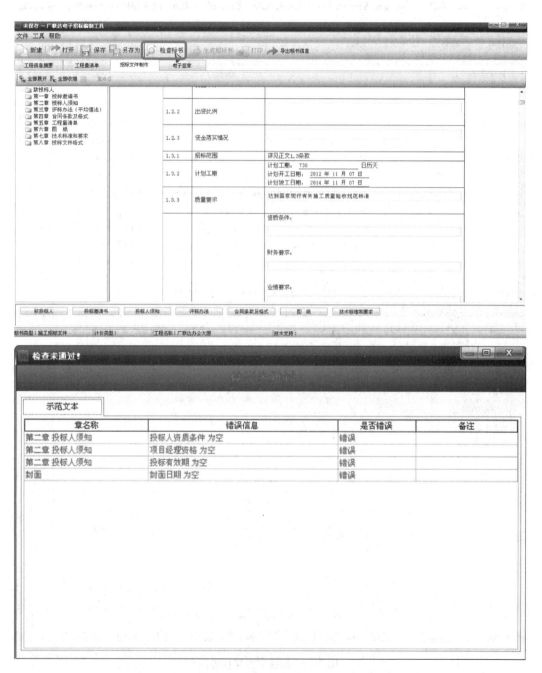

图 7-25　检查标书界面（一）

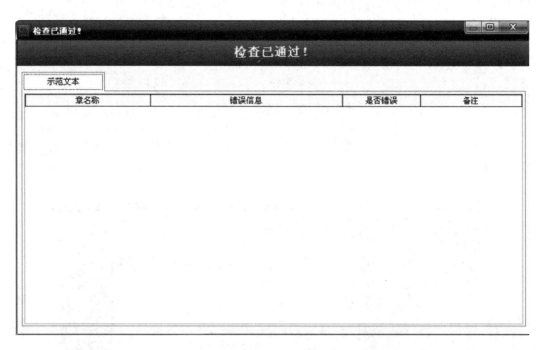

图 7-25　检查标书界面（二）

（4）生成标准文件并签章

本过程是将招标文件的文本部分和工程量清单部分，转换成 PDF 格式的文件，如果标书检查未通过，则不能生成 PDF 文件。生成成功后，可以加盖电子印章。点击"生成标准文件并签章"页签，系统会自动提示保存，将工程文件进行保存，保存成功后开始生成，电子签章生成界面见图 7-26。

图 7-26　电子签章生成界面（一）

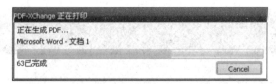

图7-26　电子签章生成界面（二）

电子签章生成之后，点击【签章】按钮，即可对招标文件进行电子签章。电子签章界面见图7-27。

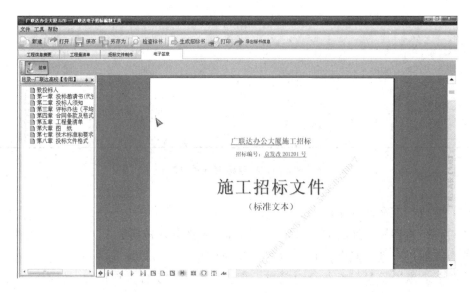

图7-27　电子签章界面

完成电子签章之后，招标文件每一页上均会出现之前生成的签章图案。

（5）生成招标书

生成标准文件并签章之后，生成招标书的功能自动激活。点击【生成招标书】按钮，根据系统提示进行选择，设置好保存路径点击保存即可，生成招标书界面见图7-28。

以上的流程即为制作一个招标文件的主要流程。

2. 招标文件发布

任务以福州建设工程电子招投标平台为例，就招标文件发布等相关工作进行介绍。

（1）登陆福州建设工程电子招投标平台

直接在浏览器地址栏输入：http：//www.fzztb.com，或者在搜索引擎里面输入"福州建设工程电子招投标平台"关键词进行搜索，点击搜索引擎找到的官方网站进入福州建设工程电子招投标平台。

（2）用户登录

登录福州建设工程电子招投标平台之后，输入"用户名"和"密码"即可以完成用户登录。用户登录界面见图7-29。

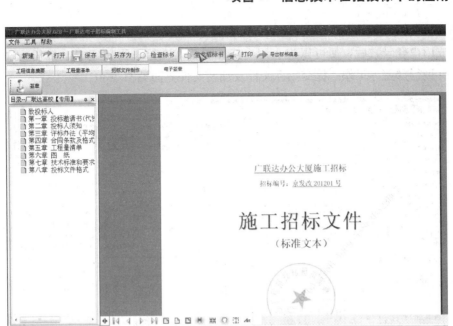

图 7-28 生成招标书界面

图 7-29 用户登录界面

（3）提交招标文件及加密文件

完成用户登录之后，便可以进入用户工作界面，在这里可以完成上传招标文件、对招标文件进行加密等工作。提交招标文件及加密文件界面见图 7-30。

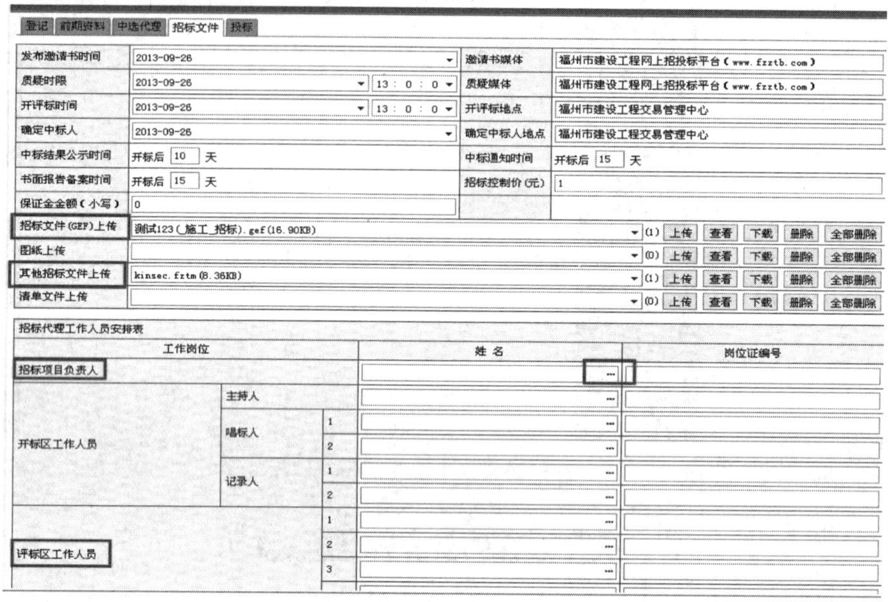

图 7-30 提交招标文件及加密文件界面

（4）答疑和补充通知

此外，在电子招标过程中，截标之前也可以通过电子招投标平台发布答疑信息和补充通知，但若因此影响开标时间时，需注意修改开标时间并告知潜在投标人。答疑界面见图 7-31，补充通知界面见图 7-32。

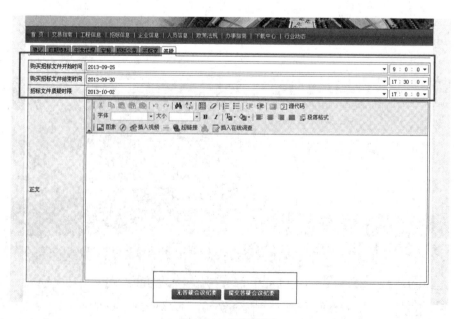

图 7-31 答疑界面

图 7-32　补充通知界面

3. 查询与下载招标资料

招标信息于电子招投标平台发布之后，潜在投标人便可以通过浏览电子招投标平台查询与下载相关的招标资料。具体操作方式可见任务 7.1.4 内容。

4. 电子投标工具的使用

电子投标工具是提供给投标人用于制作电子投标文件的，用电子投标工具制作一份投标文件一般需通过"新建项目"、"编制投标文件示范文本"、"导入工程量清单"、"检查及预览标书"、"生成投标文件"等环节。

（1）新建项目

投标文件的新建方式是将招标文件的导入为新建，首先运行广联达电子投标工具。

打开工具之后，点击【新建】按钮，导入购买的招标文件。

新建项目界面见图 7-33。

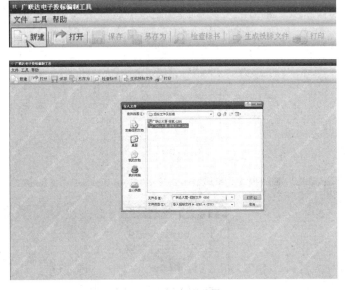

图 7-33　新建项目界面

（2）编制投标文件

新建项目之后，进入到投标文件编制的主界面，其中包括 4 个页签：浏览招标文件、工程量清单、投标文件制作、电子签章。投标人可以首先浏览招标文件，根据招标文件的要求准备投标文件的资料。编制投标文件见图 7-34。

图 7-34　编制投标文件

投标文件制作包括投标文件示范文本填写和导入工程量清单两部分工作，浏览完招标文件之后就可以进入"工程量清单"的界面，通过点击【导出招标清单文件】按钮，可以导出招标文件所带的招标清单文件以便完成任务 7.1.3 所介绍内容，通过组价、最终生成电子投标书，导出招标清单文件示意图见图 7-35。

图 7-35　导出招标清单文件示意图

完成电子投标书之后,再通过【导入清单文件】按钮将制作好的电子投标书导入电子投标编制工具内,使电子投标书即投标清单文件成为投标文件的一部分。导入清单文件示意图见图 7-36。

图 7-36　导入清单文件示意图

完成清单文件导入工作之后,开始投标文件正文编制工作。投标文件正本编制主要由两个部分组成,即商务标编制和技术标编制。

系统会根据招标文件的规定,自动生成目录和规范的文本的格式,投标人只需要根据生成的固定格式进行填写,在需要填写时间的地方,系统提供时间选择控件,例如编制时间,只需要鼠标点击到编制时间的空白区域就会弹出控件,投标人选择时间,点击确定即可。投标文件正文编制界面见图 7-37、图 7-38。

在编制技术标过程中,系统会自动根据招标人规定的针对技术标的评标办法自动生成目录,投标人采用导入的方式,将已经编辑好的技术标文件导入相应目录中,支持

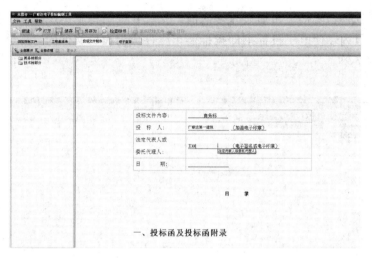

图 7-37　投标文件正文编制界面

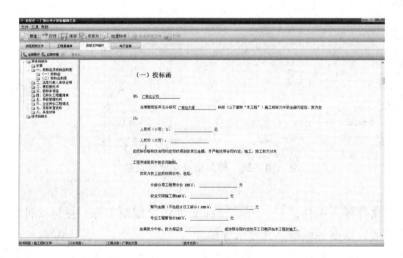

图 7-38　商务标编制界面

pdf、docx、jpg、bmp 格式的文件。技术标编制界面见图 7-39。

（3）检查标书

系统会自动检查投标文件做的是否完整，及导入的工程量清单是否有计算性错误，

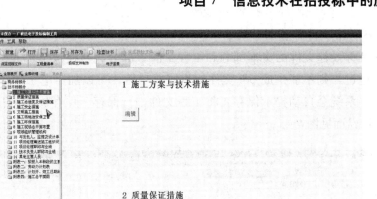

图 7-39　技术标编制界面

当投标人将所有的工作都做完后，需要进行检查标书，只有检查通过后才能生成签章文件，否则不能生成。检查标书界面见图 7-40。

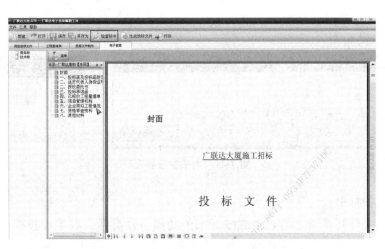

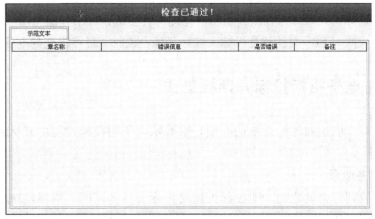

图 7-40　检查标书界面

（4）生成标准文件并签章

本过程是将投标文件的文本部分和工程量清单部分，转换成 pdf 格式的文件，如果标书检查未通过，则不能生成 pdf 文件。生成成功后，可以加盖电子印章。点击"电子签章"页签，系统会自动提示保存，将工程文件进行保存，保存成功后开始生成。

电子签章界面见图 7-41。

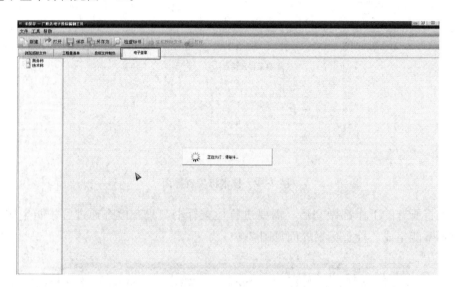

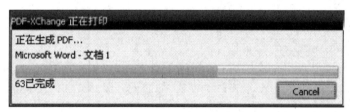

图 7-41 电子签章界面

（5）生成投标书

生成标准文件并签章之后，生成投标书的功能自动激活。在生成投标书时，计算机必须始终连接 CA 锁，系统会用锁中的证书加密投标书。点击【生成投标书】按钮，根据系统提示进行选择，设置好保存路径点击保存即可。生成投标书界面见图 7-42。

这个新生成的 GTBS 文件就是投标人参加开标会议时，最终提交的电子投标文件。

7.2.3 电子招标投标开评标工作

任务通过对广联达询评标系统的介绍，来展示电子招投标过程中开标和评标阶段的工作。

1. 开标准备阶段

在正式进入开标会议之前，即投标人递交投标文件的同时，招标代理机构可以开始询评标系统开标准备的工作。

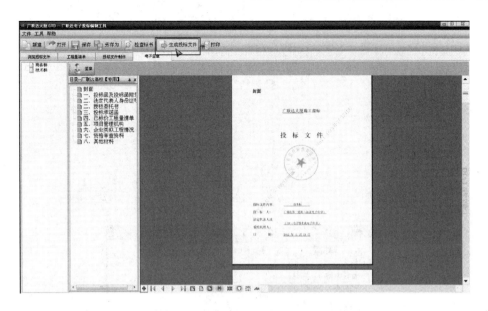

图 7-42　生成投标书界面

（1）添加标段

招标代理公司在开标现场输入自己公司的名称和密码，登陆辅助评标系统。即点击快捷方式，启动"广联达工程询评标系统 5.0"，经过 GXB5.0 的欢迎页面后，在弹出的登陆界面里正确输入公司名称和密码，进入标段管理界面。登陆界面见图 7-43。

正如我们评标业务的流程一样，要评标，首先必须确定我们要评标的工程项目是什么，将这个过程软件化，我们可以增加、查看或者删除要评标的工程项目（即标段），添加标段之后还需将标段信息补充完整。标段管理界面见图 7-44。

图 7-43　登陆界面

完成添加标段工作之后，系统将开始按流程逐步实行开标和辅助评标。询评标系统按照流程划分为：设定评标办法、开标、初步评审、详细评审、评审结果、导出报表六个步骤进行，这六个步骤实质上是实际开评标业务流程的软件化。询评标系统工作流程图见图 7-45。

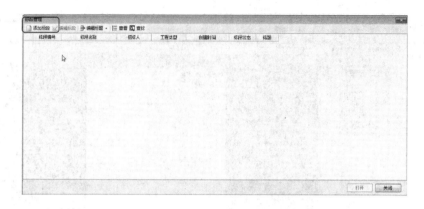

图 7-44　标段管理界面

图 7-45　询评标系统工作流程图

（2）设定评标办法

在开标、评标工作开始之前，需先设定评标办法，设定内容包括：评标办法设置、商务标设置、响应性评审、技术标设置、资信标设置共 5 部分。简单来说，就是将招标文件内规定的评标办法逐一软件化，为开评标工作做好评标准备。需要特别注意的是，评标办法必须在开标前设定好，开标以后不能修改。设定评标办法界面见图 7-46。

1）选择评标办法

按照招标文件规定，选择评标办法，同时还可以进行权重设置和技术标、资信标得分汇总方式设置。评标办法设置界面见图 7-47。

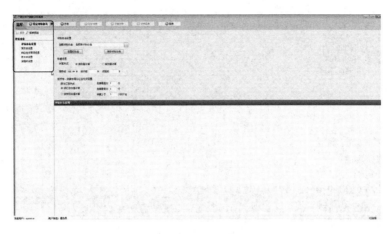

图 7-46　设定评标办法界面

完成评标办法设置工作之后，系统会自动匹配出相应的商务标设置，但根据具体工程情况，还可以对商务标评审进行对应修改。

2）商务标设置

商务标设置包括：评分项设置、基准价设置、评分标准设置。

评分项设置，根据工程评标办法，设置需要评分的项目。评分项设置界面见图 7-48。

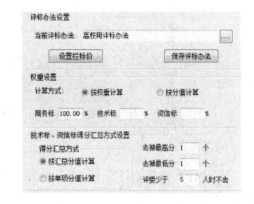

图 7-47　评标办法设置界面

评分项	项目名称	分值
1　投标总价	投标总价	25
2　分部分项工程量清单综合单价	分部分项工程量清单综合单价	50
3　措施项目费总报价	措施项目费总报价	25

图 7-48　评分项设置界面

基准价设置，点击"基准价设置"页签后，可在选择框中选择相应的基准价算法，软件内置 10 余种基准价计算方式，有最低价、算术平均值、合理最低价等很多种基准价计算方式。每选择一种基准价计算方法后，下面会将该基准价的详细计算过程显示出来。基准价设置界面见图 7-49。

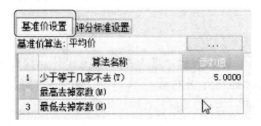

图 7-49　基准价设置界面（一）

图 7-49　基准价设置界面（二）

评分标准设置，评分标准设置和基准价的设置过程相同。评分标准设置界面见图 7-50。

3）响应性评审设置

根据招标文件规定，进行响应性评审设置。响应性评审设置界面见图 7-51。

4）技术标设置

技术标设置，同样也是根据招标文件中规定进行设置，其设置方法与商务标设置方式类似。

在完成"设定评标办法"工作之后，就可以开始开标前最后的准备工作了。

（3）投标文件递交与汇总

投标人有秩序地将经过电子签章的电子投标书用 U 盘的形式递交给招标代理机构，招标代理机构检查无误后，将所有电子投标书汇总在用于开标的电脑上，准备开标。

完成开标准备阶段三部分工作之后，就可以进入开标阶段的工作。

2. 开标阶段

（1）开标界面

点击评标流程中的【开标】按钮，进入系统的工程开标仪式界面。该界面中不需要进行任何编辑，当界面时钟指针指向截标时刻时，项目开标仪式正式开始，直接点击"进入"进入导入标书界面。工程开标仪式界面见图 7-52。

图 7-50　评分标准设置界面

	名称	评审类别	备注
1	无单位盖章并无法定代表人或其授权代理人签字或盖章	细微	
2	未按规定的格式填写，内容不全或关键字模糊，无法辨认	重大	
3	投标人递交两份或多份内容不同的投标文件，或在一份投标文件中对同一招标项目有两个或多个报价，且未声明哪一个有效	重大	
4	投标人名称或组织结构与资格预审时不一致的	重大	
5	未按招标文件要求提交投标保证金的	重大	
6	联合体投标未附联合体各方投标协议的	重大	
7	投标文件载明的招标项目完成期限超过招标文件规定的期限	重大	
8	明显不符合技术规格、技术标准的要求	重大	
9	投标文件载明的货物包装方式、检验标准和方法等不符合招标文件的要求	重大	
10	投标文件附有招标人不能接受的条件	重大	
11	不符合招标文件中规定的其他实质性要求	重大	
12	投标人报价清单未按招标文件要求报价，存在有重大漏项、缺项且在投标书中没有说明	重大	

评标准备
　评标办法设置
　商务标设置
　响应性评审项设置
　技术标设置
　资信标设置

图 7-51　响应性评审设置界面

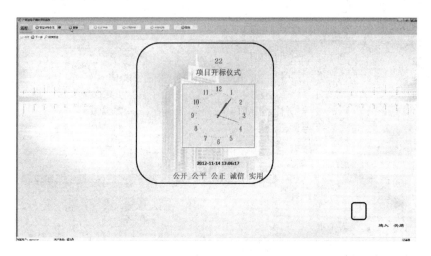

图 7-52　工程开标仪式界面

（2）导入招标文件及标底

进入开标界面之后，需要先将招标文件和标底导入到系统中。导入招标文件界面见图 7-53，导入标底界面见图 7-54。

图 7-53　导入招标文件界面

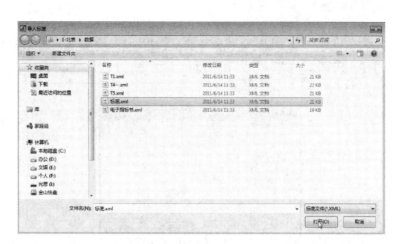

图 7-54　导入标底界面

（3）导入投标文件

完成招标文件和标底导入之后，开始导入投标书，值得注意的是，导入投标文件的顺序需根据唱标顺序依次导入，唱标顺序则按照招标文件规定。与此同时，还需将投标人投标保证金金额、质量承诺、工期、投标担保类型等信息填写完整。导入投标书见图 7-55。

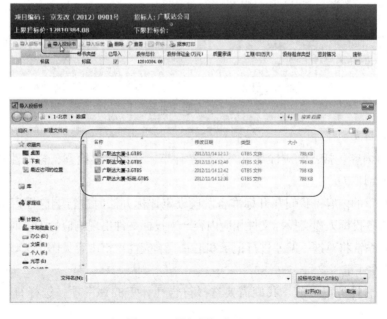

图 7-55　导入投标书（一）

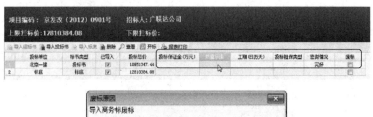

图 7-55　导入投标书（二）

若投标文件出现重大偏差时，可点击【废标】按钮，并写明废标原因。

在所有投标文件都导入完成之后，可以点击【开标】按钮，进入开标，即评标环节。开标界面见图 7-56。

3. 评标阶段

正如之前讲到的评标业务流程一样，评标阶段主要由三部分组成，包括初步评审阶段、详细评审阶段和评审结果阶段。

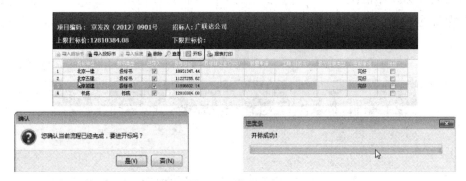

图 7-56　进入开标

（1）初步评审

初步评审内容包括：响应性评审、符合性评审、计算错误检查、合理性判定四部分。

1）响应性评审

响应性评审的内容是我们在开标准备阶段设定评标办法时进行响应性评审设置时的内容。逐一审查各投标人递交投标文件相应内容，当投标文件出现响应性偏差时，可在对应位置做上标记，系统将对这一偏差进行记录和汇总。响应性评审内容见图 7-57。

2）符合性评审

在进行符合性评审之前，我们需要选择符合性评审的评审项。选择符合性评审项目见图 7-58。

选择好项目后，点击【符合性评审】按钮，系统会自动生成符合性评审的结果并以汇总表的形式呈现，我们可以通过点击相应汇总表对结果进行查询。符合性评审界面见

图 7-59。

评审明细		偏差项	偏差类别	备注
1	☐	无单位盖章并无法定代表人或其授权代理人签字或盖章	重大	
2	☐	未按规定的格式填写，内容不全或关键字模糊，无法辨认	重大	
3	☐	投标人递交两份或多份内容不同的投标文件，或在一份投标文件中对同一招标项目有两个或多个报价，且未声明哪一个有效	重大	
4	☐	投标人名称或组织结构与资格预审时不一致的	重大	
5	☐	未按招标文件要求提交投标保证金的	重大	
6	☐	联合体投标未附联合体各方投标协议的	重大	
7	☐	投标文件载明的招标项目完成期限超过招标文件规定的期限	重大	
8	☐	明显不符合技术规格、技术标准的要求	重大	
9	☐	投标文件载明的货物包装方式、检验标准和方法等不符合招标文件的要求	重大	
10	☐	投标文件附有招标人不能接受的条件	重大	
11	☐	不符合招标文件中规定的其他实质性要求	重大	
12	☐	投标人报价清单未按招标文件要求报价，存在有重大错项、缺项且在投标书中没有说明	重大	

图 7-57 响应性评审内容

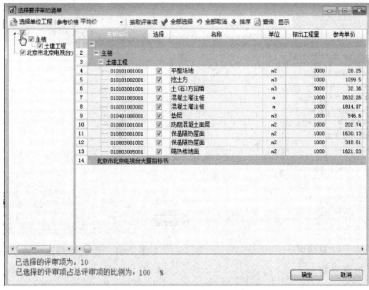

图 7-58 选择符合性评审项目

	评标	废标原因	投标单位	错误数
1	☐		北京一建	6
2	☐		北京五建	5
3	☐		北京城建	0

	错误类型	错误汇总	单位工程费汇	分部分项工程	措施项目计价	措施项目计价	其它项目清单	主要材料价格
	增项	2	1	1	0	0	0	0
2	缺项	2	1	1	0	0	0	0
3	错项	2	0	2	0	0	0	0
4	合计	6	2	4	0	0	0	0

图 7-59　符合性评审界面

3）计算错误检查

计算错误检查主要是分析和统计投标文件中的计算错误，显示方式与符合性评审是相同的。计算错误检查界面见图 7-60。

4）合理性判定

系统根据标底和所有投标文件的投标报价，对投标文件中投标报价的合理性进行判断。因为采用计算机检索等方式，大大提高了效率。合理性判定界面见图 7-61。

图 7-60　计算错误
检查界面

图 7-61　合理性判定界面（一）

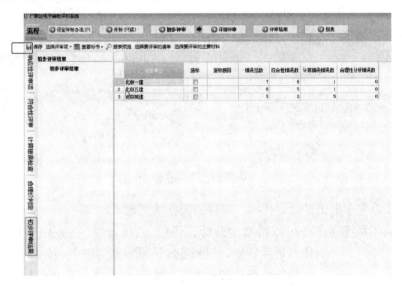

图 7-61　合理性判定界面（二）

5）初步评审结果

初步评审结束之后，系统会汇总出初步评审结果，可以保存初步评审结果。初步评审结果汇总见图 7-62。

（2）详细评审

详细评审分为三部分，包括技术标评审、资信标评审和商务标评审。

根据开标准备阶段设定评标办法时所进行的分数权重设置及评分设置，系统对投标文件的相关内容逐一进行打分，最终自动生成计算结果，评标委员会还需根据招标文件相关规定对投标文件报价偏差打出"决策分"。商务标详细评审界面见图 7-63。

图 7-62　初步评审结果汇总

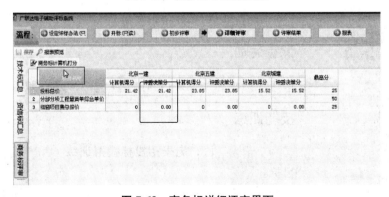

图 7-63　商务标详细评审界面

打分完成之后，点击【评审结果】按钮，可以查看各投标单位在详细评审中得分结果和排名情况。此时，评标委员会可以根据招标文件要求决定是否推荐中标单位。详细评审结果界面见图 7-64。

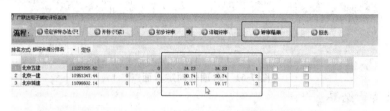

图 7-64　详细评审结果界面

4. 定标阶段

完成上述工作之后，可以点击【定标】按钮，完成最后的定标工作。定标界面见图 7-65。

图 7-65　定标界面

到此为止，整个电子开标、评标、定标的流程就完成了。

此外，利用系统功能还可以将整个开标、评标、定标过程中相关的报表一一导出，打印，最后签字，归档备案。报表页见图 7-66。

最后招标代理机构需将中标结果公示发布到相关的电子招投标平台上。中标结果公示见图 7-67。

公示结束之后，中标单位领取中标通知书并签订合同。

图 7-66　报表页（一）

课堂活动

使用广联达招标工具，编制广联达大厦工程的招标文件。

技能训练

电子招投标模拟训练

目标：

通过小型建设工程项目案例，让学生体验电子招投标全过程的不同角色及其职责，使其能够运用网络信息技术平台，进行模拟电子招标、投标和评标。

图 7-66　报表页（二）

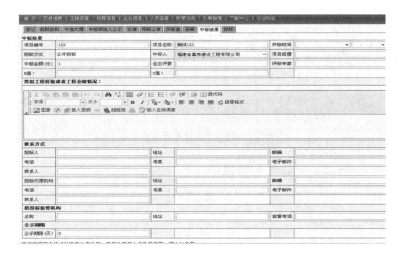

招标工程项目编号：榕市建安招2015003

本工程于 2015-02-12 09:45 在 福州市建设工程交易管理中心 开标，由评标委员会评审并经招标人确认定标，现将中标结果公示如下：

1、招标项目概况

招标项目名称：福州市中医院旧病房楼装修改造工程第2标标段（施工）

招标人名称：福州市中医院

建设规模：总投资1881.19万元，其中土建投资1376万元

招标方式：公开招标

2、评标委员会成员名单及评标办法

招标人评委：/

专家评委：曾金聪，张静，杨东升，刘乃欣，黄萍

评标办法：经评审的最低投标价中标法

评标参数：K = 0.0764，C = /

3、中标人及其投标文件相关内容

中标人名称：福建鑫盖建建筑工程有限公司

项目负责人：赵汝曦 注册编号：闽235121255546

中标金额：9432811.77（元）

图 7-67　中标结果公示

步骤：

（1）按任务 2.1 课堂活动所安排小组进行活动；

（2）选取任务 2.2 中工程案例 6；

（3）利用广联达招标工具编制工程电子招标文件；

（4）利用广联达投标工具编制工程电子投标文件；

（5）运用广联达询评标系统，模拟电子招投标，组织开标大会，进行计算机辅助评标、定标。

教材相关教学资源

为更好地帮助读者巩固和复习本教材主要知识章节，作者将几个重点知识点及相关内容制作了微课，供读者在学习过程中参考、使用。请读者扫描下方二维码，学习相关微课程。

微课1　建筑工程施工合同知识点串讲

微课2　《合同示范文本》相关知识点串讲

微课3　施工合同管理相关知识点串讲

参 考 文 献

[1] 刘哲. 工程招投标与合同管理 [M]. 北京：中国建筑工业出版社，2000.

[2] 住房和城乡建设部，工商总局. 建设工程施工合同（示范文本）[M]. 北京：中国建筑工业出版社，2011.

[3] 钟汉华. 工程招投标与合同管理 [M]. 北京：机械工业出版社，2013.

[4] 王秀燕. 工程招投标与合同管理 [M]. 北京：机械工业出版社，2009.

[5] 王艳艳. 工程招投标与合同管理 [M]. 北京：机械工业出版社，2011.

[6] 广东省建设工程造价管理总站，广东省工程造价协会. 建设工程计价基础知识 [M]. 广州：中国城市出版社，2015.

[7] 张萍. 建筑工程招投标与合同管理 [M]. 武汉：武汉理工大学出版社，2013.

[8] 张国华. 建设工程招标投标实务 [M]. 北京：中国建筑工业出版社，2005.

[9] 田恒久. 工程招投标与合同管理 [M]. 北京：中国电力出版社，2009.

[10] 林密. 工程项目招投标与合同管理 [M]. 北京：中国建筑工业出版社，2010.

[11] 杨伟军. 夏栋舟主编. 工程建设法规 [M]. 北京：中国建材工业出版社，2012.

[12] 陈东佐. 建筑法规概论 [M]. 北京：中国建筑工业出版社，2013.